U1075089

普通高等教育"十二五"规划教材
电工电子实验课程系列教材

电工电子 EDA 实践教程

第 2 版

主　编　孟　涛
参　编　刘东梅　王宇红　柴　凤　王晓媛

机 械 工 业 出 版 社

《电工电子 EDA 实践教程》一书由从事多年实践教学的教师编写，侧重于对学生实践操作能力及综合设计能力的培养。

本书主要内容包括电工、电子电路的计算机仿真，可编程逻辑器件及其编程软件的仿真实践。具体内容有 OrCAD PSpice 15.7 软件与电路仿真、Multisim 10 软件仿真应用、可编程逻辑器件及其编程软件 QuartusⅡ10.1 介绍、基于 OrCAD PSpice 的电路与电工学仿真实验、电子技术的 Multisim 仿真实验、基于 QuartusⅡ软件的可编程逻辑器件开发与设计实验。

本书可作为高等院校电类和非电类本科生“电路”、“电子学”和“电工学”课程的实验教材，也可供相关专业的工程技术及科研人员参考使用。

图书在版编目（CIP）数据

电工电子 EDA 实践教程/孟涛主编. —2 版 .—北京：机械工业出版社，2012.5（2013.6 重印）

普通高等教育“十二五”规划教材　电工电子实验课程系列教材

ISBN 978-7-111-38166-2

Ⅰ.①电…　Ⅱ.①孟…　Ⅲ.①电子电路－电路设计－计算机辅助设计－高等学校－教材　Ⅳ.①TN702

中国版本图书馆 CIP 数据核字（2012）第 080257 号

机械工业出版社（北京市百万庄大街 22 号　邮政编码 100037）

策划编辑：贡克勤　责任编辑：贡克勤

责任校对：纪　敬　封面设计：姚　毅

责任印制：张　楠

北京玥实印刷有限公司印刷

2013 年 6 月第 2 版第 2 次印刷

184mm×260mm · 15.25 印张 · 378 千字

标准书号：ISBN 978-7-111-38166-2

定价：30.00 元

凡购本书，如有缺页、倒页、脱页，由本社发行部调换

电话服务

社服务中心：(010) 88361066

销售一部：(010) 68326294

销售二部：(010) 88379649

读者购书热线：(010) 88379203

网络服务

门户网：http：//www. cmpbook. com

教材网：http：//www. cmpedu. com

封面无防伪标均为盗版

第 2 版前言

本书的第 2 版本着与时俱进的原则，采用了一些在技术上更为先进的软件和设备，在 2010 年 2 月出版的第 1 版的基本框架体系下，对书中一些章节的内容进行了更新和修订。

在第 3 章中使用了原来 MAX + Plus Ⅱ的下一代软件 Quartus Ⅱ，并对章节中的一些内容进行了更新和调整。

第 7 章将原来的基于 MAX + Plus Ⅱ软件的可编程逻辑器件实验项目更新为基于 Quartus Ⅱ软件的实验项目，将用于可编程逻辑器件开发的硬件描述语言由原来的 VHDL 语言更新为 Verilog HDL 语言，并对各实验内容进行了调整。

附录 A 介绍了新一代 EDA/SOPC 实验平台，B - ICE - EDA/SOPC IEELS 实验平台，本书的第 3 章、第 7 章的相关实验内容均在该实验平台下完成。

附录 B 介绍了 B - ICE - EDA/SOPC IEELS 实验平台的硬件接口与核心板芯片 IO 口的匹配关系，以供设计人员查阅。

参加第 2 版编写工作的有哈尔滨工业大学电工电子实验教学中心的孟涛（第 2、3、6、7 章及附录 A、附录 B）、刘东梅（第 1 章 1.1 ~ 1.5 节，第 4 章 4.1 节）、王宇红（第 1 章 1.6 节，第 5 章）、柴凤（第 4 章 4.2、4.3、4.7 节）和王晓媛（第 4 章 4.4 ~ 4.6 节）5 位老师，全书最后由孟涛统稿、定稿。

由于编者水平有限，书中难免有错误和不妥之处，敬请读者批评指证。

编　者

第 1 版前言

电工电子基础实验是高等工科院校电类专业开设的电路、电子技术，非电类专业开设的电工技术及其相关课程的实践性教学环节，是整个教学环节中的重要组成部分。随着电工、电子技术的不断发展，新技术和新方法如雨后春笋般不断涌现，这就要求我们不断改进实验方法和实验手段。进入 21 世纪，电子设计自动化（Electronic Design Automation，EDA）技术已成为现代电子系统设计的必不可少的工具。

相对于传统的借助实验室仪器设备、采用实际搭接线路方式进行的实验，采用 EDA 技术进行的实验在以下方面具有更强的优势：实验条件理想，元器件和各仪器精度高，测量结果误差小；学生在实验中的设计效率及质量高，设计周期缩短；实验过程中，学生在较好地掌握教学内容的同时，可以充分发挥个人的创造性，完成难度较大、复杂性较高的设计。因此，在电工电子实验教学中引入 EDA 技术将大大增加学生进行实验项目的数量和难度，提高教学质量。

随着实验教学形式开放的改革，在教学中发现学生更渴求包含更多解决实际操作问题的实验教材。基于以上原因，特编写了《电工电子 EDA 实践教程》，融入了作者的实践教学心得，希望能给学生更多帮助。

本教程具有如下特点：

1）参编教师均为实验教学的一线教师，具有丰富的实践教学经验。

2）内容由浅入深，循序渐进，既易于学生接受，又达到增强学生实践能力的目的。

3）实验项目中的例题和注意事项，是参编教师多年教学经验的总结。不仅有利于学生对理论知识的消化吸收，而且对实践操作具有直接指导意义。

4）侧重对学生综合设计能力的培养，例如第 6 章的多位计数器仿真和第 7 章的数字电路综合设计。

5）注重对学生实际工程设计技能的培养。

本教程吸取了哈尔滨工业大学电工电子实验教学中心所有教师的实践教学经验，并在大家的支持与指导下完成，由孟涛担任主编，负责全书的统稿。参加本书编写的有孟涛（第 2、3、6、7 章及附录 A、附录 B）、刘东梅（第 1 章 1.1 ~ 1.5 节，第 4 章 4.1 节）、王宇红（第 1 章 1.6 节，第 5 章）、柴凤（第 4 章 4.2、4.3、4.7 节）和王晓媛（第 4 章 4.4 ~ 4.6 节）。本书实验内容丰富，不同院校教师可根据学生专业、水平等实际情况选用。

由于编者水平有限，书中难免有错误和不妥之处，敬请读者提出宝贵意见，以便于本教程的修订和完善。

编　者

目　录

第 1 章　OrCAD PSpice 15.7 与电路仿真

电路仿真是指在计算机上通过软件来模拟具体电路的实际工作过程。本章主要学习运用 OrCAD PSpice 15.7 软件进行电路仿真分析的方法，包括直流电路仿真分析、交流频率特性分析、动态电路的时域分析和数字电路的仿真分析等内容。通过本章的学习实践，可使学生了解和掌握电路仿真软件的应用，培养学生对实用高新技术的掌握和工程实践能力。

1.1　OrCAD PSpice 15.7

目前，常用的电路分析计算机软件工具包括 Allegro、Matlab、PSpice、Multisim 及 protol DXP 等，在这些软件中最具代表性的是 PSpice。该软件的前身是 SPICE（Simulation Program for Integrated Circuit Emphasis），主要是面向电子电路和集成电路的分析程序。PSpice（Personal Spice）表示可在微机（PC）上运行的版本。最早的 SPICE 软件 1972 年由美国加州大学伯克莱分校推出。随着微机的广泛应用，SPICE 的版本不断更新，分析功能越来越强，如今在世界范围内，SPICE 已经成为各大学研究机构和公司普遍采用的电路分析程序，有时甚至把它作为标准。OrCAD PSpice 15.7 是 OrCAD a Cadence product family 公司于 2006 年推出的 PSpice 最新版，其中包括 3 个主要部分：内置元器件信息系统的原理图输入器（Caputure CIS）；模拟和混合信号仿真（PSpice A/D）和其高级分析（PSpice—AA）；印制电路板设计（Layout Plus）。电工电子仿真实验主要应用 PSpice A/D 程序进行电路仿真。

PSpice A/D 提供了多种仿真功能，可以对电路进行瞬态分析、稳态分析、时域分析、频域分析、噪声分析、失真分析、傅里叶分析、灵敏度分析、参数分析、容差分析、模数混合分析、优化设计等，它可帮助人们在制作真实电路之前先对它进行仿真，根据仿真运行结果修改和优化电路设计，并测试电路的各种性能参数。当用于实验教学时，PSpice 是一个虚拟的实验台，它几乎完全取代了电路实验中的元件、信号源、示波器和各种仪表，并且建立了良好的人机界面，以窗口和下拉菜单的方式进行人机交流，创建电路和选用元件均可以直接从屏幕图形中选取，操作直观快捷，在它上面，人们可以做各种电路实验和测试。

运行 OrCAD PSpice A/D 需要 4 个步骤：

1）绘制电路原理图：在 OrCAD Caputure CIS 环境下，以人机交互方式将电路原理图输入计算机。

2）设置电路特性分析类型和分析参数。

3）运行 PSpice 分析程序：对 OrCAD Capture CIS 中输入的电路进行仿真运算。

4）观测、分析仿真结果：把 PSpice 程序运行后得到的结果，以图文的形式显示出来。

1.2　绘制电路原理图

电路原理图的绘制是电路仿真分析的第一步。OrCAD PSpice 15.7 调用内置的元器件高级文档管理系统软件 OrCAD Capture CIS 生成电路图。绘制电路原理图包括进入 OrCAD Capture CIS 电路图编辑窗口、放置电路元器件、连接线路与布局、改变电路元器件的属性参数 4 个步骤。

1. 进入 OrCAD Capture CIS 电路图编辑窗口

按[开始]按钮，选择“所有程序/OrCAD 15.7 Demo”，单击“OrCAD Capture CIS Demo”，或在桌面双击图标，即可进入 OrCAD Capture CIS 主界面，如图 1.1 所示。

图 1.1 OrCAD Capture CIS 主界面

打开菜单 File/New/Project，则出现 New Project 对话框，如图 1.2 所示。

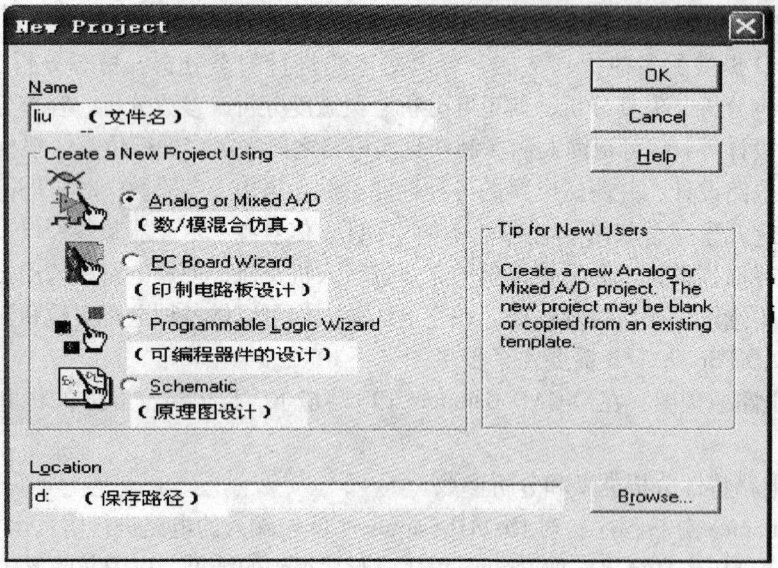

图 1.2 New Project 对话框

图 1.2 对话框中，需在 Name 文本框中键入所绘制电路图名称（例：liu），电路图名称由英文字符串或数字组成，不能使用汉字；Create a New Project Using 中有 4 个选项，实验中选择“Analog or Mixed - Signal Circuit”，表示绘制电路图后直接进行电路仿真；Location 文本框中应

填入存储路径（例：d:）。单击“OK”按钮，出现绘图窗口选择对话框，如图 1.3 所示。

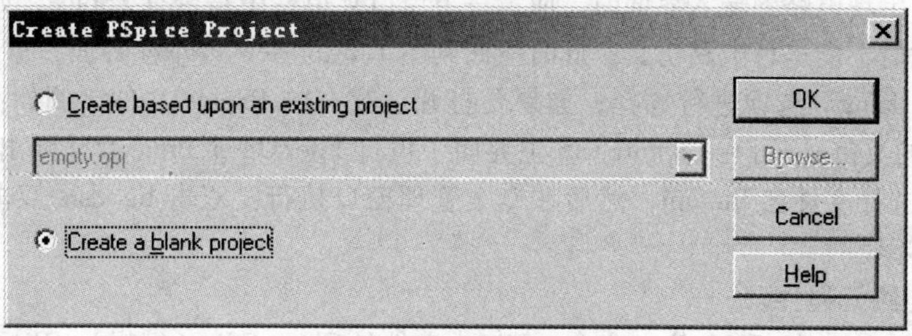

图 1.3　绘图窗口选择对话框

选择“Create based upon an existing project”表示基于一个已有的绘图窗口，有 empty.opj（空白纸）、simple.opj（单一带激励源）和 hierarchical.opj（层次的）等绘图方式可以选择。实验中选择“Create a blank project”，表示建立一个新的绘图窗口，单击“OK”按钮后，出现电路原理图输入界面，如图 1.4 所示。

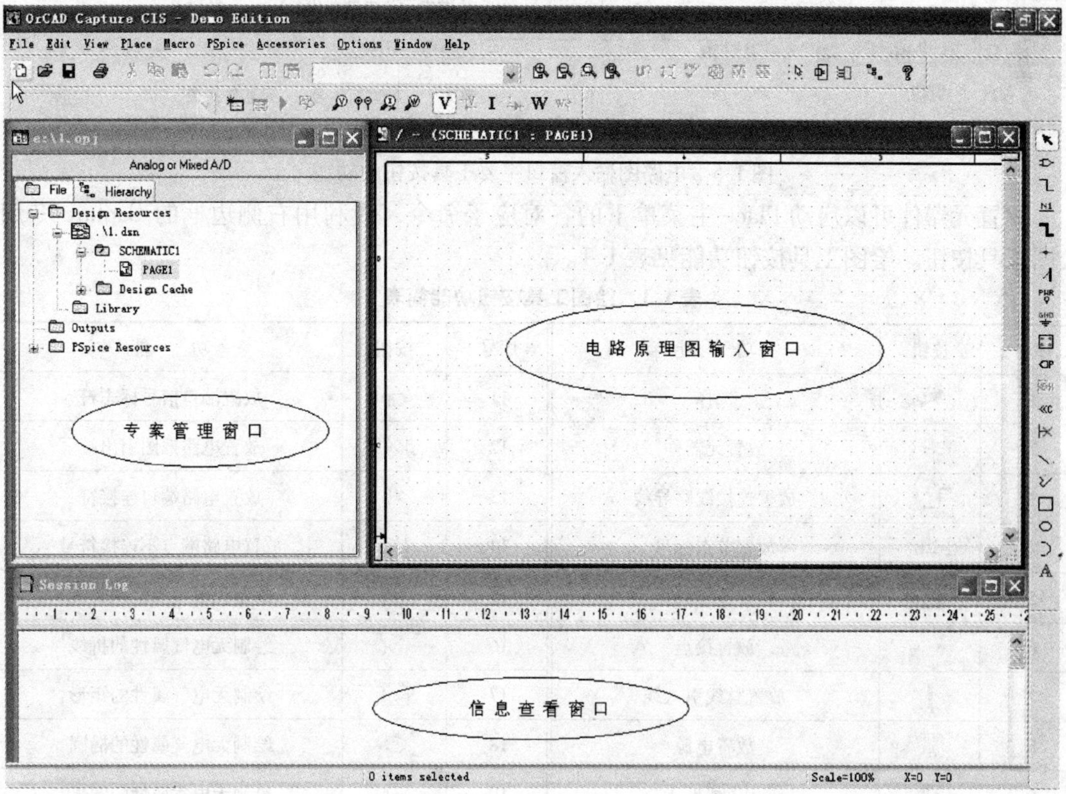

图 1.4　电路原理图输入界面

图 1.4 中顶部是电路原理图绘制环境下的命令菜单；左侧为专案管理窗口，该窗口管理并显示各种数据信息；Session Log 信息查看窗口负责显示 Capture 操作过程中的提示或出错信息，此窗口一般最小化在左下角，不能关闭；电路原理图输入窗口可进行电路原理图绘制，该窗口右侧为绘图时所用的工具栏。如果界面只显示电路原理图输入窗口，可执行

Window/Tile Vertically，将全部窗口都显示出来。

注意：当出现电路图输入界面时，应看一下窗口菜单栏中是否有 PSpice，如果没有则表示绘制电路图后不能进行电路仿真，此时应回到图 1.2 的 New Project 界面，重新对 “Create a New Project Using” 选项进行选择；如果要打开已存在的 PSpice 文件，例如：liu. opj（以 opj 为扩展名的文件），可在 Capturt CIS 主界面中执行 File/Open/Project/从弹出的 Open Project 对话框中选择文件名 liu. opj，然后在专案管理窗口执行：双击 liu. dsn/双击 SCHEMATIC1/双击 PAGE1。

2. 放置电路元器件

电路图输入窗口包括 10 条主命令：File（文件处理）、Edit（编辑）、View（显示功能选择）、Place（放置元器件）、Macro（宏命令）、PSpice（电路仿真）、Accessories（辅助软件）、Options（参数选项）、Window（窗口选择）和 Help（帮助）。各主命令的功能都以下拉菜单的形式显示，一些常用的功能也可使用工具按钮。电路图输入窗口主要工具按钮的功能如图 1.5 所示。

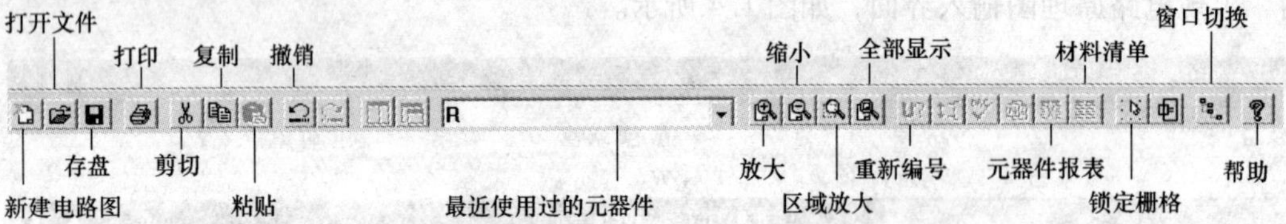

图 1.5　电路图输入窗口主要工具按钮的功能

放置元器件可以启动 Place 主菜单下的各对应子命令，或利用右侧边框的 Capture 专用绘图工具按钮。绘图工具按钮功能见表 1.1。

表 1.1　绘图工具按钮功能简表

序号	按钮	功　能	序号	按钮	功　能
1		选择	11		放置端口信号标志符
2		放置元器件	12		放置电路框图引出端
3		放置连接线路导线	13		放置电路端口连接符
4	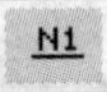	放置节点标号	14		放置电路端点不连接符号
5		放置连接总线	15		绘制无电气属性的直线
6		放置接点	16		绘制无电气属性的折线
7		放置总线引入线	17	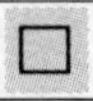	绘制无电气属性的矩形
8		放置电源	18		绘制无电气属性的椭圆
9		放置地	19		绘制无电气属性的圆弧
10		放置电路框图	20		添加文本文字

（1）添加元器件库

按放置元器件按钮，进入选取元件对话框，如图 1.6 所示。

对于新建绘图而言，此时 Libraries 库文件选择区里只有 Deside Cache 项，因而，在放置元器件前，需要添加所用到的元器件库。实验中常用元器件存放库的位置及模型见表 1.2。

图 1.6　选取元件对话框

表 1.2　常用元器件存放库的位置及模型

库名称	元器件名称（符号）	模　型	库名称	元器件名称（符号）	模　型
ANALOG库　常用无源元器件库	电阻（R）	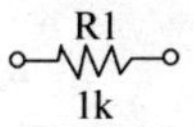	ANALOG库　常用无源元器件库	电流控制电压源（H）	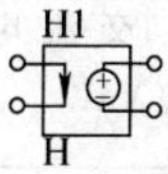
	电容（C）	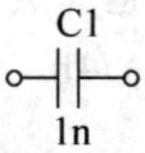		非线性电流控制电压源（HPOLY）	
	电感（L）	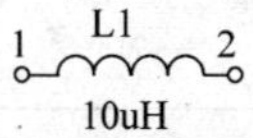		电流控制电流源（F）	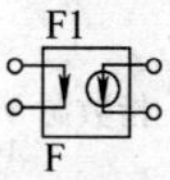
	电压控制电压源（E）	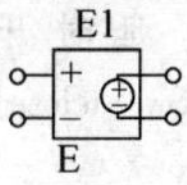		非线性电流控制电流源（FPOLY）	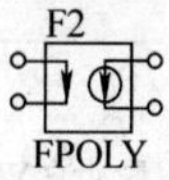
	非线性电压控制电压源（EPOLY）	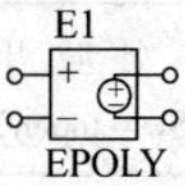		互感（K－Linear）	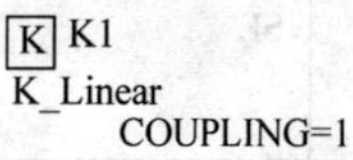
	电压控制电流源（G）	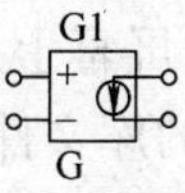		无损线（T）	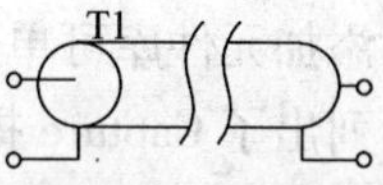
	非线性电压控制电流源（GPOLY）			有损线（T－LOSSY）	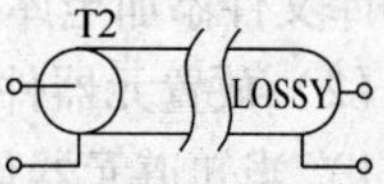

（续）

库名称	元器件名称（符号）	模型
SPECIAL库 特殊用途符号库	输出电流标志符（IPLOT，IPRINT）	IPLOT IPRINT 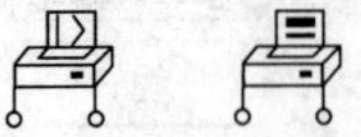
	输出电压标志符（VPRINT）	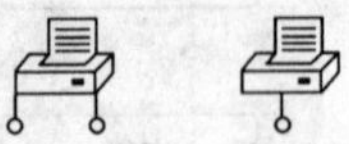
	输出电压标志符（VPLOT）	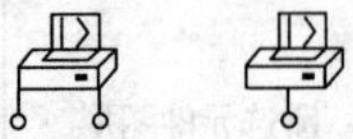
	参数符号（PARAM）	PARAMETERS：
SOURCE库 电源库	交流电流源 IAC	 I1 1Aac 0Adc
	直流电流源 IDC	 I2 0Adc
	交流电压源 VAC	 V1 1Vac 0Vdc
	直流电压源 VDC	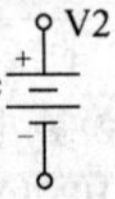 V2 0Vdc
	指数源 VEXP	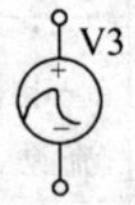 V3 V1 V2= TD1= TC1= TD2= TC2=
	脉冲波 VPULSE	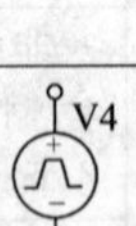 V4 V1 V2= TD= TR= TF= PW= PER=
SOURCE库 电源库	分段线性源）VPWL	 V5
	正弦源 VSIN	 V6 VOFF= VAMPL= FREQ=
	调频源 VS-FFM	 V7 VOFF= VAMPL= FC= MOD= FM=
	时钟型数字信号源	DSTM1  CLK OFFTIME=.5μs ONTIME=.5μs DELAY= STARTVAL=0 OPPVAL=1
SOURCSTM 库	图形编辑型数字信号源	DSTM2 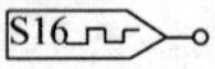 S16 Implementation=
EVAL库	二极管 D1N4002	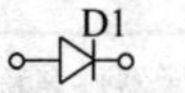 D1 D1N4002
	运算放大器（uA741）	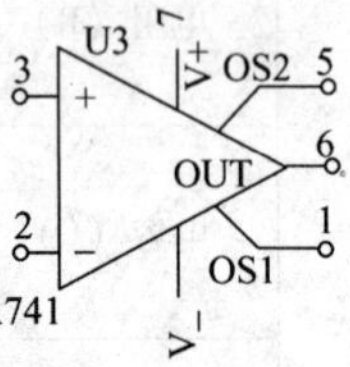 U3 3 + 2 − 7 V+ OS2 5 6 OUT 1 OS1 4 V− uA741
	延时开关（Sw－tclose）	TCLOSE=0 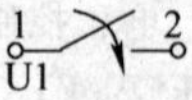 1 2 U1
	延时开关（Sw－topen）	TOPEN=0  1 2 U2

添加元件库可单击图 1.6 的“Add Library”按钮，屏幕上显示图 1.7 文件打开对话框，其中列出了 Capture 提供的库文件清单，从中选取所需的库文件，按“打开”按钮，即将选中的库文件添加至库文件选择区中。

（2）放置元器件

1）当知道元器件存放于哪个库时，先在 Libraries 库文件选择区里选择元器件所在的

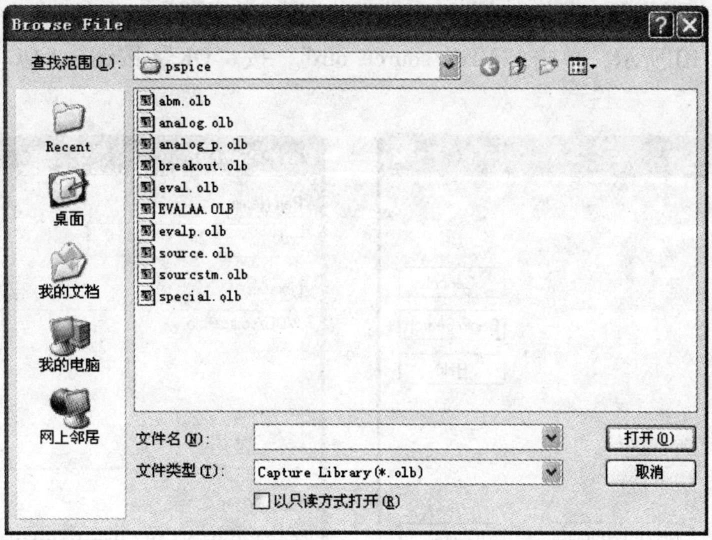

图 1.7　库文件选取对话框

库，然后在元器件选择区选取元件，按“OK”按钮，该元件即被调至绘制电路图界面中。用鼠标拖动元件，单击左键可将元件放在合适位置，这时继续移动光标，还可放在其他位置。

结束元器件放置，有如下方法可供选择：

① 按“ESC”键。

② 单击绘图工具按钮。

③ 单击鼠标右键，出现放置元器件快捷菜单，如图 1.8 所示，选择 End Mode。

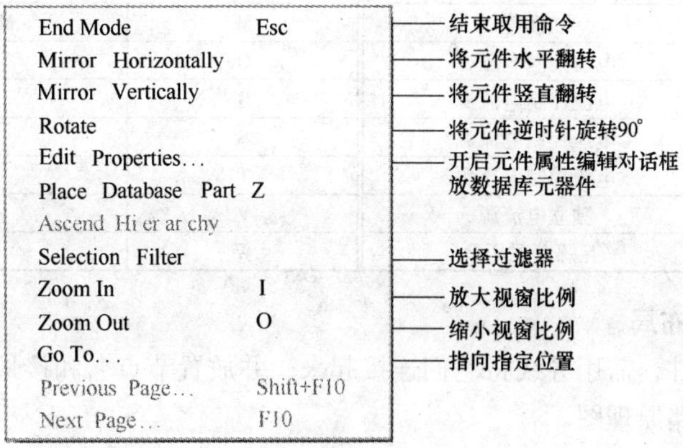

图 1.8　放置元器件快捷菜单

在放置元件之前，还可用图 1.8 的快捷菜单对元件进行旋转。如果想删除某个元件，用鼠标左键单击该元件，使其处于选中状态（此时元件颜色变为粉红色，并有一虚框），按“Delete”键可删除，也可单击鼠标右键选择 Cut 或 Delete 命令删除。

2）若不知元器件所在库名，可用图 1.6 对话框中的“Part Search”按钮进行搜索。例如若要查找直流电压源 VDC，可按“Part Search”，此时出现图 1.9 所示的对话框，在 Part

Name 栏中键入“VDC”，然后按“Begin Search”按钮，则 Libraries 栏中会出现该电压源所在的库，如图 1.10 所示，单击“VDC/source. olb”，按“OK”按钮，VDC 即加入到元件选择区。

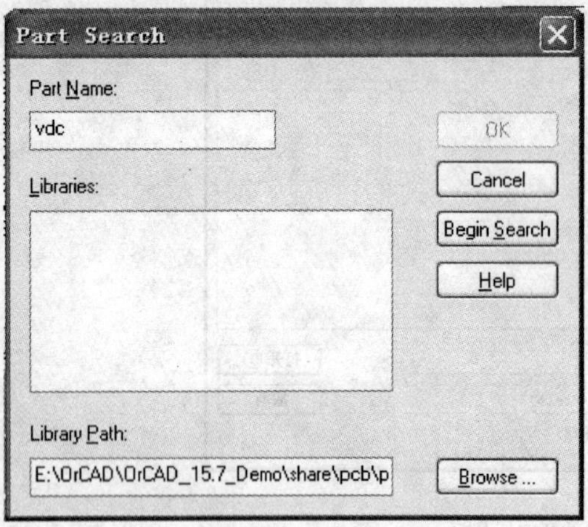

图 1.9　Part Search 对话框

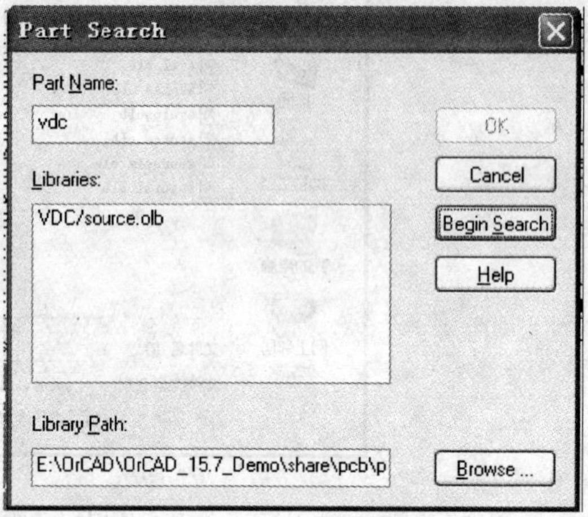

图 1.10　查找电压源所在的库

3）如果元器件的名称不确定，可用通配符“＊”进行模糊查找元器件，例如：键入“D＊”可查找二极管。

常用元器件首字母符号见表 1.3。在电路图中，元器件编号的第一个字母必须按表中规定，随后可以是字母或数字。PSpice 不采用下标符号。

表 1.3　常用元器件首字母符号

首字母	元 器 件 类 别	首字母	元 器 件 类 别
C	电容	L	电感
D	二极管	M	MOS 场效应晶体管
E	电压控制电压源	Q	双极型晶体管
F	电流控制电流源	R	电阻
G	电压控制电流源	S	压控开关
H	电流控制电压源	T	传输线
I	独立电流源	V	独立电压源
K	互感（磁心）	W	流控开关

3. 连接线路与布局

放置好的元器件，需用导线将它们连接起来，并放置节点名和接地符号，最后组成一张满足实验要求的电路原理图。

（1）导线的连接

在 Capture 中，元器件的接脚上都有一个小方块，表示连接线路的地方，单击工具按钮或选择菜单 Place/wire，光标将变成十字状。将光标指向所要连接电路的端点，按鼠标左键，再移动光标，即可拉出一条线，当到达所要连接电路的另一端时，再按鼠标左键，便可完成一段走线。若想绘制任意角度走向的互连线，可先按键盘上“Shift”键，再用鼠标控制光标的移动。

（2）设置节点名

Capture 自动确定形式为 N1、N2、…的节点名，但它在电路图上不显示出来。为分析电路方便，常在电路图中自行设置节点号。

单击工具按钮或选择菜单 Place/Net Alias，则屏幕出现 Place Net Alias（节点别名设置）对话框，如图 1.11 所示。在 Alias 文本框中输入节点名（例如 N1），按“OK”按钮。设置完成后，光标箭头处附有一矩形框，光标移至节点后，单击鼠标左键，节点名即被放在电路节点处；光标移至下一节点，再单击鼠标左键，另一节点名（N2）又被放置在该点处。Place Net Alias 对话框中也可设置节点名的颜色（Color）、字体（Font）和方位（Rotation）。

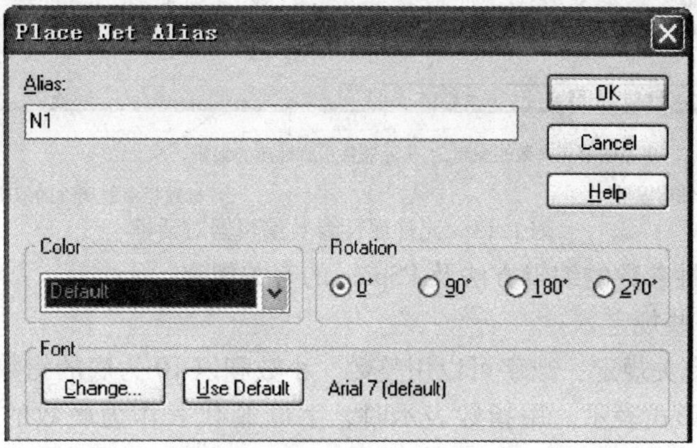

图 1.11　Place Net Alias 对话框

注意：放置节点名时，光标箭头一定要指在欲设置节点名的互联线上。

（3）取放接地符号

调用 OrCAD PSpice 15.7 进行电路仿真分析时，电路中必须要有一个电位为零的接地点，否则被认为出错。选取接地符号可按绘图工具或选择菜单 Place/Ground，屏幕上出现 Place Ground 对话框如图 1.12 所示，从 SOURCE 库中选取“0”，按放置元器件的方法放入电路中即可。

注意：接地符号下面必须有 0。

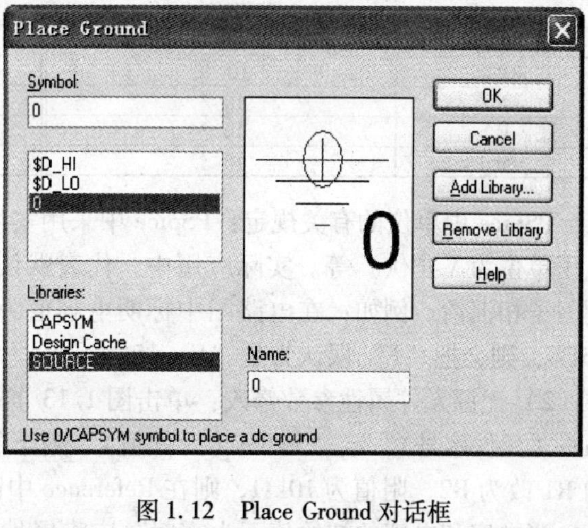

图 1.12　Place Ground 对话框

4. 改变电路元器件的属性参数

（1）调用属性参数编辑器

从元件库中选取的元器件，各元件值均采用默认值，例：电阻值均为 1kΩ。同时每个元件按类别及顺序自动编号（如 R1、R2），实验中需按电路图的要求进行修改。元器件属性参数的修改，可在属性参数编辑器中进行。调用属性参数编辑器方法有两种：

1）选中一个电路元件（用鼠标左键单击元件中心）或多个电路元件（按下“Ctrl”键不放再依次单击欲选元件）后，执行 Edit/Properties 命令或单击鼠标右键选 Edit Properties 命令。

2）双击待修改电路元件。

元件属性参数编辑器对话框如图 1.13 所示。

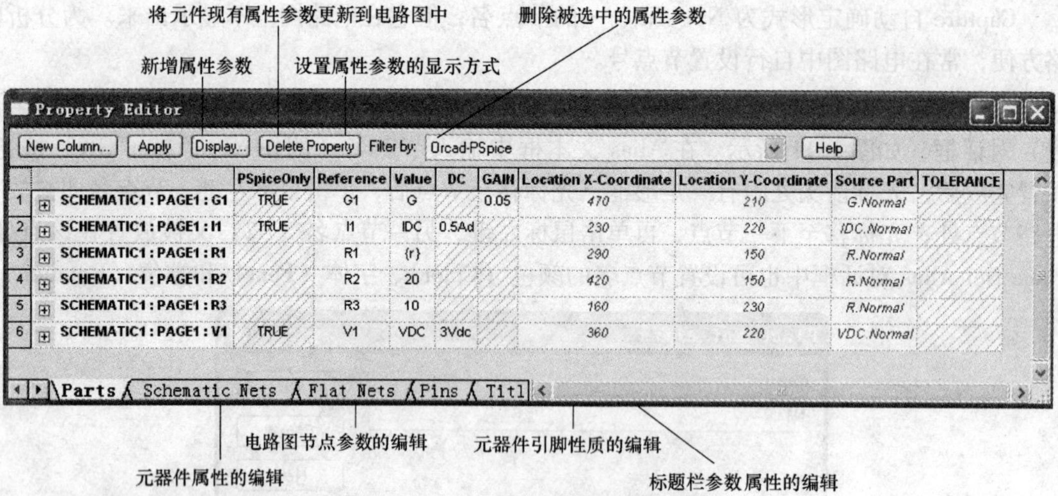

图 1.13　元件属性参数编辑器对话框

（2）元器件属性参数的编辑方法及 PSpice 的有关规定

1）PSpice 的一些规定

PSpice 中数字有关规定：数字可以用整数、小数和以 10 为底的指数表示，或者用整数、小数加比例因子的形式表示。用指数表示时，字母 E 代表作为底数的 10。比例因子有 10 种，见表 1.4。比例因子后面的单位字符是忽略不计的。例如 3.25k、3.25E3、3250Hz、3.25kHz 和 3250 均表示同一个数字。另外 PSpice 不区分大小写，例如 m 和 M 都表示 10^{-3}。

表 1.4　PSpice 中采用的比例因子

符　号	代表的值	符　号	代表的值
F	10^{-15}	K	10^{3}
P	10^{-12}	MEG	10^{6}
N	10^{-9}	G	10^{9}
U	10^{-6}	T	10^{12}
M	10^{-3}	MIL	25.4×10^{-6}

PSpice 中单位的有关规定：PSpice 中采用实用工程单位制即默认电流单位为 A（安培），电压单位为 V（伏）等。实际应用中，代表默认单位的字符可省去，以免与表示数字的比例因子相混淆。例如：在电路图中标明电容值为 5F 应标“5”，默认单位是“F”，若标为“5F”，则会把“F”误认为是“E－15”。

2）无源元件属性参数修改：单击图 1.13 屏幕左下方的“Parts”标签，再更改“Reference（元件序号）”或“Value（元件值）”列下的元器件参数即可。例如：欲将阻值为 5Ω 的 R1 改为 R2、阻值为 10kΩ，则在 Reference 中键入“R2”，Value 中键入“10k”。

当电容和电感的初始值不为零时，应将属性参数编辑器对话框中的“IC”项设为初始值，电容初始电压的设置如图 1.14 所示。

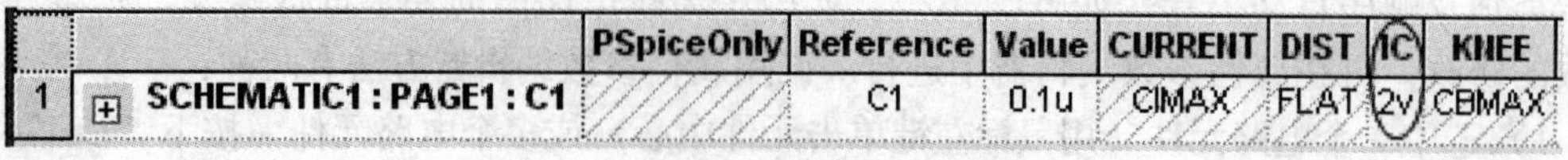

图 1.14　电容初始电压的设置

3）电源属性参数可根据不同类型电源描述进行相应的修改。例如：AC 电源需修改幅值和相位。

4）线性互感属性参数设置：互感属性编辑器如图 1.15 所示。

		PSpiceOnly	Reference	Value	COUPLING	L1	L2	L3	L4	L5	L6
1	⊞ SCHEMATIC1 : PAGE1 : K1	TRUE	K1	K_Linear	1	L2	L3	L5			

图 1.15　互感属性编辑器

在互感属性编辑器中，*COUPLING* 代表耦合系数，$-1 \leqslant COUPLING \leqslant 1$，默认值为 1。

$$|COUPLING| = \frac{|M|}{\sqrt{L_1 L_2}}$$

PSpice 允许一个互感中最多有 6 个电感，但每个电感应该是已定义的，且耦合系数相等。每个电感的 1 号端点是同名端。例如 L2、L3、L5 之间存在磁耦合，应在属性编辑器的 L1、L2、L3 位置键入 L2、L3、L5。

5）传输线参数设置：传输线包括无损传输线和有损传输线，分别用符号 T 和 TLOSSY 表示。传输线的长度可用两种形式表示：一种是由传输线的延迟 *TD* 确定，例如 $TD = 10\text{ns}$；另一种是由频率 *F* 和参数 *NL* 确定，*NL* 是在频率 *F* 时相对于传输线波长的归一化长度（$NL = L/\lambda$，λ 为波长，*L* 为线长），而且有 $TD = NL/F$。若规定 *F* 而没有给出 *NF*，则认为 $NL = 0.25$（即线长为 $1/4\lambda$）。表示传输线长度的两种形式都作为可选项，但必须指定其中的一种。

另外，若想只修改某一项参数，例如：只改电阻值，则双击该电阻值，屏幕出现单项参数编辑修改对话框，如图 1.16 所示，将 Value 框中的值改为所要求的值。修改完成后，按“OK”按钮。

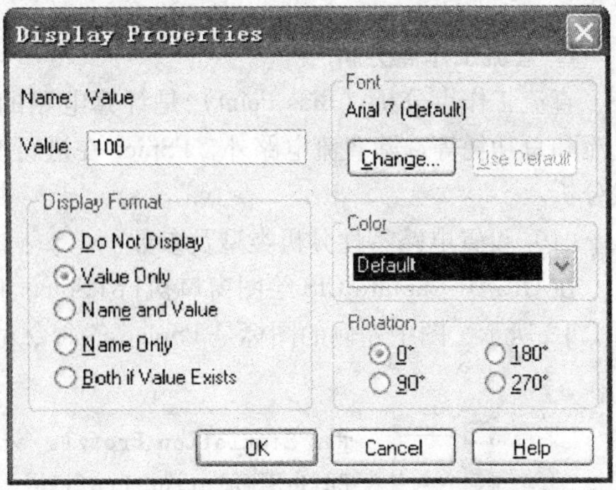

图 1.16　单项参数编辑修改对话框

至此，电路图绘制工作就完成了。将绘制好的电路图存盘。图 1.17 是用 OrCAD Capture CIS 绘制的电路图。

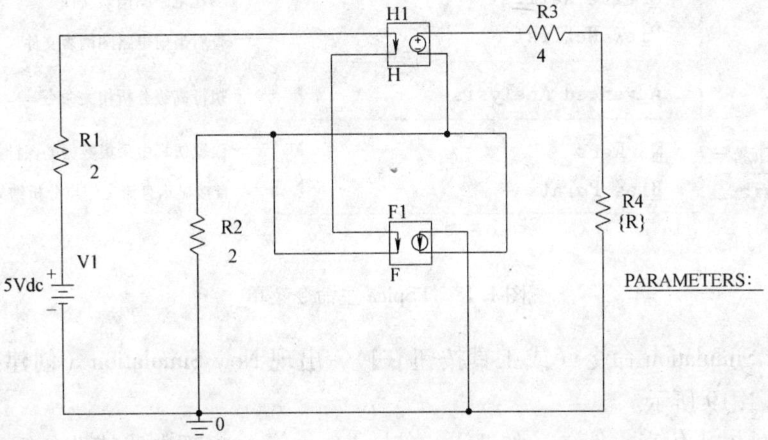

图 1.17　用 OrCAD Capture CIS 绘制的电路图

1.3　直流电路仿真分析

仿真电路图绘制完毕，需运用 OrCAD PSpice A/D 软件对其进行仿真分析计算。对于不同的电路，仿真分析计算要经过电路特性分析类型确定及参数设置、仿真计算和仿真结果分析 3 个阶段。

PSpice A/D 共有 15 种分析类型，可根据电路的需要进行选择。PSpice 将直流工作点分析、直流扫描（DC）分析、交流（AC）分析和瞬态（Transient）分析作为 4 种基本分析类型，每一种电路只能包括上述 4 种基本分析类型中的一种，但可以同时包括直流灵敏度分析、参数分析和温度特性分析等其他附加分析类型。本节只学习实验中常用的几种分析类型。

直流电路常采用的 PSpice 分析类型有直流工作点分析、直流扫描分析和直流灵敏度分析。

1. 直流工作点分析

直流工作点分析（Bias Point）是计算电路的直流偏置量，包括计算各节点电压、支路电流和总功耗等。除直流电路外，PSpice 在进行交流和瞬态分析时，也将自动进行直流工作点分析。

（1）设置电路特性分析类型及参数

在 OrCAD Capture CIS 绘图窗口执行 PSpice 主命令，屏幕显示出 PSpice 主命令菜单，如图 1.18 所示，图中左侧的图标是 PSpice 各命令对应的工具按钮。

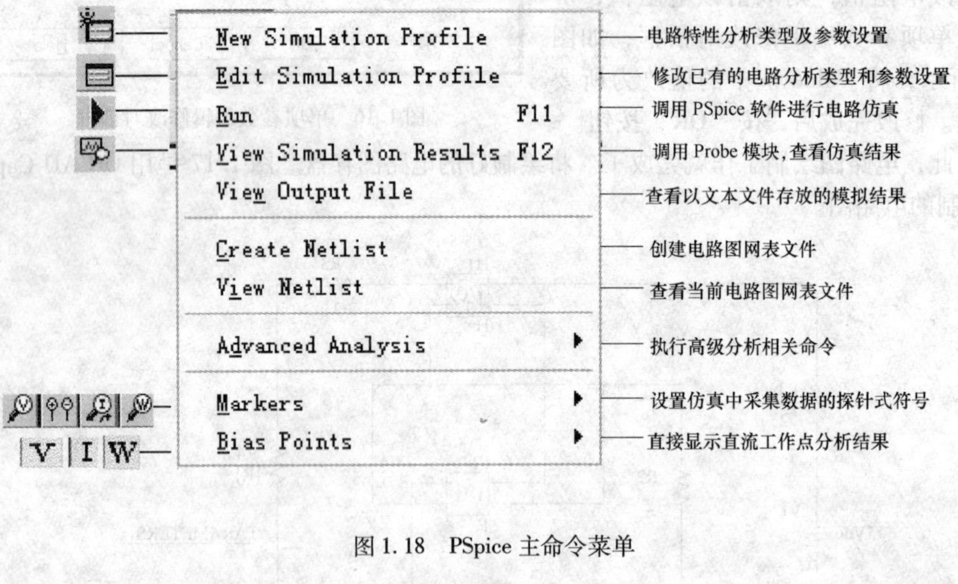

图 1.18　PSpice 主命令菜单

单击 New Simulation 命令（或工具按钮），出现 New Simulation（创建新仿真文件）对话框，如图 1.19 所示。

在 Name 处键入仿真文件名（如 dc），单击“Create”，出现电路特性分析类型及参数设置对话框。在 Analysis type 栏中选择“Bias Point”，在 Options 栏中选“General Settings”

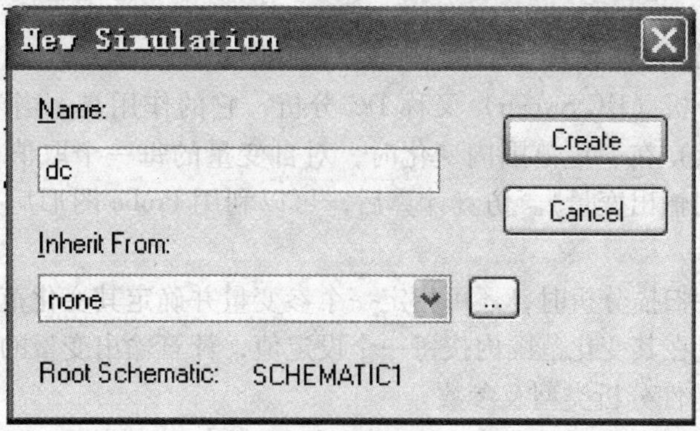

图 1.19　New Simulation 对话框

(默认选项)，在 Output File Options 栏中选“Include detailed bias point information for nonlinear controlled sources and semiconductors”，按“确定”，即完成直流工作点分析设置，如图 1.20 所示。

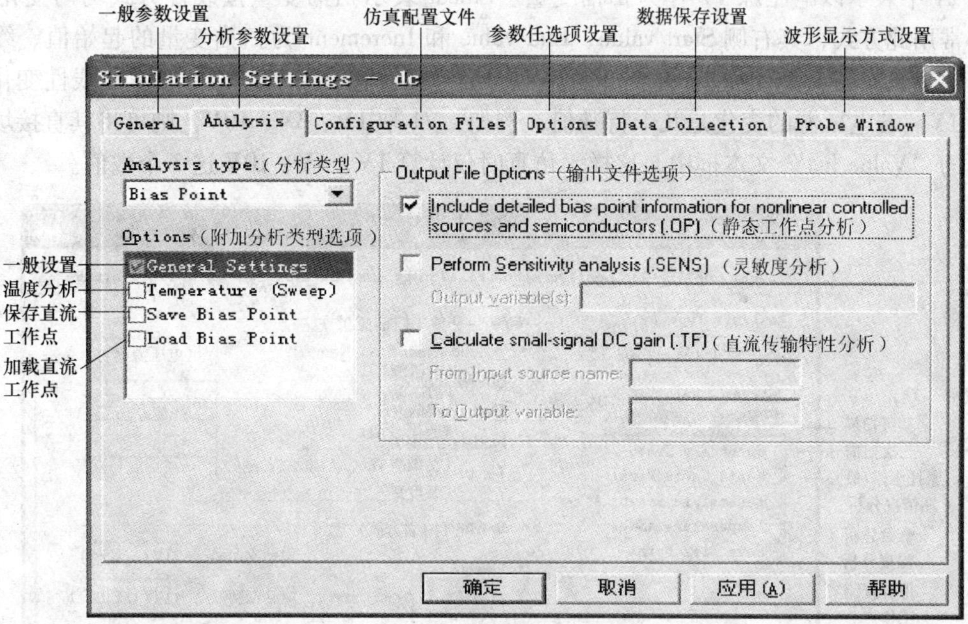

图 1.20　直流工作点分析参数设置框

(2) 电路仿真分析及分析结果的输出

设置分析参数后，选择 PSpice/Run 命令或工具图标▶，运行 PSpice 仿真程序。若电路检查正确，则出现 PSpice 执行窗口，仿真结束后，PSpice 自动调用结果后处理模块 Probe 显示分析结果。对于直流工作点分析，当在 Capture 主命令菜单中分别单击工具图标 V 、 I 、 W，则电路各个节点电压、支路电流和各元器件上的直流功率损耗可在电路图上相应位置自动显示。

如果电路中存在问题，仿真过程信息显示窗口将显示错误信息，需修改电路后重新进行仿真分析。

2. 直流特性扫描分析

直流特性扫描分析（DC Sweep）又称 DC 分析，它的作用是：当电路中某一参数（称为自变量或扫描变量）在一定范围内变化时，对自变量的每一个取值，计算电路的节点电压和支路电流（称为输出变量）。仿真计算后，可以利用 Probe 图形后处理功能观察输出变量的相应变化曲线。

在进行直流特性扫描分析时，还可指定一个参变量并确定其变化范围。对参变量的每一个取值，均使自变量在其变化范围内按每一个设定值，计算输出变量的变化情况。

（1）设置电路特性分析类型及参数

直流特性扫描分析参数设置框如图 1.21 所示。在 Analysis Type 栏中选“DC Sweep”，Options 框内选择“Primary Sweep”。Sweep Variable 中可选作扫描变量的参数有 5 种，即 Voltage Source（独立电压源）、Current Source（独立电流源）、Global Parameter（通用参数）、Model Parameter（模型参数）、Temperature（温度），实验中应根据电路需要进行选择。

当扫描变量确定后，Name（扫描变量名）文本框需键入与扫描变量一致的变量名称。图 1.21 中表示以电压源 V1 作为扫描变量。Linear 表示扫描变量按线性方式均匀变化，DC 分析常用此方式，其右侧 Start value、End value 和 Increment 为扫描变量的起始值、终点值和变化步长。图 1.21 中键入的“1V、10V、1V”表示电压源 V1 从 1 ~10V 作线性变化，步长为 1V。若电压源的变化是几个特殊值，例如，V1 取 1V、3V、10V，则可将其直接填入最下面的“Value list”文本框中，这样，仿真时仅计算 1V、3V、10V 这 3 个数值。

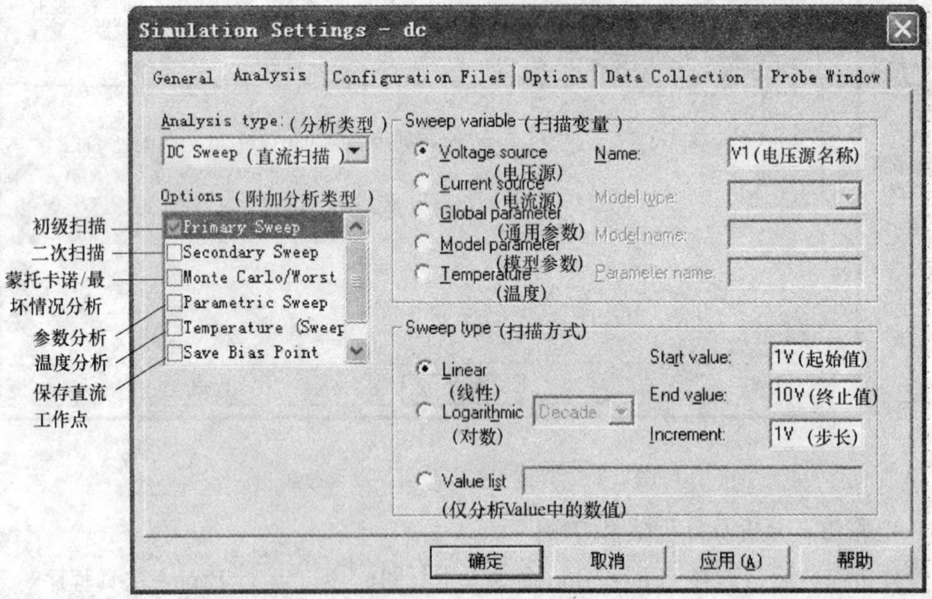

图 1.21　直流特性扫描分析参数设置框

仿真分析参数设置正确后，按“确定”按钮。

（2）电路仿真分析及分析结果的输出

单击▶，运行仿真程序。如电路图绘制正确，仿真参数设置合理，会自动出现 Probe

结果后处理模块显示窗口，如图1.22所示。Probe是PSpice对仿真分析结果进行处理、显示和打印的有效工具。Probe窗口中包括波形显示窗口、仿真过程信息显示窗口和电路仿真参数设置窗口。Probe窗口常用工具按钮如图1.23所示。

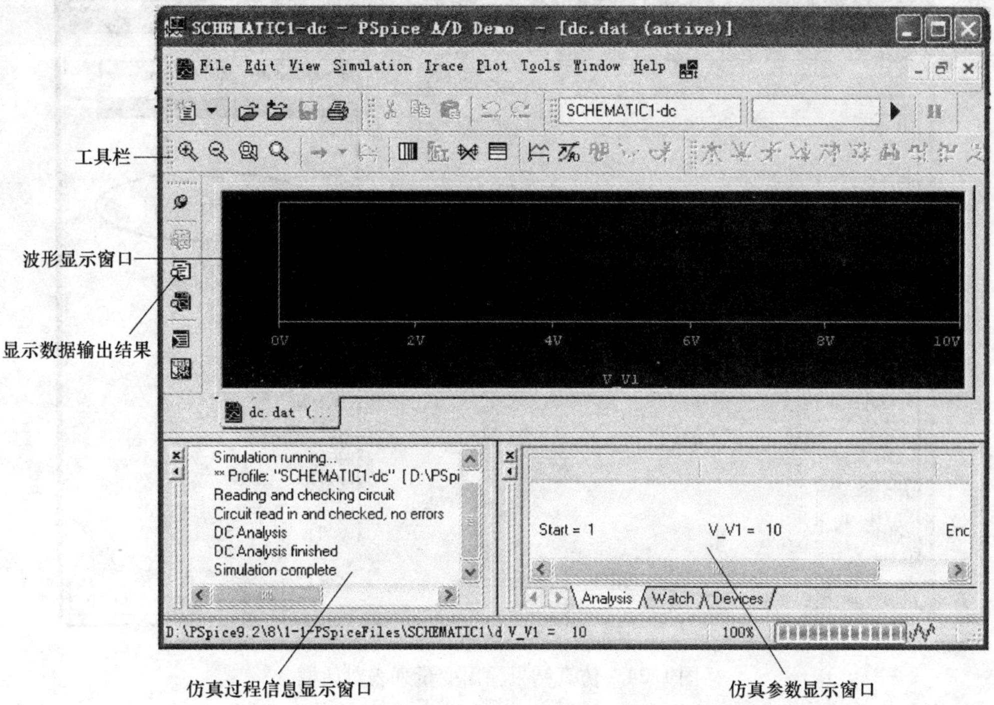

图1.22　Probe结果后处理模块显示窗口

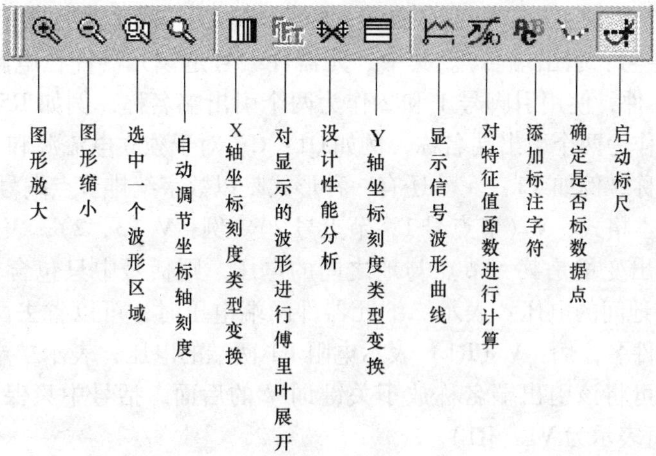

图1.23　Probe窗口常用工具按钮

直流特性扫描分析结果可用波形输出和数据输出两种方式显示。

1）波形输出方式：按工具按钮 ，屏幕出现仿真结果输出变量列表对话框，如图1.24所示。用光标在对话框左边部分选取要显示波形的变量名，则被选中的变量名将出现在底部的Trace Expression框中，例如图1.24选择的是V（n1）变量。按“OK”按钮，屏幕上即可显示所选变量 V（n1）的波形。

删除全部波形可选菜单 Trace/Delete，Trace/Undelete 命令可以恢复删除的信号波形。若想只删除一个波形，需将该波形选中（左键单击变量名），然后按键盘“Delete”键。

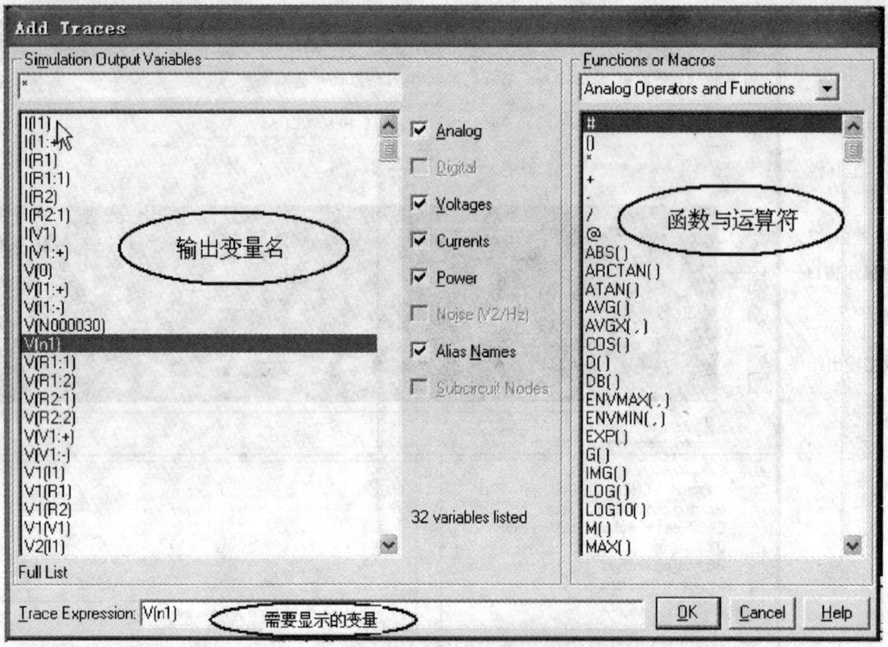

图 1.24　仿真结果输出变量列表对话框

波形输出方式显示输出结果的必备知识：

① 输出变量列表中输出变量的表示格式

节点编号的 3 种形式：以节点别名命名，例如 N1。另一种形式是以元器件引出端命名，形式为：（元器件编号：引出端名）。其中，元器件编号是该元器件在电路图中的编号，例如 R5；对二端元器件，使用引脚号 1 和 2 作为两个引出端名称，例如 R5：1；对于多端元器件，用引脚名称作为两个引出端名称，例如 Q1：C；对于独立电流源和电压源，用 + 和 − 作为两个引出端名称，例如 V1：+。还有一种形式是以数字编排节点编号。

电压变量的基本格式：V（节点号 1，节点号 2）。例：V（3，2），表示节点 3 与节点 2 之间的电压。若输出变量是某一节点与地之间的电压，则括号中只包含该节点号。例：V（1）代表节点 1 与地间的电压。表示二端元器件两端电压时，可以省去两个引出端号在括号中直接给出元器件名，例：V（R1）表示电阻 R1 两端的电压；表示二端或多端元器件某一引出端电压时，可将该引出端名称放于关键词 V 的后面，括号中只保留元器件编号名，例：V（R1：1）可表示为 V1（R1）。

电流变量的基本格式：I（元器件编号：引出端名）。

对于二端元器件，不需要给出引出端名。例：I（R1）。PSpice 规定，对无源二端元件，电流参考方向规定是从 1 号端流进，2 号端流出；对于独立源，从正端流进，负端流出；对于多端有源器件，电流正方向定义为从引出端流入器件。

Probe 窗口中显示的波形取决于图 1.24 对话框有关项的选用。Probe 除可用光标在对话框选取波形的变量名外，还可在 Trace Expression 文本框中直接键入变量名，而且可对波形进行运算处理并将结果波形显示出来。图1.24对话框右边部分列出了可选用的运算符及函数。Probe提供的部分函数如表1.5所示。例如：在Trace Expression中键入ABS(I(V1)*V(V1))，表示显示电源V1功率的绝对值的波形。

表1.5 Probe提供的部分函数

函 数	含 义	函 数	含 义
ABS (x)	x的绝对值	IMG (x)	x的虚部
SQRT (x)	x的平方根	SIN (x)	x的正弦
EXP (x)	e的x次幂	COS (x)	x的余弦
LOG (x)	x取自然对数	TAN (x)	x正切
LOG10 (x)	x取以10为底的对数	ATAN (x)	x余切
M (x)	x的模值	D (x)	变量x对X轴的导数
P (x)	x的相位角度（°）	S (x)	X轴范围对x求积分
R (x)	x的实部	RMS (x)	X轴范围求x的方均根值

Probe规定进行运算中的数字小写字母m表示10^{-3}，大写字母M表示10^6。除M和m以外，其他情况与表1.4中PSpice表示数字的方法相同。

② 信号波形显示使用技巧：实验中，为使多个信号波形同时得到清晰的显示，可从不同方面改善Probe窗口显示信号波形的显示状态。

a. 当需要同时观察两个或两个以上波形，且这些波形的单位不同，或幅值相差悬殊，例如：电压与电流波形，可采用Probe提供的“两根Y轴”显示功能。

当Probe窗口已显示一种幅度的信号波形，在图1.24窗口执行Plot/Add Y Axis，屏幕上出现标号为2的第2根Y坐标轴，原来的Y轴自动标为1号，如图1.25所示。两根Y轴均按信号类别分别带有单位，互不影响。

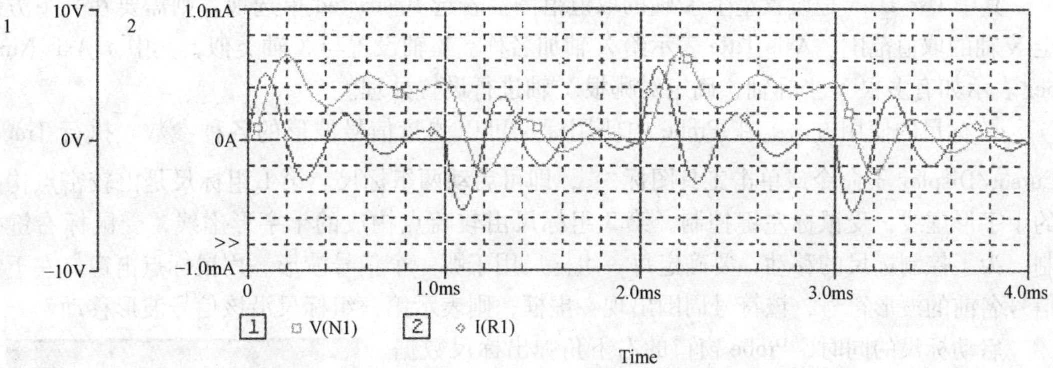

图1.25 两根Y轴显示

两根Y轴显示的情况下，新添加的信号波形将采用处于选中状态的Y轴，在其底部左侧有“>>”符号，要使1号Y轴为选中状态，只需用鼠标单击1号Y坐标轴线的左侧区域即可。当Y轴为选中状态时，执行Plot/Delete Y Axis，被选中的Y轴及其上显示的信号波形全部被删除。

另外，执行Plot/Add Plot to Window添加波形显示区，也可用于观察幅值相差较大或X

轴刻度不同的两类信号波形。

b. 坐标轴的设置：Probe 会自动设置坐标轴的数据范围，如需要可自己调整刻度范围或者改变 X 轴坐标变量。

在图 1. 24 窗口执行 Plot/ Axis Settings 或双击 X 坐标轴下方标注坐标值的区域，启动坐标设置对话框，如图 1. 26 所示。

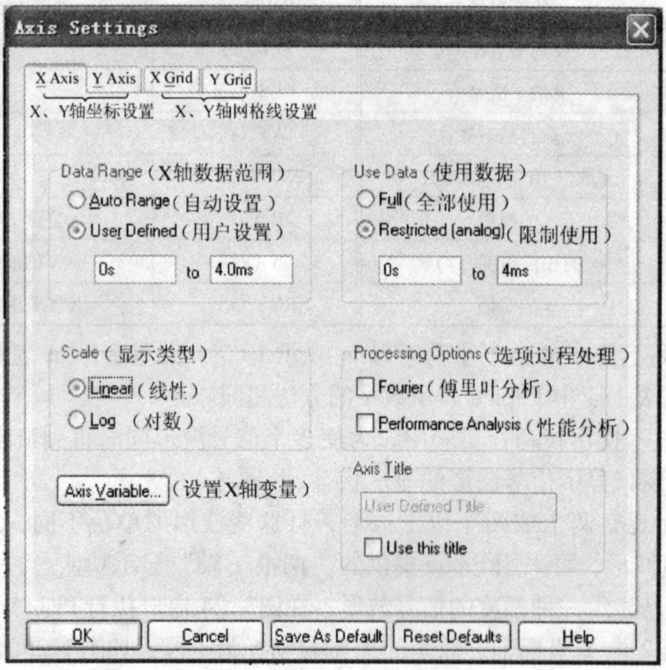

图 1. 26 X 轴坐标设置

其中 Use Data 是设置整个 X 轴的取值范围。若选 Restricted 单选项，则需要在其下方确定 X 轴的取值范围。Axis Title 表示给 X 轴加名称。Y 轴设置与 X 轴类似，其中 Y Axis Number 表示如有多根 Y 坐标轴，确定对哪根 Y 轴进行设置处理。

c. 标尺的使用方法：在 Probe 中使用标尺可以测量信号波形的各种参数。执行 Trace/ Cursor/Display 子命令或单击工具图标，即可启动两组标尺。第 1 组标尺是由较密点构成的十字形虚线，受鼠标左键控制，第 2 组标尺由较疏点构成的十字形虚线，受鼠标右键控制。为了控制标尺的移动，要确定每一组标尺用于哪一个信号波形。用鼠标点击窗口左下方信号名前的波形符号，该符号周围出现一虚框，则表示第一组标尺沿该信号波形移动。

启动标尺的同时，Probe 窗口的右下角弹出标尺数据显示框如图 1. 27 所示。

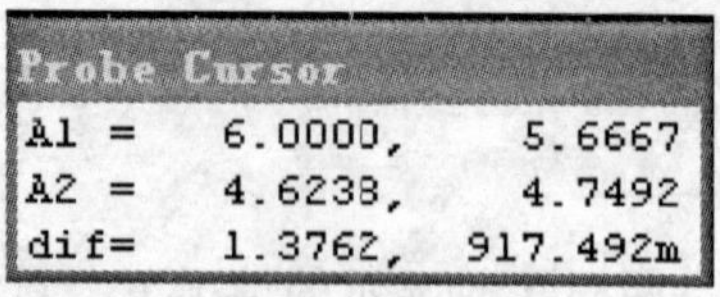

图 1. 27 标尺数据显示框

标尺数据显示框显示三行数据。第一行数据是第一组标尺的横纵坐标值。第二行为第二组标尺的横纵坐标值。第三行为两组标尺的横纵坐标的差值。当只启动一组标尺时，第二行为第 1 个数据点的横纵坐标值。

标尺除了用于精确显示波形上任一点坐标数据外，还可用于选择执行 Cursor 菜单中的部分子命令，以查找仿真信号波形上的特殊位置，提取特征值。特征值提取可在 Probe 窗口中执行 Trace/Cursor 子命令或用其快捷工具，各快捷工具的功能如表 1.6 所示。

表 1.6 快捷工具的功能

快捷工具	名称	含义
	Peak	使标尺移至下一个极大值点
	Trough	使标尺移至下一个极小值点
	Slope	使标尺移至下一个斜率极大值点
	Min	使标尺移至波形曲线的最小值点
	Max	使标尺移至波形曲线的最大值点
	Point	使标尺移至下一个数据点
	Search Commands...	搜寻命令
	Next Transition	使标尺移至下一个数字转折点（有数字电路分析时可启动）
	Previous Transition	使标尺移至上一个数字转折点（有数字电路分析时可启动）
	Plot \ Label \ Mark	对标尺所在点标值

d. Probe 模块中波形显示符的使用方法：以上学习的都是在 PSpice 仿真分析结束后，再选择显示哪些信号波形。Probe 还可以在 PSpice 分析之前就确定要显示的信号，即在绘制电路图时放置波形显示标志符 Marker（又称探针）。

Marker 的作用：仿真分析结束后，电路图中放置 Marker 标识符位置的信号波形将自动显示在 Probe 窗口。这种在电路图中直接观测信号波形的功能可用来代替通过选择信号变量名显示信号波形的方法，使 Probe 的作用与示波器相同。

放置方法：使用快捷工具按钮或在 Capture 绘图界面执行 PSpice/Markers，调出相应波形显示标志符，按绘制电路图中放置元器件的方法放置。实验中常用的几种波形显示标志符的功能如表 1.7 所示。

表 1.7 常用几种波形显示标志符的功能

快捷工具	名称	含义	放置位置
	Voltage Level	显示节点电压波形曲线	电路节点、线路或元器件引脚
	Voltage Differential	显示两节点电位差波形曲线	电路节点、线路或元器件引脚
	Current Into Pin	显示支路电流波形曲线	元器件引脚
	Power Dissipation	显示元器件功耗波形曲线	元器件上

2）数据形式输出结果：PSpice 分析中，只有在电路图上添加代表输出电压或电流的输出标志符，然后对输出标志符进行设置，才能查看数据形式输出结果。

① 输出标志符的放置与设置方法：实验中常用的输出标志符的类型及功能如表 1.8 所示。输出标志符存放在 SPECIAL 库中，其放置方法与放置元器件的方法相同。

表 1.8　输出标志符的类型及功能

名　称	符　号	放置位置及功能
IPLOT	IPLOT 	该标志符应串联到支路中，将该支路电流分析结果以字符图形的形式存入输出文件
IPRINT	IPRINT 	该标志符应串联到支路中，将该支路电流分析结果以数据列表形式存入输出文件
VPLOT1		该标志符引出端应与电路图中某一节点相连，将该节点与地之间的电压分析结果以字符图形的形式存入输出文件
VPRINT1		该标志符引出端应与电路图中某一节点相连，将该节点与地之间的电压分析结果以数据列表的形式存入输出文件
VPLOT2		该标志符引出端应跨接到电路图中两个节点之中，将这两个节点间的电压分析结果以字符图形的形式存入输出文件
VPRINT2		该标志符引出端应跨接到电路图中两个节点之中，将这两个节点间的电压分析结果以数据列表的形式存入输出文件

输出标志符的设置：输出标志符放置后，用鼠标左键双击输出标志符，出现如图 1.28 设置框，要输出某种分析结果，只要在该分析类型名下键入“Y”或“Yes”。若未选择分析类型，则没有数据输出结果。图 1.28 中选择的是 VPRINT1，在 DC 下键入“Y”，表示要输出 DC 分析的电压值。

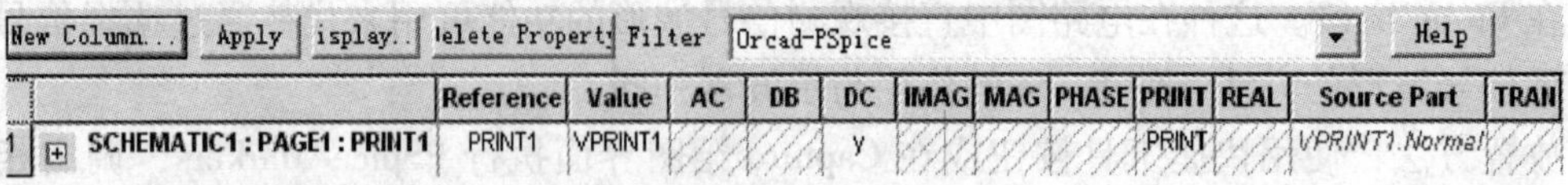

图 1.28　输出标志符设置框

② 查看数据形式输出结果：在 Probe 窗口按工具按钮或执行 View/Output File，屏幕上即可显示数据形式输出结果。例如对图 1.29 所示电路作直流扫描分析，直流电路的数据形式输出文件如图 1.30 所示。

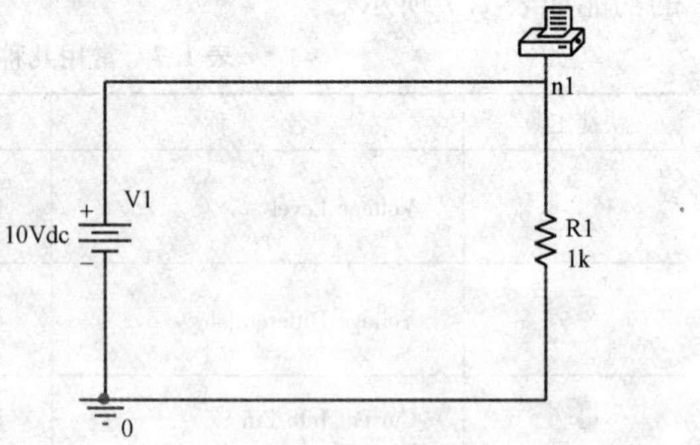

图 1.29　直流扫描分析电路

数据形式输出文件包括电路仿真分析要求和分析参数描述、电路拓扑连接关系描述、电路仿真分析的结果和仿真分析耗用的计算机 CPU 时间等统计信息。另外，若仿真分析出现错误，也将在数据输出结果文件中显示出错信息和警告信息。

3. 直流灵敏度分析

灵敏度是用来表征网络特性对元件参数变化的敏感程度。它在确定产品合格率、寿命及对工作环境的适应性方面起着关键的作用。

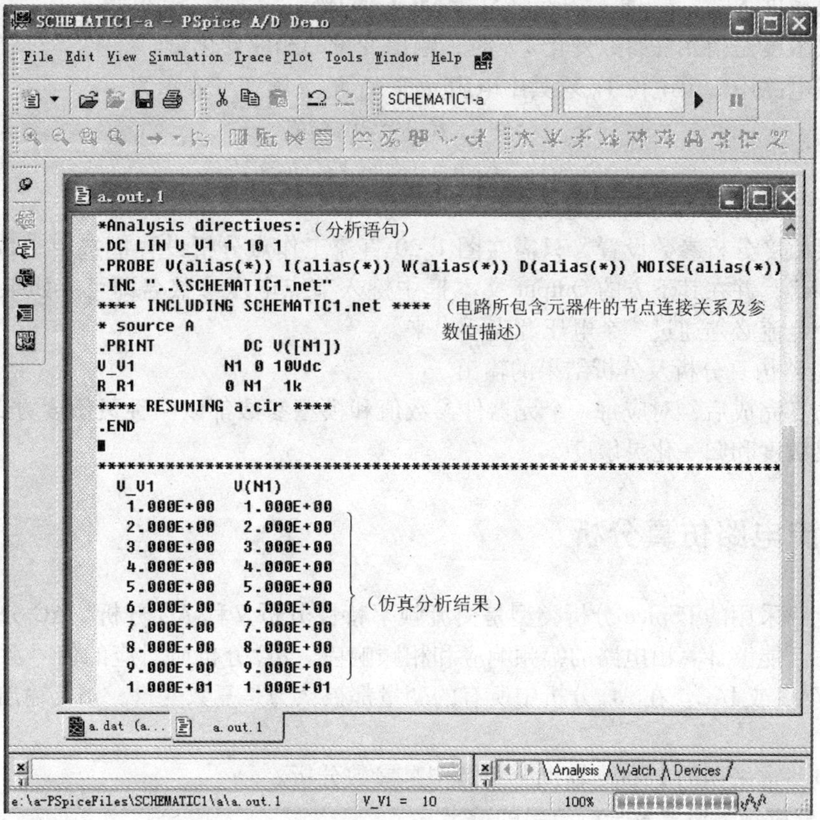

图1.30　直流电路的数据形式输出文件

网络函数或网络响应都是组成网络元件参数的函数。在具体实现一个设计方案时，所选择的元件均有其标称值和相对误差。例如100（1±1.5%）Ω即表示标称值是100Ω，相对误差是1.5%的一个电阻。当将这样的一个电阻接入电路时，它的真正值可能是98.5～101Ω之间的任何一个数值，不一定刚好等于标称值。另一方面，实际电路在工作时，随着使用时间的增长、周围环境（例如温度、湿度及压力等）因素的变化，元件参数值也难免发生不同程度的变化而偏离标称值，况且有的元件本身就是作为敏感元件使用的。这些元件参数的变化必将导致网络函数或网络响应的变化，严重时网络无法正常工作。研究元件参数变化对网络函数或网络响应的影响即属于电路灵敏度分析内容。

PSpice 15.7可以对多种电路特性进行直流、交流和瞬态灵敏度分析。直流灵敏度分析（DC SENS）是分析指定的节点电压对电路中电阻、独立电压源和独立电流源、电压控制开关和电流控制开关、二极管、双极型晶体管共5类元器件参数的敏感度，并将仿真计算结果自动存入输出文件中。

（1）直流灵敏度PSpice表示方式

PSpice中采用两种方式定量表示直流灵敏度。

网络函数H或网络响应R（统一用T表示）对某元件相关参数p（p可以是元件参数或影响元件参数的温度、湿度、压力等）变化率称为网络函数对该参数的绝对灵敏度，记作：

绝对灵敏度　　$S(T, p) = \partial T/\partial p$

相对灵敏度 S_N $$S_N = pS(T, p)\%$$

相对灵敏度是指元件参数变化 1% 时，输出变量的相应变化量。

例：某电路中输出电位 V_0 对其中电阻元件 R_1 的灵敏度可表示为

$$S(V_0, R_1) = \partial V_0 / \partial R_1$$

$$S_N(V_0, R_1) = [R_1 S(V_0, R_1)]\%$$

（2）设置电路特性分析类型及参数

直流灵敏度分析参数设置，只需在图 1.20 直流工作点分析设置框选中 "Perform Sensitivity analysis"，并在其下方的 Output 文本框中键入节点电压参数名即可。如果输出量是电流，则这个电流必须通过一个电压源表示出来。

（3）电路仿真分析及分析结果的输出

电路仿真完成后，对应每一个元器件参数值和模型参数都以两种灵敏度方式输出结果，即元器件灵敏度和归一化灵敏度。

1.4 交流电路仿真分析

交流电路采用的 PSpice 分析类型是交流频率特性分析又称 AC 分析。AC 分析是一种频域分析方法，能够计算出电路的幅频响应和相频响应。AC 分析所对应的信号源必须为独立交流电源 VAC 或 IAC。在 AC 分析中所有的变量都被认为是复数变量，仿真输出结果也是复数形式。

交流电路常采用的 PSpice 辅助分析类型是参数分析。

1. AC 分析参数设置及分析结果的输出

（1）设置电路特性分析类型及参数

AC 分析参数设置对话框如图 1.31 所示。

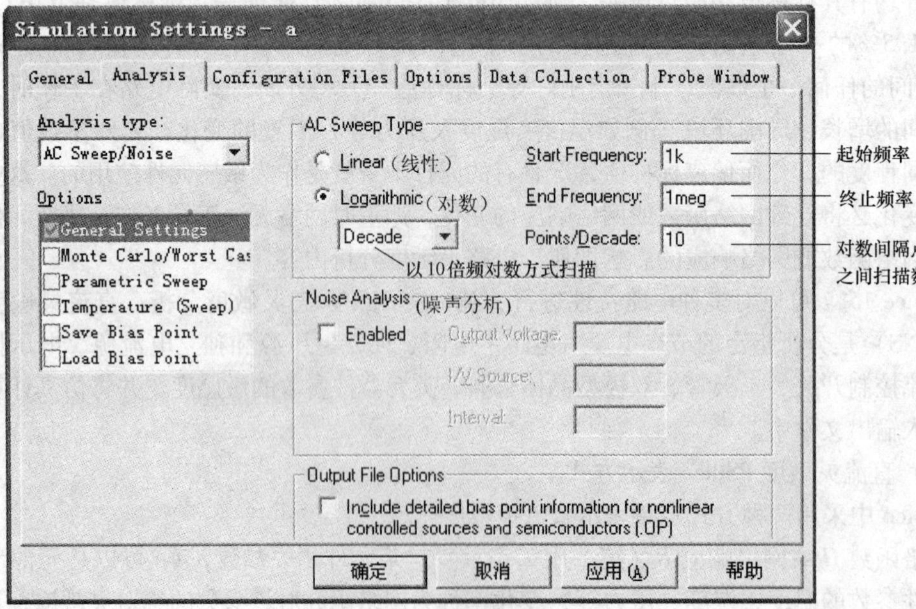

图 1.31 AC 分析参数设置对话框

在分析类型 Analysis Type 下拉栏中选择“AC Sweep/Noise”，附加分析类型 Options 框中勾选“General Settings”（默认选项）。扫描类型 AC Sweep Type 下的“Linear”和“Logarithmic”用于确定扫描频率变化方式。线性方式 Linear 设置中 Start（取值必须大于 0）、End 和 Points 为频率变化的起始值、终止值和扫描频率点的个数。对数方式 Logarithmic 中，其下方列表中 Octave 表示频率按二倍增量扫描，Decade 表示频率按 10 倍增加扫描。实验中常用的方式为“Decade”。

“Points/Decade”用于确定每 10 倍频变化的取值点数。图 1.31 的设置表示频率从 1kHz ~ 1megHz变化，每 10 倍频计算 10 个点，即从 1kHz—10kHz—100kHz—1megHz 分 3 个区间，每个区间计算 10 个点。

在 AC 分析类型设置中并不需要指定交流信号源名称，仿真分析时电路中所有属性为 AC 的交流信号源的工作频率均按扫描频率变化方式中设置的规律一起变化。

（2）电路仿真分析及分析结果的输出

AC 分析的仿真运行方法与 DC 相同。AC 分析完成后，输出变量的默认值是有效值。实验中也可根据电路的要求，在电压 V 或电流 I 之后加上相应的附加变量，设定输出变量的格式。各种附加变量含义及应用举例如表 1.9 所示。

表 1.9　AC 分析输出变量各附加变量含义及应用举例

附加变量符号	含　义	示　例
M	电压或电流幅值	VM（L1:1）：电感 L1 的 1 号引脚交流电压幅值 IM（R1）：流过电阻 R1 的交流电流幅值
P	电压或电流相位	VP（R1）：电阻 R1 两端交流电压相位 IP（R1）：流过电阻 R1 的交流电流相位
R	电压或电流实部	VR（1）：节点 1 交流电压实部 IR（R1）：流过电阻 R1 两端交流电流实部
I	电压或电流虚部	VI（RL:1）：电阻 RL 的 1 号引脚交流电压虚部 II（RL:1）：流过电阻 RL 的 1 号引脚交流电流虚部
DB	输出变量的振幅分贝值	VDB（R1）：电阻 R1 两端交流电压振幅分贝值 IDB（R1）：流过电阻 R1 的交流电流振幅分贝值

如果要查看数据形式输出结果，也需在电路图中相应位置放置代表输出变量的输出指示符，并进行相应设置。例如：若要查看交流电压的幅值和相位，需在输出标示符分析类型设置框的 AC、MAG（幅值）、PHASE（相位）中键入“Y”，如图 1.32 所示。

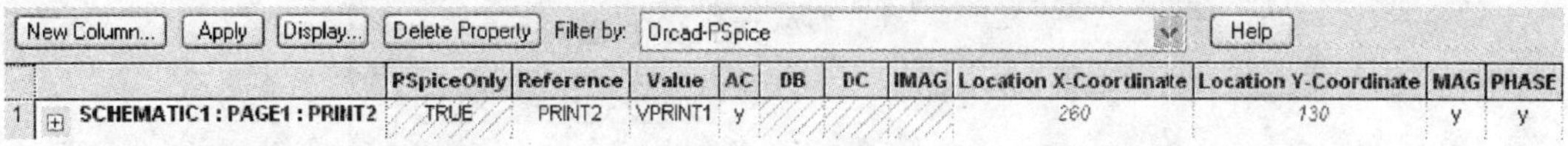

图 1.32　AC 输出标示符分析类型设置

2. 参数扫描分析

AC 分析常用的附加分析类型是参数扫描分析，它是针对电路中元器件参数（如电阻值、电容值等）在一定范围内变化时，利用 PSpice 得到仿真结果曲线，然后确定该参数的最佳值，这也是电路优化设计中经常用到的方法。参数扫描分析必须和 4 种基本分析类型搭配使用。

（1）设置电路特性分析类型及参数

图 1.33 中的各项设置为 AC 分析类型和参数设置完成后，再在 Options 中选中“Parametric Sweep”，进行的参数扫描分析设置。其中 Sweep variable 中为参数分析中可变化的参数，有独立电压源、独立电流源、通用参数（Global paramete）、模型参数和温度 5 种，图 1.33 中选择的是“Global parameter”（通用参数），参数名称为“R”。Sweep type 项选中“Linear”，并在 Start value 文本框中输入“500”、End value 文本框中输入“2k”、Increment 文本框中输入“500”。此设置表示选择 Global 参数 R 为扫描变化参数，R 的阻值在 500Ω ~ 2kΩ 之间变化，步长为 500Ω。

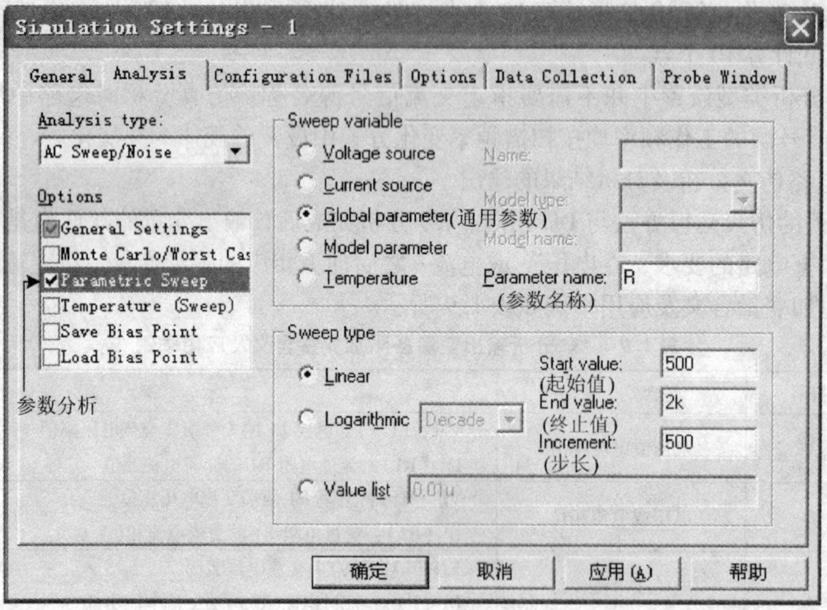

图 1.33　参数扫描分析参数设置框

实验中应注意，图 1.33 中选择的通用参数 R 必须在电路中已经设置。例如：若将某一 AC 分析中的电阻 R4（1k）设置为参数扫描分析中的扫描变化参数，需作如下设置：

在 Capture 电路图绘制界面，双击 R4 的阻值 1kΩ，屏幕弹出 Display Properties 对话框，将 1k 改为 {R}，如图 1.34 所示。其中大括号必须有，括号里的参数名可由自己设置。

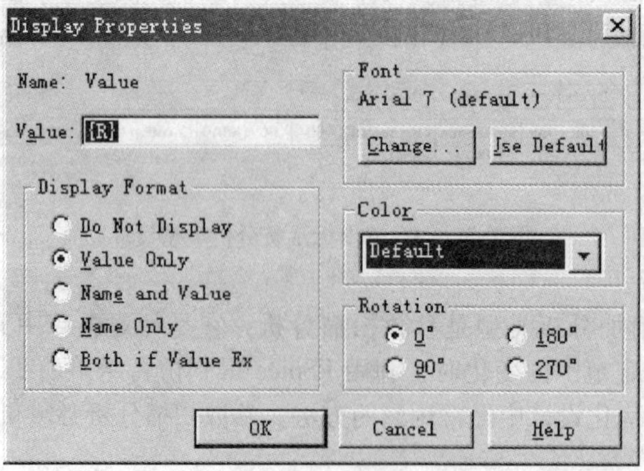

图 1.34　Display Properties 对话框

从 SPECIAL 库中调出名称为 PARAM 的符号，放置于电路图上。双击该符号，进入 PARAM 符号参数设置框。按“New Column”按钮，进入 Add New Column 对话框，如图 1.35 所示。在 Name 文本框中输入“R”，Value 文本框中输入“1k”，表示在进行其他分析时，该阻值为 1kΩ。

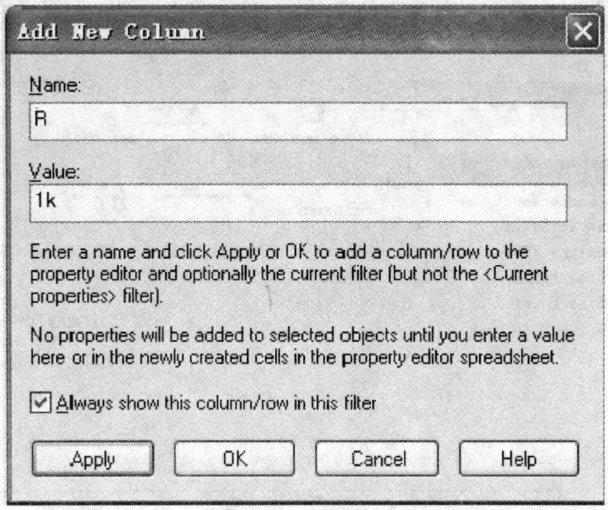

图 1.35　Add New Column 对话框

设置完毕，单击“OK”按钮关闭 Add New Column 对话框。PARAM 符号参数设置框出现 R = 1k 项，如图 1.36 所示。按这种方法设置的参数 R 称为 Global 参数即通用参数。

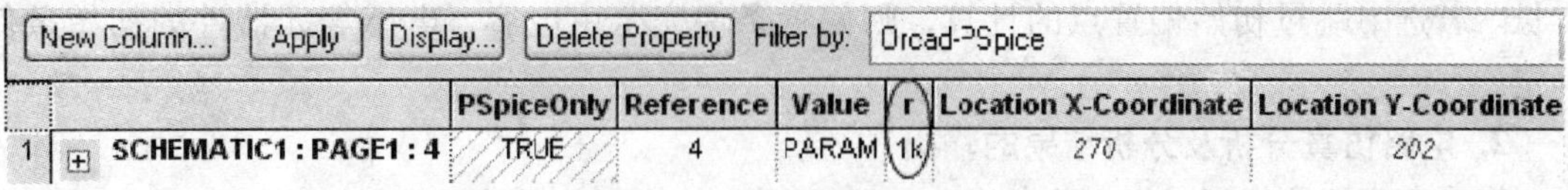

图 1.36　Global 参数设置

（2）电路仿真分析及分析结果的输出

参数扫描分析与直流特性扫描分析类似，它是按扫描变量（Sweep Variable）所给定的参数进行扫描，扫描变化参数的每一步都要带入电路中设置的基本分析类型（直流、交流或暂态分析）中进行一次分析。仿真分析完成后对所有扫描值产生一组曲线图或一个数据列表。

参数扫描分析中显示仿真结果波形的横坐标将是扫描参数。如图 1.33 中的设置，AC 分析完成后再进行参数扫描分析，仿真波形的横坐标为电阻 R。

1.5　动态电路的时域分析

PSpice 可对动态电路进行瞬态特性分析（或称 TRAN）。瞬态特性分析就是求电路的时域响应，它可在给定输入激励信号的情况下，计算电路的瞬态响应；也可在没有激励信号，但有储能元件的情况下，求振荡波形。瞬态特性分析的扫描变量是时间，仿真结果与示波器测量显示的波形相似，分析结果可以用 Probe 模块分析显示信号波形。在瞬态特性分析的基础上，还可以进行傅里叶分析。

1. 设置电路特性分析类型及参数

TRAN 分析参数设置对话框如图 1.37 所示。在 Analysis type 下拉框中选择 “Time Domain（Transient)”，Options 复选项中选 “General Settings”（默认选项）。

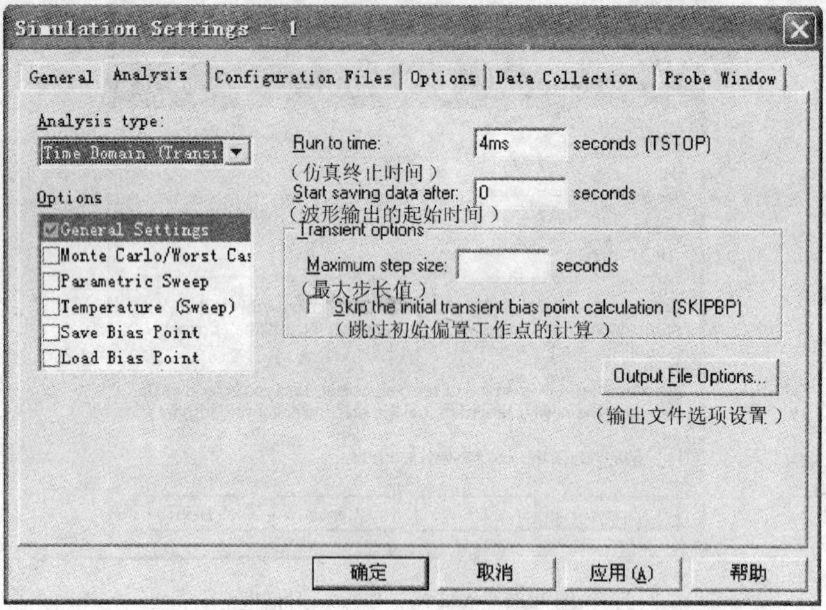

图 1.37　TRAN 分析参数设置对话框

PSpice 有自动调节分析时间步长的功能。计算时如对分析时间步长有一定要求可设置最大步长。若选中跳过初始偏置点的计算，则偏置条件完全由电容、电感等元器件的初始条件确定。

2. 电路仿真分析及分析结果的输出

TRAN 分析的仿真运行方法与 DC、AC 相同，其仿真分析结果常以波形输出方式显示。

3. 电源参数设置

正如实际测试电路一样，瞬态分析需要在电路中设置电源。PSpice 软件为瞬态分析提供了专用激励信号波形，瞬态分析中输入端只能接入这些电源。下面学习实验中常用的几种瞬态电源的设置方法。

(1) 正弦源（VSIN 或 ISIN）

正弦信号图形符号如图 1.38 所示。电源选定后，双击电源符号，在属性编辑栏中可进行参数设置。VSIN 属性设置框如图 1.39 所示。此正弦电源是调幅正弦电源，各参数意义如表 1.10 所示。按图 1.39 设置参数的 VSIN 波形如图 1.40 所示。

图 1.38　正弦信号图形符号

若 PHASE、DF 和 TD 均为 0，则成为标准的正弦信号，但此信号在 AC 分析时并不起作用。

PSpiceOnly	Reference	Value	AC	DC	DF	FREQ	Location X-	Location Y-	PHASE	Source Part	TD	VAMPL	VOFF
TRUE	V1	VSIN			0.2kHz	1kHz	250	240	0	VSIN.Normal	0.3m	8	1

图 1.39　VSIN 属性设置框

表1.10　VSIN的属性参数

参　数	含　义	单　位
VOFF或IOFF	直流偏移电压或电流	V/A
VAMPL或IAMPL	振幅	V/A
FREQ	频率	Hz
PHASE	相位延迟	度
TD	延迟时间	s
DF	阻尼因子	1/s

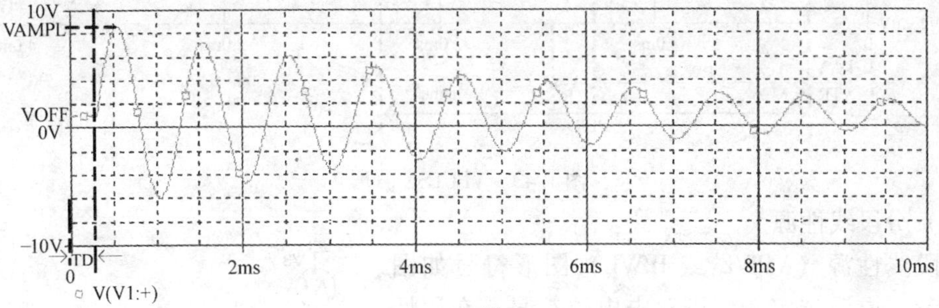

图1.40　VSIN波形

(2) 脉冲源（VPULSE或IPULSE）

脉冲源有VPULSE和IPULSE两种，图形符号如图1.41所示。电源选定后，可直接在绘图界面进行参数设置，也可双击电源符号，在属性编辑栏中设置。各属性参数如表1.11所示。按图1.42属性编辑器设置参数的VPULSE波形如图1.43所示。

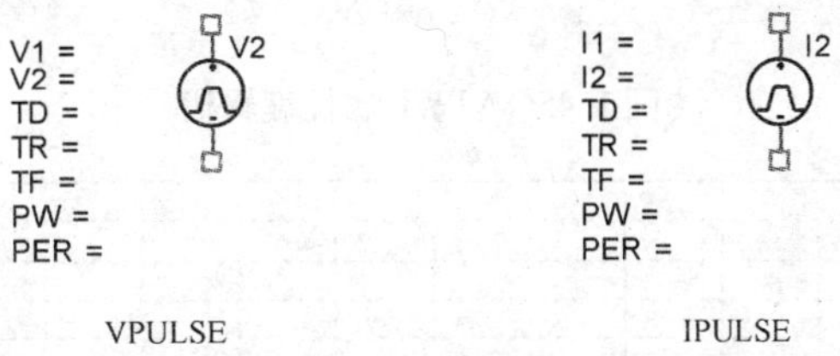

图1.41　脉冲源图形

表1.11　脉冲源的属性参数

参　数	含　义	单　位
I1或V1	起始值	A或V
I2或V2	脉冲值	A或V
PER	脉冲周期	s
PW	脉冲宽度	s
TD	延迟时间	s
TR	上升时间	s
TF	下降时间	s

PSpiceOnly	Reference	Value	AC	DC	Location X-	Location Y-	PER	PW	Source Part	TD	TF	TR	V1	V2
TRUE	V1	VPULSE			250	240	2m	1m	VPULSE.Nor	0.1m	0.2m	0.2m	0	4

图 1.42　VPULSE 属性设置框

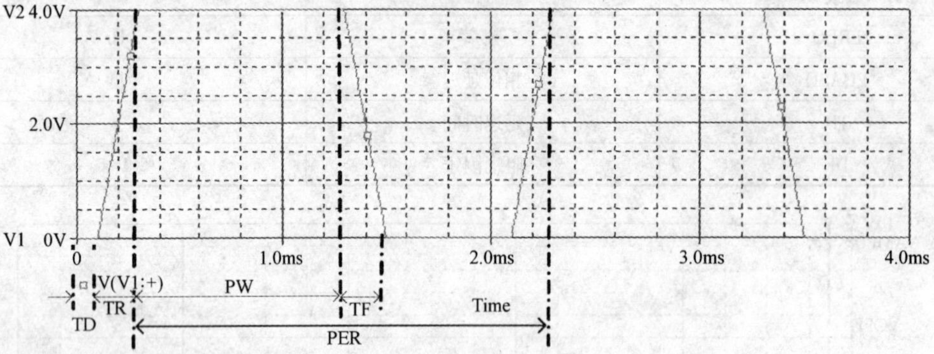

图 1.43　VPULSE 波形

（3）分段线性源

分段线性源（VPWL 或 IPWL）图形符号如图 1.44 所示。电源选定后，可双击电源符号，在属性编辑栏中设置。分段线性源以坐标方式输入波形，为了描述这种信号，只需给出线段转折点的坐标值（T，V）即可，最多允许给出 8 对坐标值。按图 1.45 设置参数的 VPWL 波形如图 1.46 所示。

图 1.44　分段线性源（VPWL 或 IPWL）图形符号

PSpiceOnly	Reference	Value	AC	DC	T1	T2	T3	T4	T5	T6	T7	T8	V1	V2	V3	V4	V5	V6	V7	V8
TRUE	V1	VPWL			0	5ms	10ms	12ms					2v	3v	6v	2v				

图 1.45　VPWL 属性编辑栏

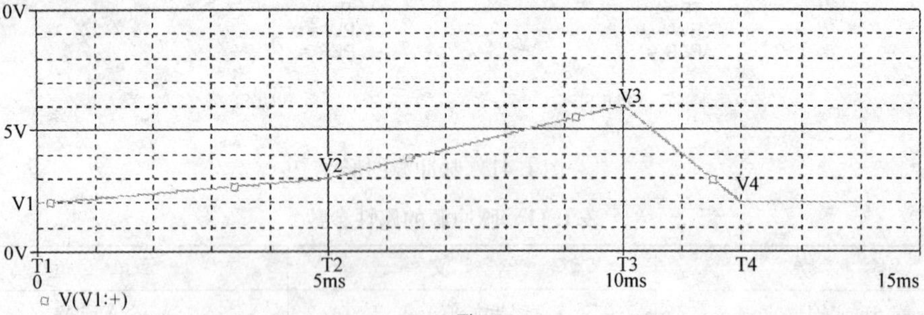

图 1.46　VPWL 波形

（4）周期性折线源（PWL－ENH）

周期性折线源 VPWL－ENH 或 IPWL－ENH 是分段线性源的周期延拓，它以转折点的坐标值来定义，图形符号与图 1.44 相同。电源选定后，在属性编辑栏中可进行参数设置。VPWL－ENH 属性编辑框如图 1.47 所示。周期性折线源的属性参数如表 1.12 所示。按图 1.47 属性编辑框设置参数的 VPWL－ENH 波形如图 1.48 所示。

表 1.12　周期性折线源的属性参数

参　　数	含　　义	单　　位
TSF	时间基准值	s
VSF 或 ISF	电压或电流基准值	V 或 A
FIRST – NPAIRS	转折点的坐标对	无
SECOND – NPAIRS	转折点的坐标对	无
THIRD – NPAIRS	转折点的坐标对	无
REPEAT – VALUE	重复次数	次数

PSpiceOnly	Reference	Value	FIRST_NPAIRS	REPEAT_VALUE	SECOND_NPAIRS	Source Part	THIRD_NPAIRS	TSF	VSF
TRUE	V1	VPWL_ENH	0 -1,1 1	3	1 1,2 -1	VPWL_ENH.Normal		0.5m	4

图 1.47　VPWL – ENH 属性编辑框

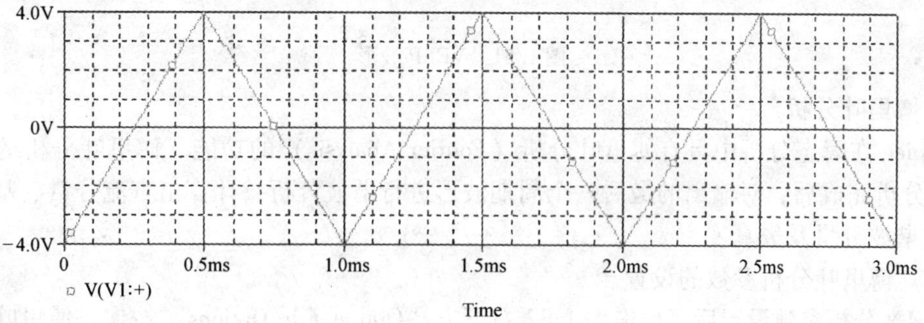

图 1.48　VPWL – ENH 波形

（5）指数源（VEXP 或 IEXP）

指数源图形符号如图 1.49 所示。电源选定后，可直接在绘图界面进行参数设置，也可双击电源符号，在属性编辑栏中设置。指数源的属性参数如表 1.13 所示。按图 1.50 属性编辑栏设置参数的 VEXP 波形如图 1.51 所示。

图 1.49　指数源图形符号

表 1.13　指数源的属性参数

参　　数	含　　义	单　　位
I1 或 V1	起始值	A 或 V
I2 或 V2	峰值	A 或 V
TD1	上升延迟时间	s
TD2	下降延迟时间	s
TC1	上升时间常数	s
TC2	下降时间常数	s

PSpiceOnly	Reference	Value	DC	Location X-	Location Y-	Source Part	TC1	TC2	TD1	TD2	V1	V2
TRUE	V1	VEXP		250	240	VEXP.Normal	0.2	0.5	0.5	2	1	4

图 1.50　VEXP 属性设置栏

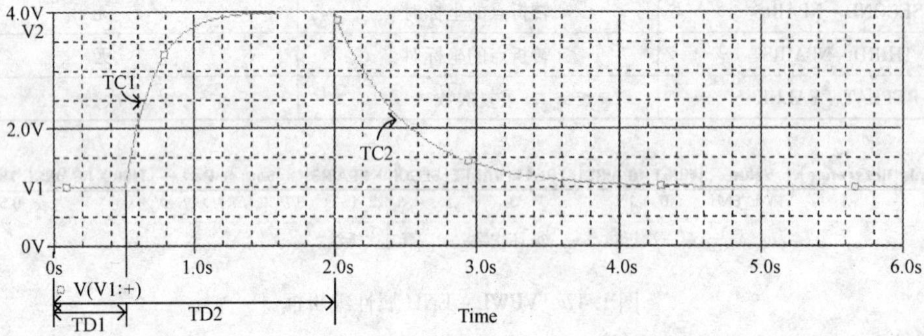

图 1.51　VEXP 波形

4. 傅里叶分析

PSpice 在瞬态分析中具有傅里叶分析（Fourier Analysis）的功能。傅里叶分析的作用是在瞬态分析完成后，对输出的最后一个周期波形进行谐波分析，计算出直流分量、基波和第 2 ~ 9 次谐波分量及失真度。

（1）傅里叶分析参数的设置

TRAN 分析参数设置后，单击图 1.37 右下方“Output File Options”按钮，傅里叶分析设置对话框如图 1.52 所示。选中“Perform FourierAnalysis”复选项表示可进行傅里叶分析，并需确定基波频率、计算到的谐波次数（PSpice 的默认值是 9，即计算直流分量以及从基波一直到 9 次谐波）、输出变量名。实验中应注意瞬态分析时间应大于傅里叶分析确定的基波周期。

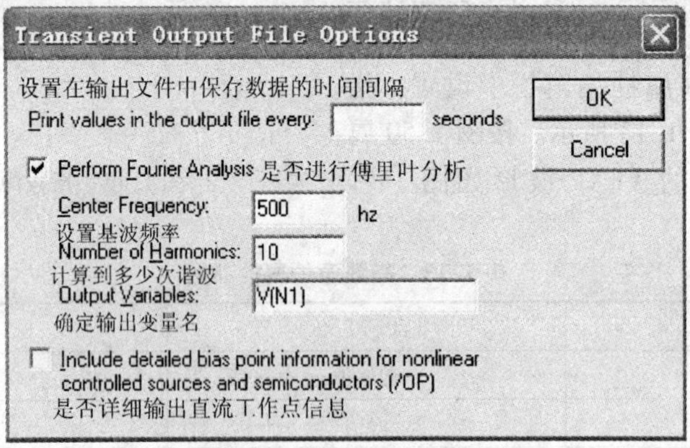

图 1.52　傅里叶分析设置对话框

（2）傅里叶分析仿真结果的输出

瞬态分析结束后，单击 按钮进行傅里叶分析计算。傅里叶分析的结果可以波形和数据输出形式显示。

1.6　数字电路的仿真分析

通常情况下，数字电路只可作瞬态分析，而不可作直流分析或交流分析。下面以例题的形式讲解数字电路的仿真分析方法。

例：设计4人表决电路，其中A同意得2分，其余3人B、C、D同意各得1分。总分大于或等于3分时通过，即F=1。

解题思路：

1）按照逻辑电路设计步骤：逻辑要求——真值表——化简——逻辑图，可得到其设计，如图1.53所示。

2）通过仿真，验证该设计图是否符合要求。

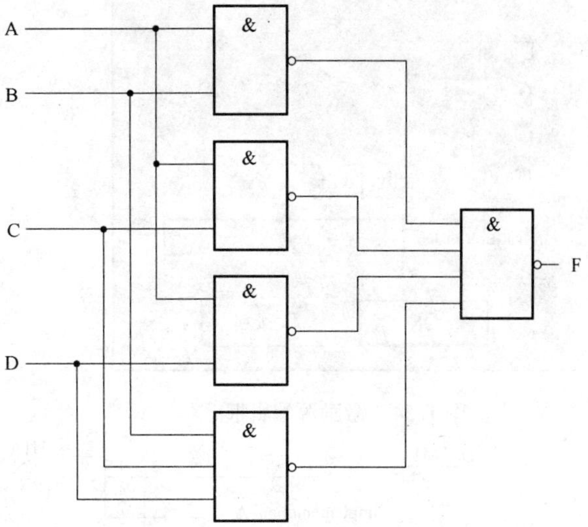

图1.53　4人表决电路设计图

仿真验证过程如下（设计过程略）：

1. 绘图

（1）放置元器件符号　执行Place/Part命令，或单击专用绘图工具中的按钮，弹出Place Part对话框。在SOURCSTM库中调用激励源DigStim1，在EVAL库中调用与非门7400及7420。按图示位置放置各元器件符号。

（2）连接线路　执行Place/Wire命令，或单击专用绘图工具中的按钮，光标由箭头变为十字形。将光标指向需要连线一个端点单击鼠标左键，移动光标，即可拉出一条线，到达另一端点时，连接点出现一红色实心圆，再次单击鼠标左键，便可完成一段接线。

（3）设置节点别名　执行Place/Net Alias命令，或单击专用绘图工具中的N1按钮，屏幕弹出Place Net Alias对话框。在Alias文本框中输入节点名，移动光标至目标节点处，单击鼠标，则该处显示新设置的节点别名。

（4）激励源DigStim的属性编辑

1）选中DigStim1符号，单击右键，在打开的快捷菜单中点选Edit PSpice Stimulus，出现激励源编辑框，如图1.54所示。

2）在Name文本框中输入“A”，在Digital选项选择“Clock”。

3）单击“OK”按钮，出现时钟属性设置框，如图1.55所示。

4）Frequency（频率）设置为“0.5k”，Duty cycle（工作循环）为“0.5”，Initial value（初值）为“0”，Time delay（延迟时间）为“0”。

5）设置完毕，单击“OK”按钮。

6）重复以上步骤，设置“B”、“C”、“D”激励源频率分别为“1k”、“2k”、“4k”。

例题Capture软件绘制图如图1.56所示。

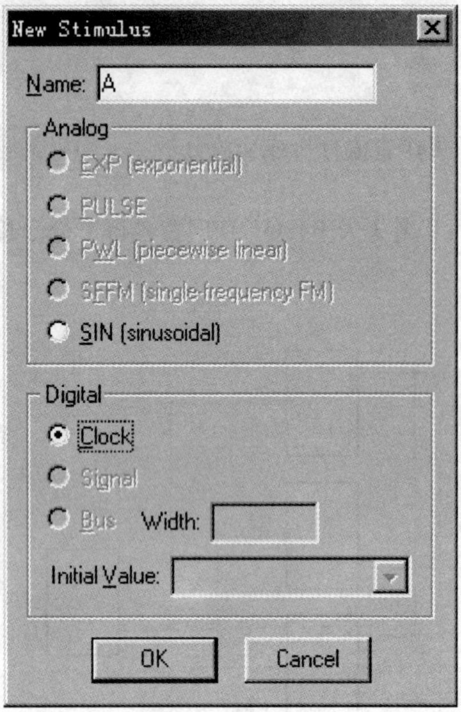

图 1.54　激励源编辑框

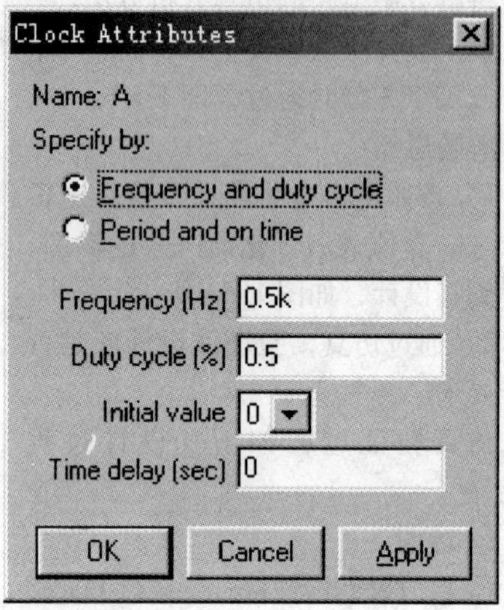

图 1.55　时钟属性设置框

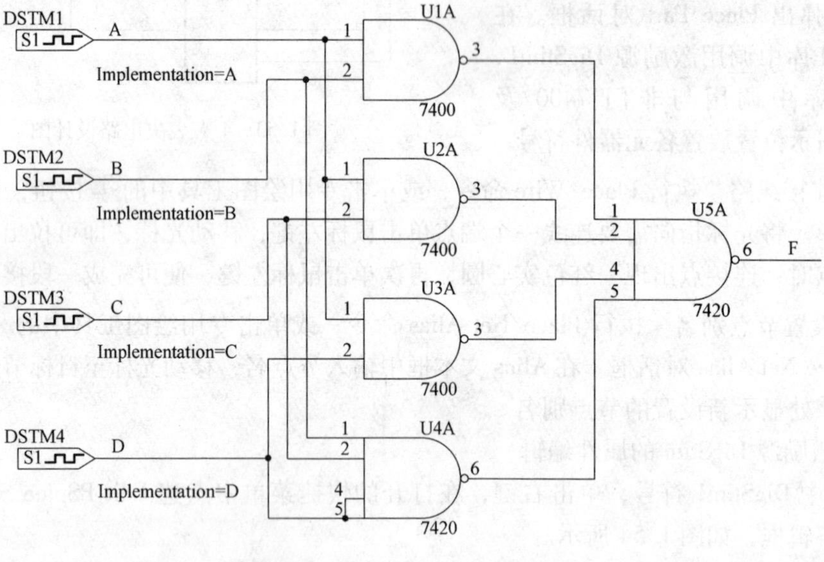

图 1.56　例题 Capture 软件绘制图

2. 确定分析类型及设置分析参数

1）执行菜单命令 PSpice/New Simulation Profile，或单击工具按钮，在 New Simulation 对话框中键入项目名称，按“Create”按钮，进入 Simulation Settings 对话框。

2）Simulation Settings 中的各项设置，如图 1.57 所示。

① Analysis type 选择“Time Domain (Transient)”。

② Options 选择“General Settings”。

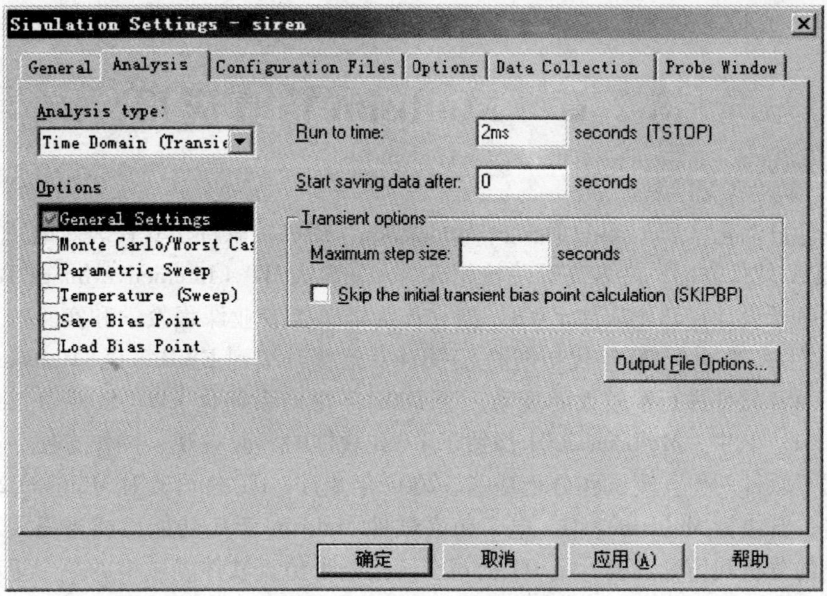

图 1.57　Simulation Settings 对话框

③ 在 Run to time 文本框中输入“2ms”，Start saving data after 文本框中输入“0”。以上各项设置完毕，按“确定”按钮，即可完成仿真分析类型及分析参数的设置。

3. 进行电路仿真

1）执行 Capture 窗口中的菜单命令 PSpice/Run，或单击工具按钮▶，启动 PSpice A/D 视窗对电路进行模拟仿真。

2）执行 Probe 窗口的菜单命令 Trace/Add Trace，或单击工具按钮，在 Add Trace 对话框中单击 A、B、C、D、F，按“OK”按钮，显示随时间变化的输入及输出信号波形，如果在 Add Trace 对话框中的 Trace Expression 文本框中输入“{ABCD}”，即可显示由 ABCD 组成的二进制码所对应的十六进制数。Probe 窗口的波形显示如图 1.58 所示。

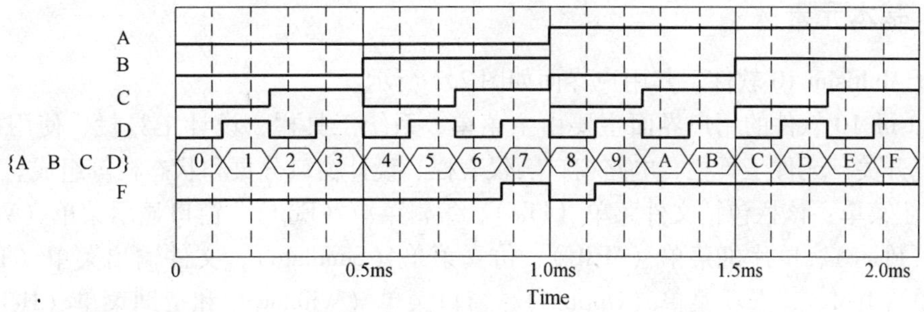

图 1.58　Probe 窗口的波形显示

3）仿真结果分析。从图 1.58 中可看出，A 为低电平（不同意）时，只有 B、C、D 都为高电平（同意），输出才为高电平（通过）；A 为高电平（同意）时，只要 B、C、D 有一个为高电平（同意），输出就为高电平（通过）。从而验证了图 1.53 符合设计要求。

第 2 章　Multisim 仿真应用

电子设计自动化（Electronic Design Automation，EDA）软件工具代表着电子系统设计的潮流。在 EDA 软件方面，许多高等院校相继引入加拿大 IIT（Interactive Image Technologies）公司推出的电子设计自动化软件 EWB，把它作为电子类专业课程教学和实验的一种辅助手段。EWB 软件从 20 世纪 90 年代初期的 EWB 4.0 逐步升级到 EWB 5.0、Multisim V6，随后 IIT 公司对 EWB 软件进行了较大的变动，于 2001 年推出系列化 EWB 软件 Multisim 2001 和 Commsim 2001。其中，Multisim 2001 保留了 EWB 软件的界面直观、操作方便、易学易用的特点，增强了软件的仿真测试和分析功能。2003 年 8 月，IIT 公司又对 Multisim 2001 进行了较大的改进，升级为 Multisim 7.0。电子仿真软件 Multisim 7.0 功能已相当强大，能胜任各种电子电路的分析和仿真实验，是 IIT 公司在开拓电子仿真软件领域中的一个里程碑。以后 IIT 公司又相继推出 Multisim 8.0、Multisim 8.3.30 等版本。

2005 年以后，IIT 公司被美国 NI（National Instrument）公司所收购。NI 公司于 2006 年首次推出 Multisim 9.0 版本，该版本与以前 IIT 公司的 Multisim 7.0 有着本质上的区别。虽然它的界面、元件调用方式、搭建电路、虚拟仿真、电路基本分析方法等方面还是沿袭了 EWB 的优良传统，但软件的内容和功能已大不相同。2007 年，NI 公司又推出了更新的版本 Multisim 10，Multisim 10 软件不仅仅局限于电子电路的虚拟仿真，其在 LabVIEW 虚拟仪器、单片机仿真、VHDL 和 VerilogHDL 建模、Ultiboard 设计电路板等技术方面都有更多的提高。

本章结合电工电子实验教学的需要，着重介绍 Multisim 10 软件的各种基本操作与应用。

2.1　Multisim 10 的界面

2.1.1　基本元素

打开 Multisim 10 软件，其用户界面如图 2.1 所示。

Multisim 10 软件的用户界面主要由主菜单、系统工具栏、设计工具栏、使用中元件列表、仿真开关、元件工具栏、电路窗口、仪表栏、设计窗口分页和状态栏等组成。

1）主菜单：该栏包括文件菜单（File）、编辑菜单（Edit）、窗口显示菜单（View）、放置菜单（Place）、单片机菜单（MCU）、仿真菜单（Simulate）、文件输出菜单（Transfer）、工具菜单（Tools）、选项菜单（Options）、窗口菜单（Window）和帮助菜单（Help）共 11 项。各菜单的功能将在 2.2 节详细介绍。

2）系统工具栏：它包含一些常用的基本功能按钮，与所有的 Windows 界面一样，在此不作详细介绍。

3）设计工具栏：共 11 项，它们都是一些快捷按钮，均包含在主菜单的下拉菜单中，在此不作详细介绍。

4）使用中元件列表（In Use List）：列出了当前电路所使用的全部元件。

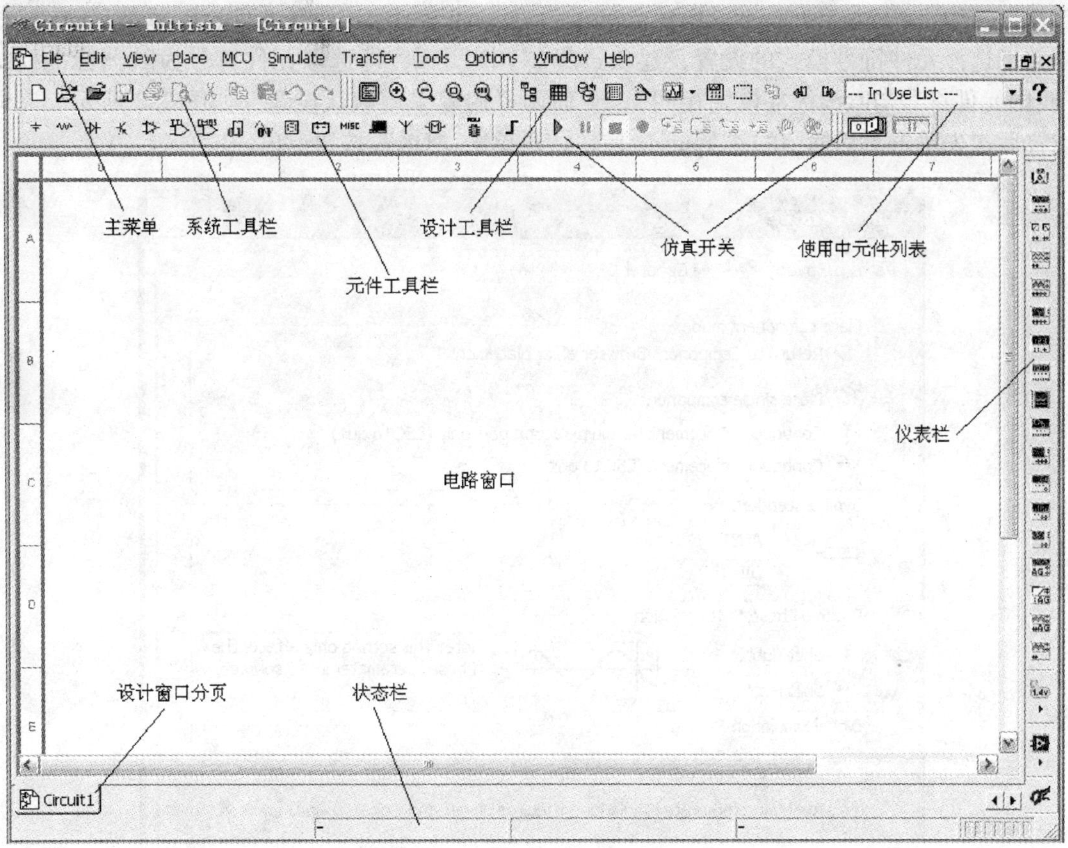

图 2.1 Multisim 10 的用户界面

5）仿真开关：它是运行仿真的一个快捷键，原理图输入完毕，接上虚拟仪器后，用鼠标单击它，即可运行或停止仿真。

6）元件工具栏：该栏中存放有供电路仿真用的各种元器件的模型。详细功能将在 2.3 节中介绍。

7）电路窗口：它是进行电子设计的工作视窗。

8）仪表栏：它是进行虚拟电子实验和电子设计仿真的最快捷而又形象的特殊窗口。详细功能将在 2.5 节中介绍。

9）设计窗口分页：在窗口中允许有许多个项目，点击分页标签，可将之置于当前视窗。

10）状态栏：它显示有关当前操作以及鼠标所指条目的有关信息。

2.1.2 基本界面的设置

在绘制电路图和仿真之前，有必要对 Multisim 10 软件的基本界面进行一些设置，设置完成后可以将设置内容保存起来，以后再次打开软件可以不必再作设置。基本界面设置是通过选项菜单（Options）的下拉菜单进行的。

选择菜单 Options/Global Preferences…，将弹出如图 2.2 所示的设置对话框。默认打开的

Parts 选项页下有 4 栏内容，其中，Place component mode 栏是关于放置元件方式的设置，建议选择“Continuous placement（ESC to quit）”项，即连续放置所选元件；Symbol standard 栏是关于选择元件符号模式的设置，建议选择“DIN”项，即选取元件符号为欧洲标准模式（我国元件符号与欧洲标准模式相同）；下面两栏内容采用默认设置，如图 2. 2 所示。完成设置后，先单击对话框中的“Apply”按钮，再单击“OK”按钮退出。

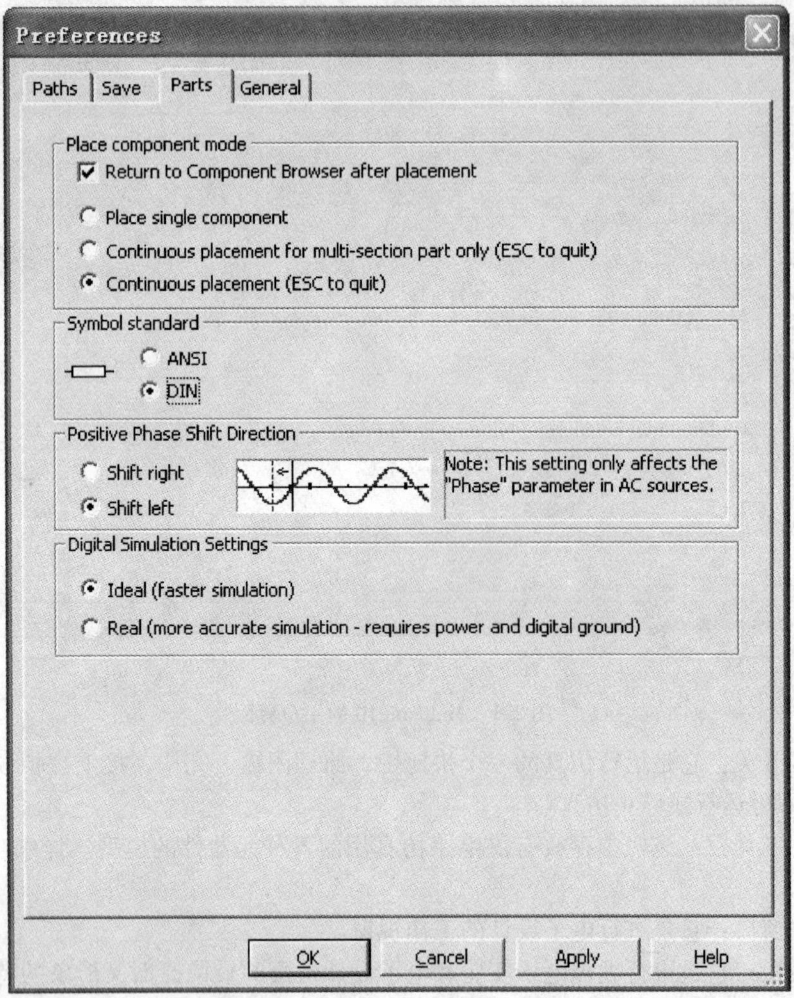

图 2. 2　Global Preferences 对话框

选择菜单 Options/Sheet Properties，将弹出如图 2. 3 所示的对话框。对话框默认打开的是 Circuits 选项页，它的 Net Names 栏中默认的选项为“Show All”，即在仿真电路中显示全部节点编号，建议改为“Hide All”选项，即隐藏全部节点编号（在对电路进行仿真分析时需要给电路每个节点加上编号，而不进行分析时，显示全部节点，会使仿真电路看上去很混乱，故建议选择隐藏全部节点编号，需要时可随时改为显示全部节点编号）。设置完成后，先将对话框左下角“Save as default”前选的勾去掉，然后单击“Apply”按钮，再单击“OK”按钮退出。

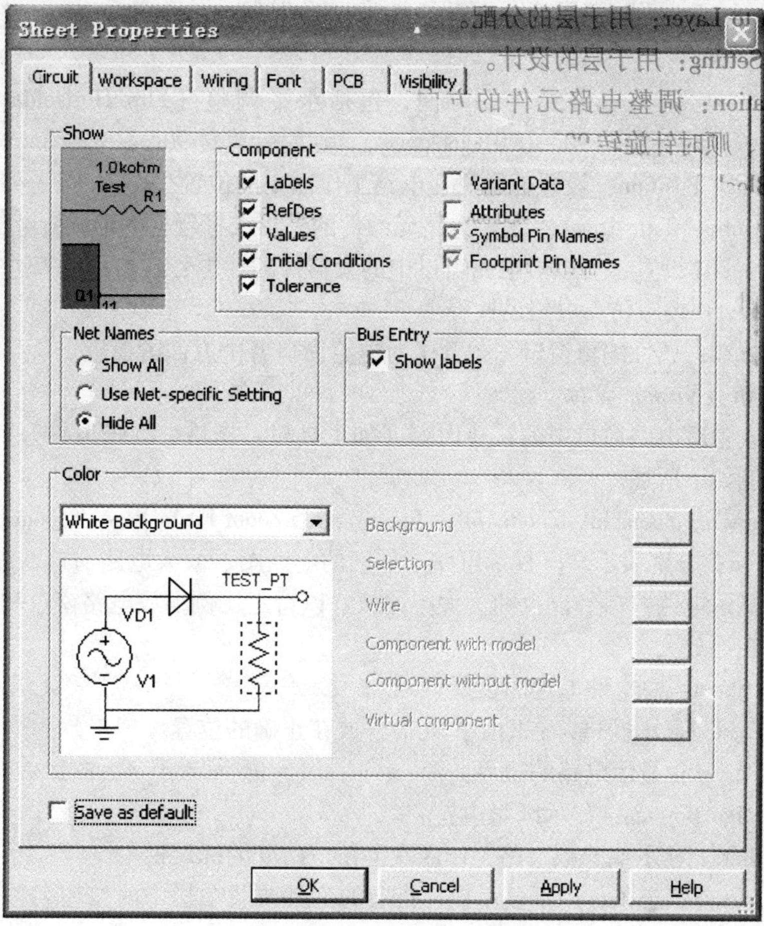

图 2.3 Sheet Properties 对话框

2.2 Multisim 10 的主菜单

与其他 Windows 应用程序相似，Multisim 10 软件的主菜单提供了绝大多数的功能命令。各主菜单的功能如下：

1. 文件（File）菜单

文件菜单主要用于 Multisim 10 所创建电路文件的管理，其命令与 Windows 下的其他应用软件基本相同。

2. 编辑（Edit）菜单

主要对电路窗口中的电路或元件进行删除、复制或选择等操作。其中 Undo、Redo、Cut、Copy、Paste、Delete 和 Select All 等命令与其他应用软件基本相同。其余命令的主要功能如下所述：

1）Delete Multi - page：删除多页电路中的某一页文件。

2）Paste as Subcricuit：将电路复制为子电路。

3）Graphic Annotation：编辑图形注释。

4）Order：编辑图形在电路工作区中的顺序。

5）Assign to Layer：用于层的分配。

6）Layer Setting：用于层的设计。

7）Orientation：调整电路元件的方向，包括水平调整（Flip Horizontal）、垂直调整（Flip Vertical）、顺时针旋转 90°（90 Clockwise）、逆时针旋转 90°（90 CounterCW）。

8）Title Block Position：设置标题栏在电路工作区中的位置。

9）Edit Symbol/ Title Block：编辑电路元器件的外形或标题栏的形式。

10）Font：字体设置，可以对电路窗口中的元器件的标志号、参数值等进行设置。

11）Comment：编辑仿真电路的注释。

12）Properties：属性编辑窗口，包含了对电路窗口各个方面的设置。

3. 窗口显示（View）菜单

用于显示或隐藏电路窗口中的某些内容（如工具栏、栅格、纸张边界等）。其菜单下各命令的主要功能如下所述。

1）Full Screen、Zoom In、Zoom Out、Zoom Area、Zoom Fit to Page、Zoom to magnification 和 Zoom Selection：分别表示全屏显示电路工作区的电路图、放大电路窗口、缩小电路窗口、以选定的区域显示电路窗口、以页面为大小缩放、以特定比例缩放电路窗口和对电路中的某个元器件选择性地放大。

2）Parent Sheet：总电路原理图设置。

3）Show Grid：显示栅格，有助于把元器件放在正确的位置。

4）Show Border：显示电路的边界。

5）Show Page Bounds：显示纸张边界。

6）Ruler Bars：显示或隐藏电路工作区左上角空白处的标尺栏。

7）Statusbars：状态条，用于显示鼠标指向的工具或菜单栏中的按钮名称，在基本操作界面的左下方显示。

8）Design Toolbox：显示或隐藏基本工作界面左方的 Design Toolbox 窗口。

9）Spreadsheet View：显示或隐藏 Spreadsheet 窗口。

10）Circuit Description Box：电路功能描述。

11）Toolbars：显示或隐藏标准工具栏、仪表工具栏和元件工具栏等基本操作界面的选项。

12）Show Comment/Probe：显示或隐藏电路窗口用于解释电路全部或部分功能的文本框，只有通过 Place 菜单添加文本框后，才能激活该项。

13）Grapher：显示或隐藏仿真结果的图标。

4. 放置（Place）菜单

用于在电路窗口中放置元件、节点、总线、文本或图形等，其菜单下各命令的主要功能如下所述：

1）Component...：在电路窗口中放置元器件。

2）Junction：放置一个节点。

3）Wire：放置导线。

4）Bus：放置创建的总线。

5）New Subcricuit：新建子电路。

6）Replace by Subcricuit：替代子电路。

7）Merge Bus...：连接两条总线。

8）Comment：为电路工作区或某个元器件增加功能描述等文本。

9）Text：为电路增加文本文件。

10）Graphics：放置线、折线、长方形、椭圆、圆弧和不规则形等图形。

11）Title Block...：放置一个标题块。

5. 单片机（MCU）菜单

提供对含有微控制器芯片的电路仿真功能，在此不作详细介绍。

6. 仿真（Simulate）菜单

主要用于仿真的设置与操作，其菜单下各命令的主要功能如下所述。

1）Run：启动当前电路仿真。

2）Pause：暂停当前电路仿真。

3）Stop：停止仿真。

4）Instruments：虚拟仪器工具栏，可在当前电路窗口中放置 Multisim 10 提供的各种虚拟仪器。

5）Interactive Simulation Settings...：对与瞬态分析有关的仪表（如示波器、频谱分析仪等）进行默认设置。

6）Digital Simulation Settings...：仿真环境设置。

7）Analyses：对当前电路进行 Multisim 10 提供的如直流工作点分析、交流分析和瞬态分析等各种分析。

8）Postprocessor...：对电路分析进行后处理。

9）Simulation Error Log/Audit Trail：仿真错误记录、审计追踪。

10）Auto Fault Option...：在创建的仿真电路中加入故障。

11）VHDL Simulation：运行 VHDL 仿真软件。

12）Dynamic Probe Propertise：展示 Probe Propertise 对话框。

13）Reverse Probe Direction：将探针的极性取反。

14）Clear Instrument Data：将虚拟仪器中的数据清除。

15）Use Tolerances：设置全局元器件的容差。

7. 文件输出（Transfer）菜单

用于将 Multisim 10 的电路文件或仿真结果输出到其他应用软件，其菜单下各命令的主要功能如下所述。

1）Transfer to Ultiboard 10：传送给应用软件 Ultiboard 10。

2）Transfer to Ultiboard 9 or earlier：传送给应用软件 Ultiboard 9 或者更早的 Ultiboard。

3）Forward Annotate to Ultiboard 10：将 Multisim 10 中电路元件注释的变动传送到 Ultiboard 10 的电路文件中。

4）Forward Annotate to Ultiboard 9 or earlier：将 Multisim 10 中电路元器件注释的变动传送到 Ultiboard 10 或者更早的 Ultiboard 电路文件中。

5）Backannotate from Ultiboard：将 Ultiboard 中电路元器件注释的变动传送到 Multisim 10 的电路文件中，使 Multisim 10 电路元器件注释也作相应的变化。

6）Highlight Selection in Ultiboard：对 Ultiboard 电路中所选择的元器件以高亮度显示。

7）Export Netlist：输出用户电路文件所对应的网表。

8. 工具（Tools）菜单

用于编辑或管理元器件库或元器件，其菜单下各命令的主要功能如下所述：

1）Component Wizard：元件创建向导。

2）Database：用户数据库管理。

3）Rename/Renumber Component：元器件重新命名或编号。

4）Replace Component...：元器件替换。

5）Update Circuit Component...：更新电路元器件。

6）Update HB/SC Symbol：更新 HB/SC 连接器。

7）Clear ERC Marker：清除错误标志。

8）Symbol Editor...：电路元器件外形编辑器。

9）Description Box Editor...：在 Design Toolbox 窗口中添加关于电路功能的文件描述。

10）Edit Labels...：与 Description Box Editor... 配合使用，只有当用户在 Design Toolbox 窗口中添加关于电路功能的文件描述后，该项才被激活。

11）Capture Screen Area：对电路的选中区域进行截图。

12）Show Breadboard：显示面包板。

9. 选项（Options）菜单

用于定制电路的界面和某些功能的设置，其菜单下各命令的主要功能如下所述。

1）Global Preferences...：设置全局的电路参数。

2）Sheet Properties...：设置电路工作区中参数是否显示、显示方式和 PCB 参数的设置。

3）Global Restrictions...：全局限制设定。

4）Circuit Restrictions...：电路限制设定。

5）Customize User Interface...：设计个人化的用户界面。

10. 窗口（Window）菜单

用于控制 Multisim 10 窗口显示的命令，并列出所有被打开的文件，其菜单下各命令的主要功能如下所述。

1）New Windows：创建一个与当前电路文件相同的电路文件。

2）Close：关闭当前的电路窗口。

3）Close All：关闭所有的电路窗口。

4）Cascade：电路窗口层叠。

5）Tile Horizontal：水平调整使所有电路同时呈现在电路工作区。

6）Tile Vertical：垂直调整使所有电路同时呈现在电路工作区。

7）Windows...：窗口管理。

11. 帮助（Help）菜单

为用户提供在线技术帮助和使用指导，该菜单功能很简单，在此不作详细介绍。

2.3　Multisim 10 的元件库

Multisim 10 软件元件库中的元器件是通过元件工具栏来管理的，如图 2.4 所示。

图 2.4　元器件工具栏

Multisim 10 把所有的元件分成 16 类库，再加上放置总线共同组成元件工具栏。元件工具栏从左到右依次是电源库（Source）、基本元件库（Basic）、二极管元件库（Diode）、晶体管元件库（Transistor）、模拟元件库（Analog）、TTL 元件库（TTL）、CMOS 元件库（CMOS）、其他数字元件库（Misc Digital）、模数混合元件库（Mixed）、指示元件库（Indicator）、电源模块元件库（Power Component）、杂散元件库（Miscellaneous）、外围设备库（Advanced Peripherals）、射频元件库（RF）、机电类元件库（Electromechanical）、微处理器元件库（MCU Module）和放置总线。各元件库介绍如下：

1. 电源库

点击该项，其弹出对话框中 Family 栏下的子元件库如图 2.5 所示，分别为：选择全部元器件、电源、信号电压源、信号电流源、受控电压源、受控电流源和控制函数器件。

2. 基本元件库

单击该项，其弹出对话框中 Family 栏下的子元件库如图 2.6 所示，分别为：选择全部元器件、基本虚拟元件、定额虚拟元件、三维虚拟元件、集成电阻组件、开关、变压器、非线性变压器、复数负载、继电器、连接器、示意性图标、电阻、电容、电感、电解电容、可变电容、可变电感和电位器。

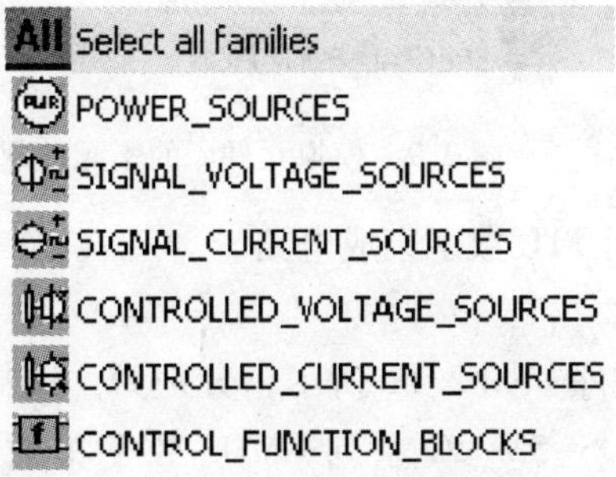

图 2.5　电源库的子元件库

图 2.6　基本元件库的子元件库

3. 二极管元件库

单击该项，其弹出对话框中 Family 栏下的子元件库如图 2.7 所示，分别为：选择全部元器件、虚拟二极管、二极管、稳压管、发光二极管、整流桥、单向晶闸管和双向晶闸管。

4. 晶体管元件库

单击该项，其弹出对话框中 Family 栏下的子元件库如图 2.8 所示，分别为：选择全部元器件、虚拟晶体管、NPN 型晶体管、PNP 型晶体管、NPN 型达林顿管、PNP 型达林顿管、N 沟道增强型 MOS 管、P 沟道增强型 MOS 管、N 沟道耗尽结型场效应晶体管、P 沟道耗尽结型场效应晶体管、N 沟道 MOS 功率管、P 沟道 MOS 功率管和温度模型。

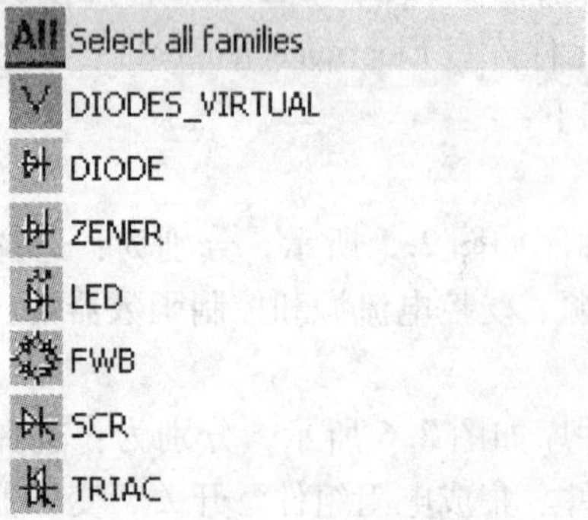

图 2.7　二极管元件库的子元件库

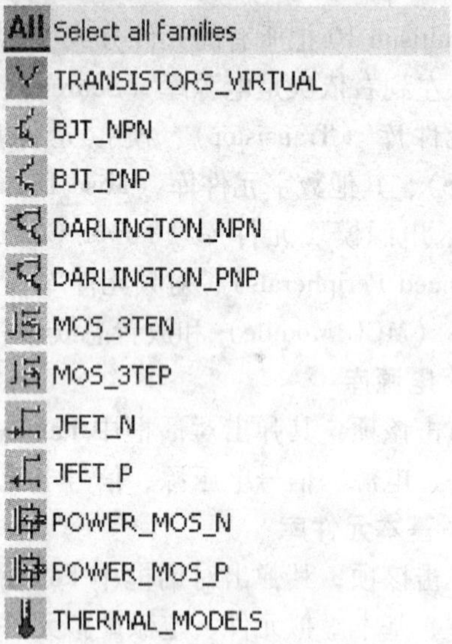

图 2.8　晶体管元件库的子元件库

5. 模拟元件库

单击该项，其弹出对话框中 Family 栏下的子元件库如图 2.9 所示，分别为：选择全部元器件、虚拟模拟模型元件、运算放大器、NORTOR 公司运算放大器、比较器、宽频运算放大器和特殊性能运算放大器。

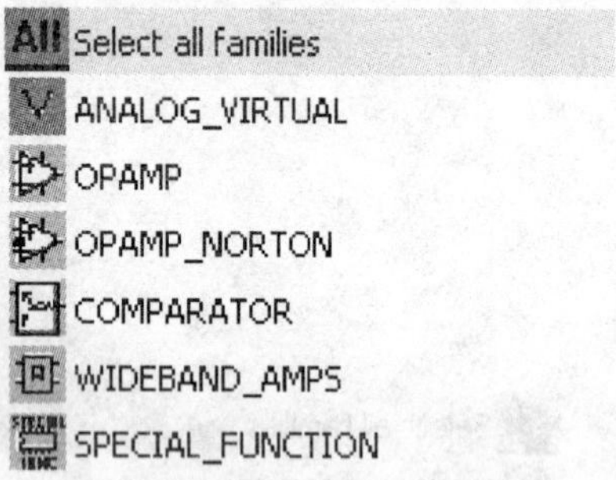

图 2.9　模拟元件库的子元件库

6. TTL 元件库

单击该项，其弹出对话框中 Family 栏下的子元件库如图 2.10 所示，分别为：选择全部元器件、74STD 系列 TTL 数字集成电路、74STD_IC 系列 TTL 数字集成电路、74LS 系列 TTL 数字集成电路和 74LS_IC 系列 TTL 数字集成电路。

7. CMOS 元件库

单击该项，其弹出对话框中 Family 栏下的子元件库如图 2.11 所示，分别为：选择全部元器件、CMOS_5V 系列 CMOS 数字集成电路、CMOS_5V_IC 系列 CMOS 数字集成电路、CMOS_10V 系列 CMOS 数字集成电路、CMOS_10V_IC 系列 CMOS 数字集成电路、CMOS_15V 系列 CMOS 数字集成电路、74HC_2V 系列高速数字集成电路、74HC_4V 系列高速数字集成电路和 74HC_6V 系列高速数字集成电路。

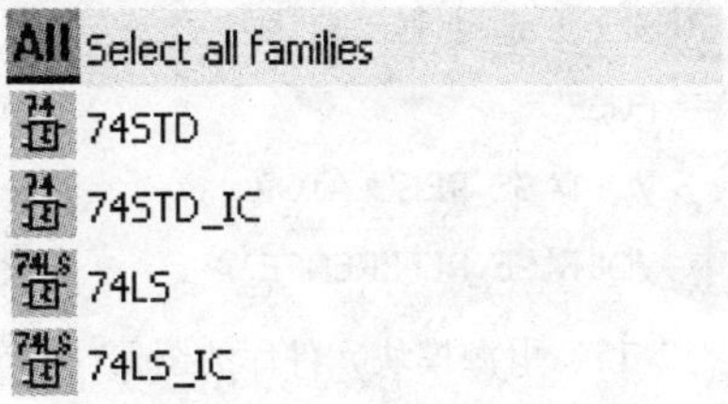

图 2. 10 TTL 元件库的子元件库

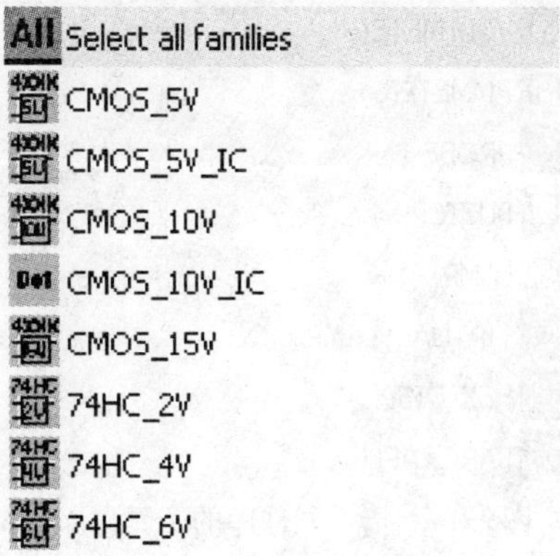

图 2. 11 CMOS 元件库的子元件库

8. 其他数字元件库

单击该项，其弹出对话框中 Family 栏下的子元件库，如图 2. 12 所示，分别为：选择全部元器件、TTL 系列元件、VHDL 系列元件和线性收发器。

9. 模数混合元件库

单击该项，其弹出对话框中 Family 栏下的子元件库如图 2. 13 所示，分别为：选择全部元器件、虚拟模数混合元件、定时器、模数 - 数模转换器、模拟开关和多谐振荡器。

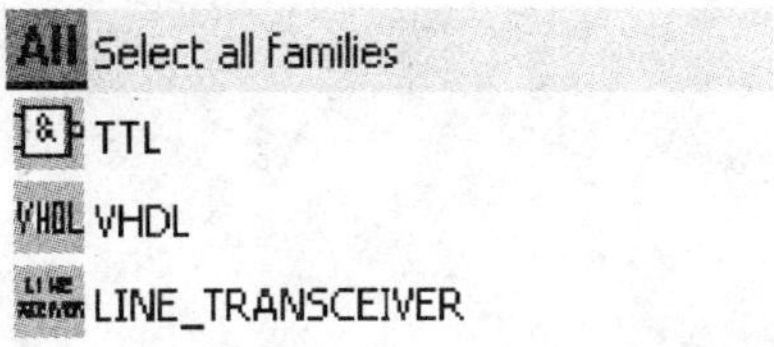

图 2. 12 其他数字元件库的子元件库

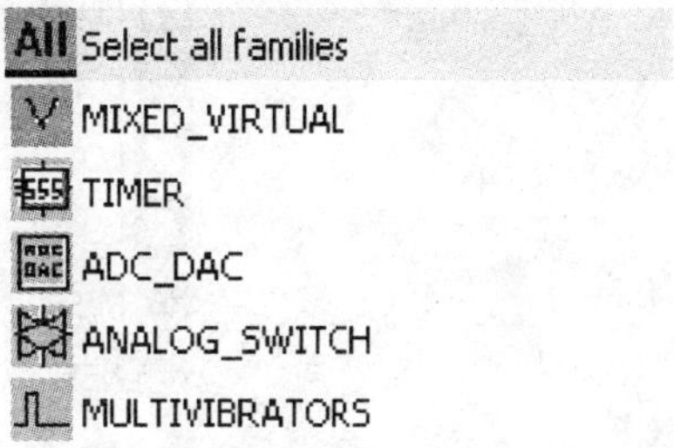

图 2. 13 模数混合元件库的子元件库

10. 指示元件库

单击该项，其弹出对话框中 Family 栏下的子元件库如图 2. 14 所示，分别为：选择全部元器件、电压表、电流表、指示灯、蜂鸣器、灯泡、虚拟灯泡、十六进制显示器和条柱显示器。

11. 电源模块元件库

单击该项，其弹出对话框中 Family 栏下的子元件库如图 2. 15 所示，分别为：选择全部元器件、熔丝、电压调节器和电压参考器。

12. 杂散元件库

单击该项，其弹出对话框中 Family 栏下的子元件库如图 2. 16 所示，分别为：选择全部元器件、多功能虚拟元件、传感器、光耦合器、晶振、电子管、降压变换器、升压变换器、升降压变换器、有损传输线、无损传输线 1、无损传输线 2、其他元件和网络。

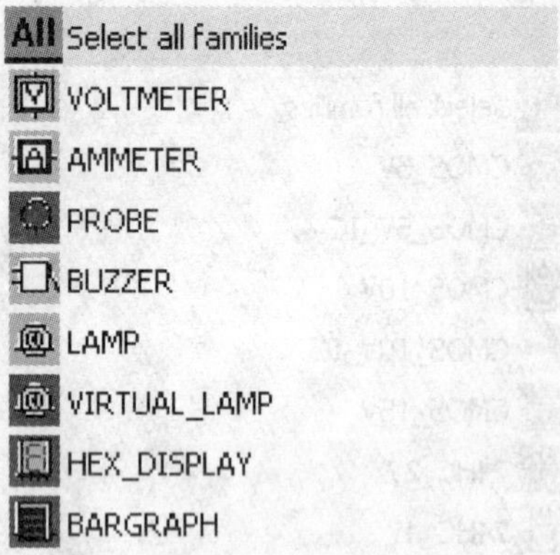

图 2.14　指示元件库的子元件库

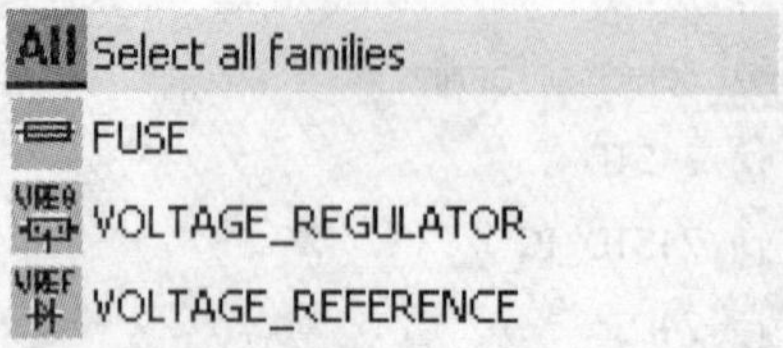

图 2.15　电源模块元件库的子元件库

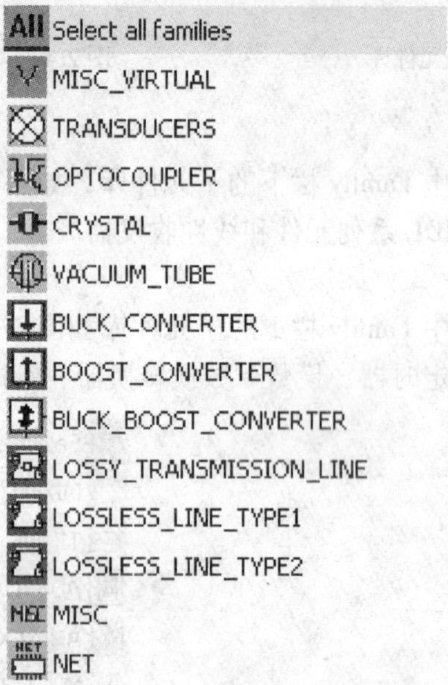

图 2.16　杂散元件库的子元件库

13. 外围设备库

单击该项，其弹出对话框中 Family 栏下的子元件库如图 2.17 所示，分别为：选择全部元器件、键盘、液晶显示器、模拟终端机和模拟外围设备。

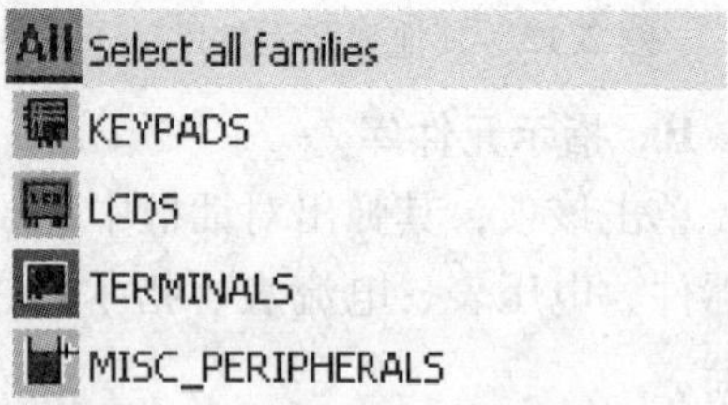

图 2.17　外围设备库的子元件库

14. 射频元件库

单击该项，其弹出对话框中 Family 栏下的子元件库如图 2.18 所示，分别为：选择全部元器件、射频电容、射频电感、射频 NPN 型晶体管、射频 PNP 型晶体管、射频 MOSFET 管、隧道二极管、带状传输线和铁氧体磁环磁珠。

15. 机电类元件库

单击该项，其弹出对话框中 Family 栏下的子元件库如图 2.19 所示，分别为：选择全部元器件、感测开关、瞬时开关、附加触点开关、定时触点开关、线圈和继电器、线性变压器、保护装置和输出装置。

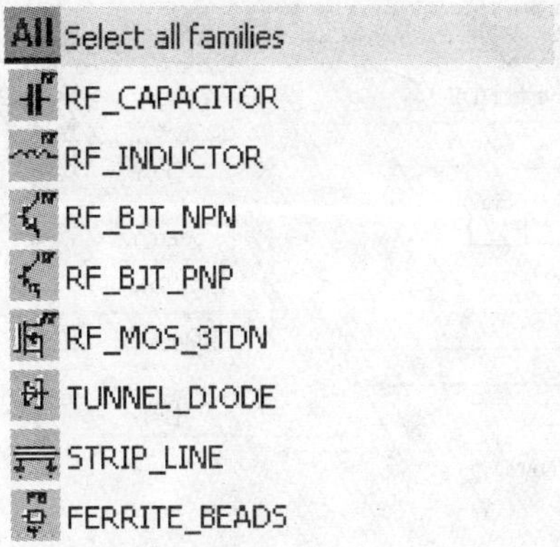

图2.18 射频元件库的子元件库

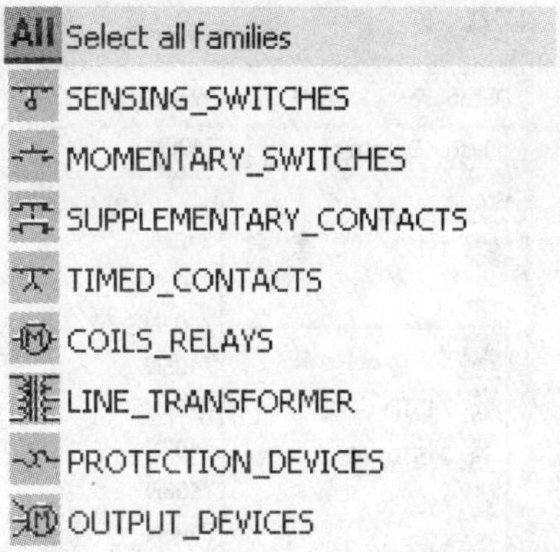

图2.19 机电类元件库的子元件库

16. 微处理器元件库

单击该项，其弹出对话框中 Family 栏下的子元件库如图2.20 所示，分别为：选择全部元器件、8051和8052 单片机、PIC 单片机、随机存储器和只读存储器。

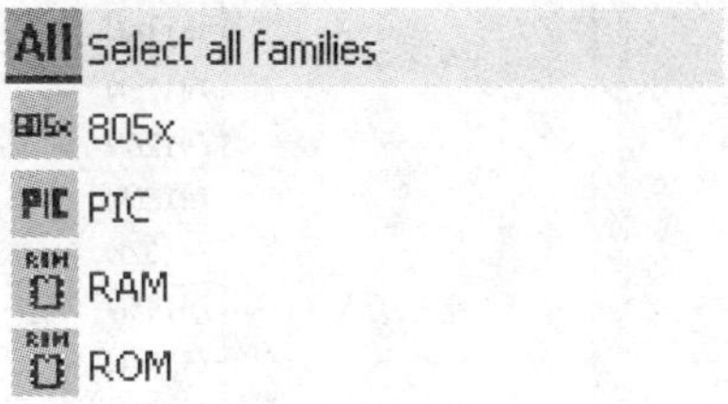

图2.20 微处理器元件库的子元件库

2.4 创建电路的基本操作

电路图是设计电路的第一步，首先要选择所需要的元件，然后将它们放置到所希望的位置，并将它们连接在一起，就完成一个电路图的创建。Multisim 10 还允许修改元件的属性，将电路定位在网格上，给电路添加文本或标题栏，创建子电路，更改元器件或导线的颜色等。本节将介绍电路图创建的基本操作。

2.4.1 元器件的选取操作

创建电路图的第一步是将所需要的元器件放进电路窗口中。从众多的元件库中找出所需要的元器件就需要一定的查询技巧。常见的方法有从元件工具栏中选取元件、启动菜单的放置元件命令、搜索所需元件和从 In Use List 中选取元件。下面分别介绍上述技巧。

1. 从元件工具栏中选取元件

选取元件最直接的方法是从元件工具栏中选取。首先要确定该元件属于哪个库，然后确定所属元件库中所在的元件工具栏，最后从选中的元件工具栏中选出具体型号的元器件。下面以74LS00 为例来说明具体的操作步骤。

1）在 Multisim 10 用户界面中单击元件工具栏的 TTL 元件库，弹出如图2.21 所示的 Select a Component 对话框。

2）在图2.21 所示的对话框的 Database 下拉菜单中，选择所需要的元件库。这里有 Master Database 元件库和 User Database 元件库。Multisim 10 默认元件库为 Master Database 元件库，它也是最常用的元件库。

3）在图2.21 所示的对话框的 Group 下拉列表中，选择所需元件所在的族。由于是在 Multisim 10 用户界面单击 TTL 元件库，故在 Group 下拉列表中直接显示“TTL”。利用此下

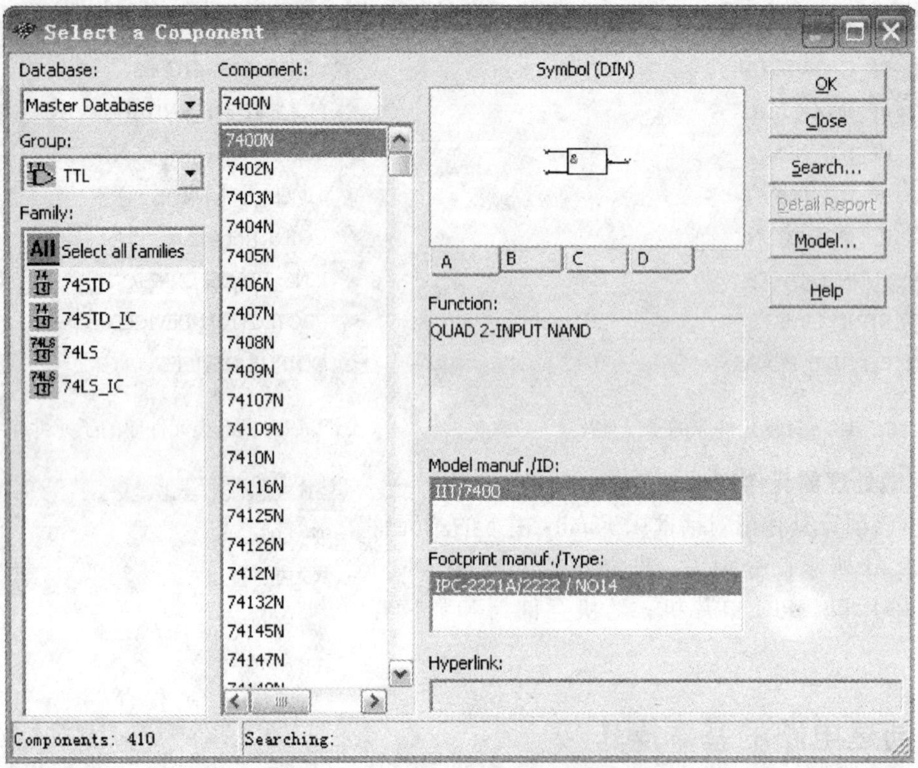

图 2.21 Select a Component 对话框

拉列表，还可以选择其他元件工具栏。

4）在 Family 显示窗口中，显示了 TTL 元件库中 74STD 和 74LS 两个系列（其中 74 STD－IC 和 74LS－IC 分别为两个系列的芯片库）。若选中 74LS 系列，则在 Component 滚动窗口中显示 74LS 系列的各种集成电路，可以选择所需元件的具体型号。例如，选中 74LS00N。

5）在图 2.21 所示的对话框右侧的 Symbol 窗口中显示了选中元器件的电路符号，显示窗口下有 A、B、C、D 共 4 个按钮，说明 74LS00D 内部有 4 个与非门，提供该按钮可以选择哪个与非门将被放置。在 Function 功能显示框中显示了该器件的功能。在 Model Manuf./ID 显示框中显示了该器件的生产厂家。在 Footprint 显示框中显示了该器件的封装。

单击"Search"按钮，可以搜索具有某种特点的元器件。单击"Model"按钮，可以查看选中元件的模型参数报告。

2. 启动菜单的放置元件命令

使用放置元件命令的方式来选择元件，只要单击 Multisim 10 用户界面中 Place 菜单下的 Component 命令，就会弹出如图 2.21 所示的对话框，具体操作同从元件工具栏中选取元件的操作。

3. 搜索所需元件

如果知道所需要元器件类型的某些信息，利用 Multisim 10 所提供的搜索引擎，可以方便快捷地放置元件。具体方法是：在如图 2.21 所示的 Select a Component 对话框中，单击"Search"按钮，弹出如图 2.22 所示的 Search Component 对话框。

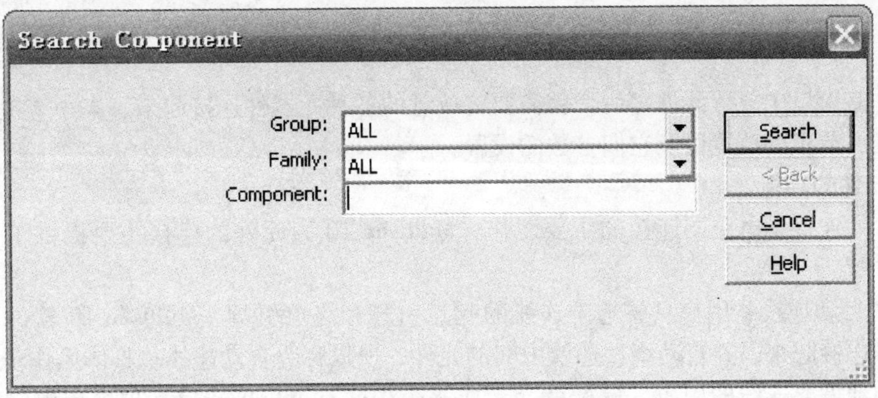

图 2. 22　Search Component 对话框

1）Group：查找元件所属的族。在该下拉列表中，罗列了所有元件族的名称。

2）Family：查找元件所属的系列。

3）Component：查找元件的名称。

例如，在 Component 文本框中输入“74LS00N”，单击“Search”按钮，就会弹出如图 2. 23 所示的 Search Component Result 对话框。在该对话框中，将找到的 74LS00N 元件选中，单击“OK”按钮，就会又返回如图 2. 21 所示的 Search a Component 对话框。与前不同的是，在返回的 Search a Component 对话框中，已经选中了 74LS00N 元件。

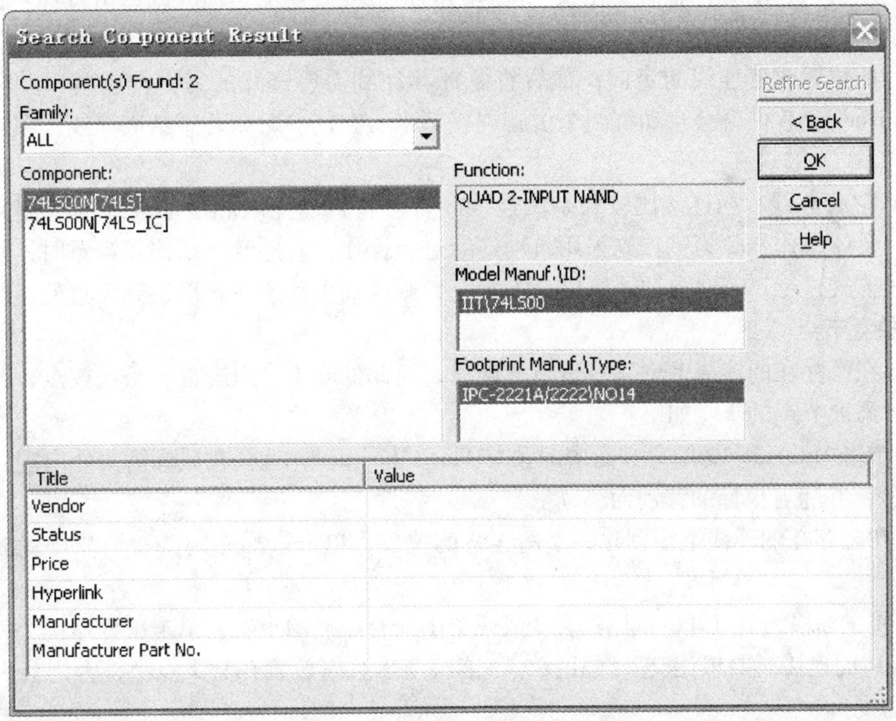

图 2. 23　Search Component Result 对话框

4. 从 In User List 中选取元件

在 Multisim 10 的用户界面中，在 In User List 中列出了当前电路中已经放置的元件，如果使用相同的元件，可以直接从 In User List 的下拉列表中选取，选取元件的参考序号加 1。

2.4.2 线路的连接

在电路窗口中放置元件之后，就需要将放置的各种元器件连接起来，本小节主要介绍元件的连接、节点的放置以及它们参数的设置。

1. 元件的连接

元件的连接是电路图连接的主要工作，Multisim 10 为元件的连接主要提供了以下 3 种方式：

（1）自动连线　用户只要选中连线的起点引脚和终点引脚，Multisim 10 软件就自动将两个引脚连接起来，并自动绕过连线中间的元件，所以称为自动连线。具体操作步骤为：将鼠标移动到需要连线的引脚，鼠标就会变成一个中间有黑点的十字，单击该引脚；移动鼠标，就会随着鼠标的移动产生一条线路，该线路会自动绕过中间的元器件。若此时单击鼠标右键或按 Esc 键，就会终止此次连线；将鼠标移动到需要连线的另一个引脚，并单击该引脚，Multisim 10 软件就会自动将两个引脚连接起来。如果连接没有成功，可能是放置的连线与周围元件太近。

（2）手动连线　手动连线就是人工控制连线的方向和长短。具体操作步骤为：将鼠标移动到需要连线的引脚，鼠标就会变成一个中间有黑点的十字，单击该引脚，移动鼠标，就会随着鼠标的移动产生一条线路，该线路会自动绕过中间的元器件，以上步骤同自动连线；鼠标在电路窗口移动时，若需要在某一位置人为地改变线路的走向，则单击鼠标左键，那么在此之前的连线就被确定下来，不随着鼠标以后的移动而改变位置，并且在此位置，可通过移动鼠标的位置改变连线的走向；最后将鼠标移动到需要连线的另一个引脚，并单击该引脚，Multisim 10 软件就会自动将两个引脚连接起来。在任一时刻若想结束连线，单击鼠标右键或按“Esc”键。

（3）混合连线　当连接比较复杂的连线时，可将自动连线和手动连线结合起来，即混合连线。具体操作步骤为：首先采用自动连线进行操作，若感觉连线比较满意时，则继续按自动连线方式进行；若对自动连线结果不满意，则穿插手动连线，以达到满意的连线为止。

2. 放置节点

若想在已存在的连线上创建一条新的连线，而此处既不是引脚也不是连接点，就必须添加节点。添加节点的步骤如下：

1）单击 Multisim 10 用户界面中的菜单 Place/Junction，就会在鼠标箭头处出现一个黑点（即节点），并随着鼠标的移动而移动。

2）在已存在的连线上须创建一条新连线的位置，单击鼠标左键，一个节点就放在该位置上。

3）将鼠标移到节点处，鼠标就会变成一个中间有黑点的十字，单击鼠标左键，就可开始一条新连线的连接。要想让交叉线相接，不能将节点直接放置在交叉点上，否则会出现“虚焊”。

3. 连线的调整

如果对已经连接好的连线轨迹不满意，可调整线的位置。具体操作步骤为：首先将鼠标指向欲调整的连线并单击鼠标左键选中此连线，被选中连线的两端和中间拐弯处变成方形黑点，此时放在连线上的鼠标也变成一个双向箭头，按住鼠标左键移动就可变成改变连线的位置。

4. 删除连线

删除连线有两种方法：一是将鼠标移向将被删除的连线，单击鼠标右键弹出一个快捷菜单，单击快捷菜单中的 Delete 命令就可删除此连线；二是将鼠标移向被删除的连线，单击鼠标左键选中此连线，按“Delete”键，删除连线。

2.4.3　仿真电路

上述工作已经为仿真电路做好了准备。要仿真电路时，可以选择菜单 Simulate/Run，也可以单击软件界面中的仿真开关。同时，软件的 Simulate 菜单和仿真开关中还提供了暂停和停止命令，用户可方便地控制电路的仿真。如想看仿真结果，在电路正在仿真时（或者仿真停止后）双击电路图中的指示器件，就可以看到相应位置的参数。

2.5　Multisim 10 虚拟仪器的使用

仪表工具栏如图 2.24 所示，它是进行虚拟电子实验和电子设计仿真的最快捷而又形象的特殊窗口。各个图标代表的元器件依次为：数字万用表（Multimeter）、信号发生器（Function Generator）、功率计（Wattmeter）、双通道示波器（Oscilloscope）、四通道示波器（4 Channel）、伯德图仪（Bode Plotter）、频率计（Frequency Counter）、字信号发生器（Word Cenerator）、逻辑分析仪（Logic Analyzer）、逻辑转换仪（Logic Converter）、IV 特性分析仪（IV - Analysis）、失真度分析仪（Distortion Analyzer）、频谱分析仪（Spectrum Analyzer）、网络分析仪（Network Analyzer）、Agilent 信号发生器（Agilent Function Generator）、Agilent 万用表（Agilent Multimeter）、Agilent 示波器（Agilent Oscilloscope）、Tektronix 示波器（Tektronix Oscilloscope）、测量探针（Measurement Probe）、LabVIEW 仪器（LabVIEW Instrument）和电流探针（Current Probe）。下面介绍几种常用虚拟仪器的使用方法。

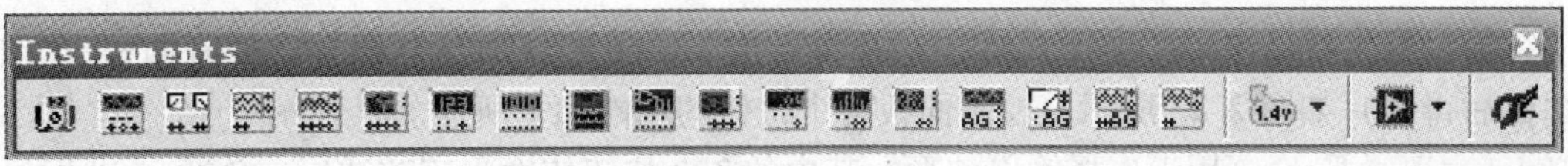

图 2.24　仪表工具栏

2.5.1　数字万用表

Multisim 10 软件中的数字万用表如同实验室里使用的数字万用表，它能自动调整量程，完成交直流电压、电流和电阻的测量显示，也可以分贝（dB）形式显示电压和电流。其图标、控制面板（双击图标后得到）如图 2.25 所示，控制面板各个按钮的功能如下所述。

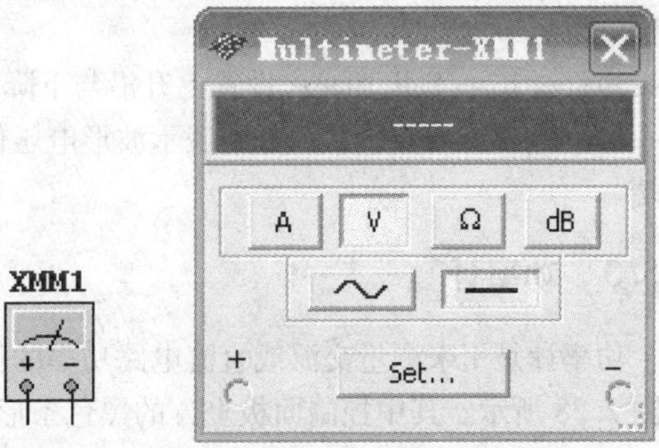

图 2.25　数字万用表

上面的黑色条形框用于测量数值的显

示，下面为测量类型选取栏，其中：

1）A、V、Ω、dB：分别为用万用表测试电流、电压、电阻以及将万用表切换到分贝显示。

2）、：分别表示用万用表测量交流、直流参数。

3）+、-：分别为万用表的正极、负极。

4）Set...：万用表设置按钮，单击该按钮后弹出如图 2.26 所示的万用表设置对话框。该对话框的设置项自上到下依次为电流表内阻设置、电压表内阻设置、欧姆表流过电流设置、分贝标准设置、电流表量程设置、电压表量程设置和欧姆表量程设置。

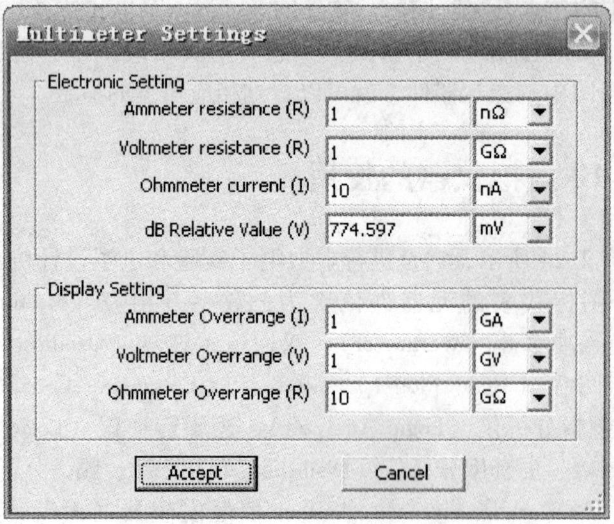

图 2.26　设置对话框

2.5.2　信号发生器

信号发生器是用来产生正弦波、方波和三角波信号的仪器。其图标、控制面板（双击图标后得到）如图 2.27 所示，控制面板各个按钮的功能如下所述。

1）Waveforms：用于选择输出波形，其中的 3 个按钮依次为正弦波、三角波和方波。

2）Signal Options：用于设置信号参数，参数项自上而下依次为频率、占空比、幅度和偏置电压。

3）Set Rise/Fall Time：设置上升沿与下降沿的时间。

4）+、Common、-：分别表示波形电压信号的正极性输出端、公共接地端和负极性输出端。

2.5.3　功率计

功率计是用来测量交流或直流电路功率的仪器。其图标、控制面板（双击图标后得到）如图 2.28 所示。其中控制面板上方的黑色条形框用于显示所测量的功率，Power Factor 为功率因数显示栏，下方的 Voltage 和 Current 分别为电压电流的输入端点，从各自的“+”、“-”极接入。

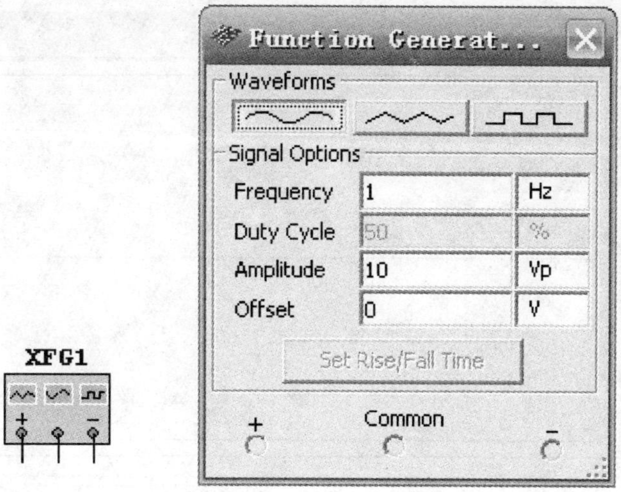

图2.27 信号发生器图标及控制面板

2.5.4 双通道示波器

双通道示波器是实验中常用到的一种仪器，它不仅可以显示信号的波形，还可以通过显示波形来测量信号的频率、幅度和周期等。其图标、控制面板（双击图标后得到）如图2.29所示，控制面板的主要功能如下所述。

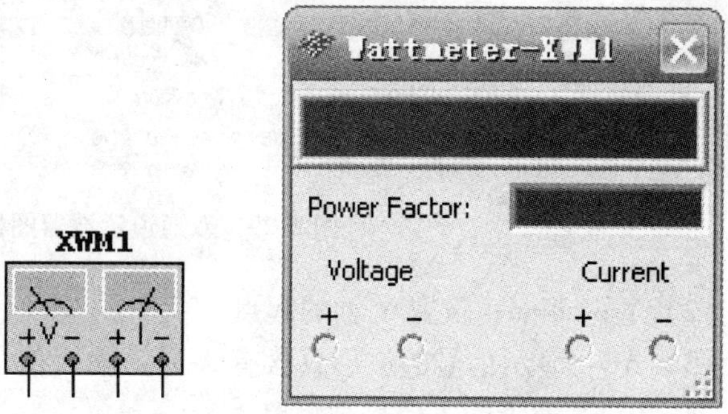

图2.28 功率计图标及控制面板

双通道示波器的控制面板设置与实际示波器的设置基本相同，由显示屏以及游标测量参数显示区、Timebase区、Channel A区、Channel B区和Trigger区6个部分组成。由于显示屏操作简单，所以这里不作介绍。

1. Timebase区

Timebase区用来设置X轴的时间基准扫描时间。

1）Scale：设置X轴方向每一大格所表示的时间。单击该栏出现一对上、下翻转箭头，可根据显示信号频率的高低，通过上、下翻转箭头选择合适的时间刻度。例如，一个周期为1kHz的信号，扫描时基参数应设置在1ms左右。

2）X position：表示X轴方向时间基准的起始点位置。

3）Y/T：显示随时间变化的信号波形。

4）Add：显示的波形是A通道的输入信号和B通道的输入信号之和。

5）B/A：将A通道的输入信号作为X轴扫描信号，B通道的输入信号施加在Y轴上。

6）A/B：与B/A相反。

2. Channel A区

Channel A区用来设置A通道的输入信号在Y轴的显示刻度。

1）Scale：设置Y轴的刻度。

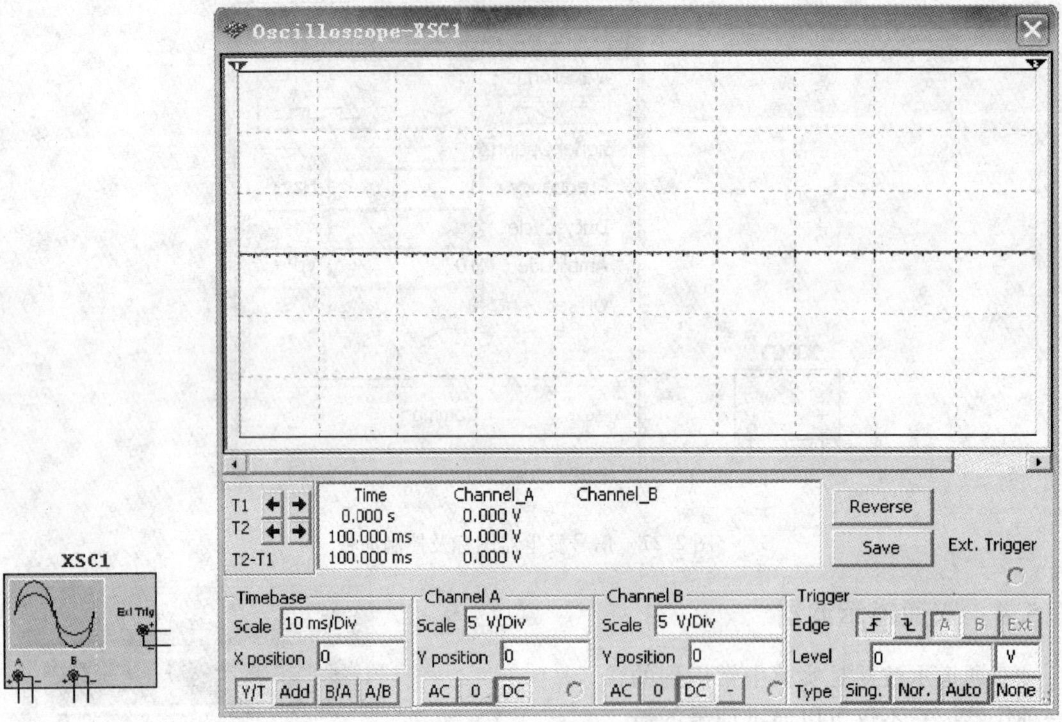

图 2.29　双通道示波器图标及控制面板

2）Y position：设置 Y 轴的起点。

3）AC：显示信号的波形只含有 A 通道输入信号的交流成分。

4）0：A 通道输入信号被短路。

5）DC：显示信号的波形含有 A 通道输入信号的交、直流成分。

3. Channel B 区

Channel B 区用来设置 B 通道的输入信号在 Y 轴的显示刻度。其设置方法与通道 A 相同。

4. Trigger 区

Trigger 区用来设置示波器的触发方式。

1）Edge：表示将输入信号的上升沿或下降沿作为触发信号。

2）Level：用于选择触发电平的大小。

3）Sing.：当触发电平高于所设置的触发电平时，示波器就触发一次。

4）Nor.：只要触发电平高于所设置的触发电平时，示波器就触发一次。

5）Auto：若输入信号变化比较平坦或只要有输入信号就尽可能显示波形时，就选择它。

2.5.5　四通道示波器

四通道示波器的图标和面板如图 2.30 所示。其与双通道示波器使用方法相似，所不同的是，四通道示波器有 4 个通道区（Channel A ~ Channel D），使用时，需单击面板中通道区右侧的标有 A、B、C、D 字母的圆盘来进行 4 个通道设置的切换。

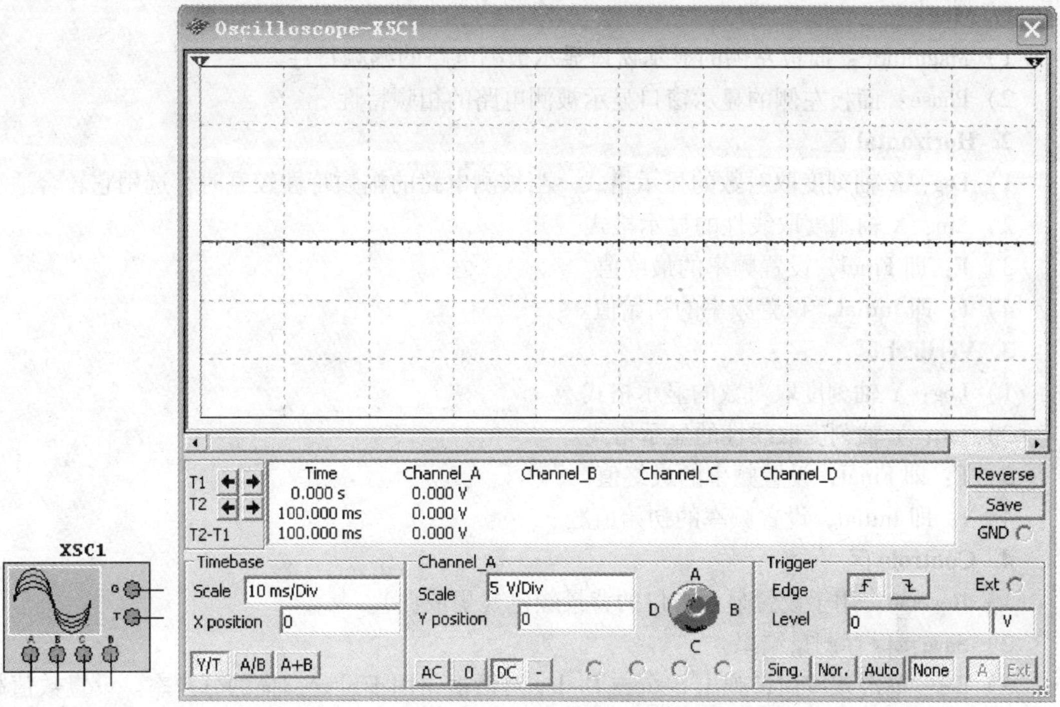

图 2.30　四通道示波器

2.5.6　伯德图仪

伯德图仪是一种测量并显示幅频和相频特性曲线的仪表。它能够产生一个频率范围很宽的扫描信号，常用于分析滤波电路的特性。伯德图仪图标和面板如图 2.31 所示。伯德图仪的图标有两组端口，左侧 IN 是输入端口，其“＋”、“－”输入端分别接被测电路输入端的正、负端子；右侧 OUT 是输出端口，其“＋”、“－”输入端分别接被测电路输出端的正、负端子。

伯德图仪的面板主要由 Mode 区、Horizontal 区、Vertical 区和 Controls 区组成。

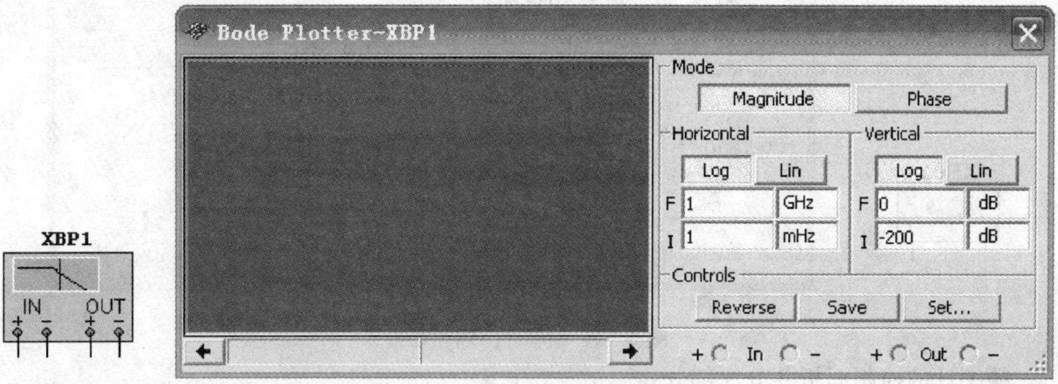

图 2.31　伯德图仪图标和面板

1. Mode 区

1）Magnitude：面板左侧的显示窗口显示被测电路的幅频特性。

2）Phase：面板左侧的显示窗口显示被测电路的相频特性。

2. Horizontal 区

1）Log：X 轴刻度取对数的显示格式。当被测电路的幅频特性较宽时，选用它较合适。

2）Lin：X 轴刻度取线性的显示格式。

3）F：即 Final，设置频率的最终值。

4）I：即 Initial，设置频率的初始值。

3. Vertical 区

1）Log：Y 轴刻度取对数的显示格式。

2）Lin：Y 轴刻度取线性的显示格式。

3）F：即 Final，设置频率的最终值。

4）I：即 Initial，设置频率的初始值。

4. Controls 区

1）Reverse：用于设置显示窗口的背景颜色（黑或白）。

2）Save：保存测量结果。

3）Set：单击该按钮，弹出 Setings Dialog 对话框，用于设置扫描的分辨率。设置数值越大，分辨率越高，运行时间越长。

2.5.7　频率计

频率计可以用来测量数字信号的频率、周期、相位以及脉冲信号的上升沿和下降沿。频率计图标和面板如图 2.32 所示。

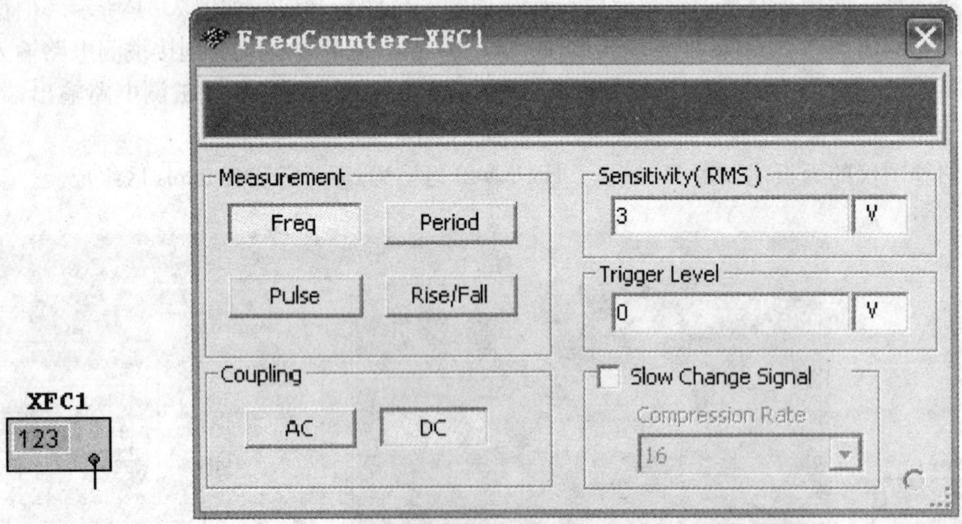

图 2.32　频率计图标和面板

频率计的控制面板共分 5 部分：

1. Measurement 区

1）Freq：用于测量频率。

2）Period：用于测量周期。

3）Pulse：用于测量正/负脉冲的持续时间。

4）Rise/Fall：用于测量上升沿/下降沿的时间。

2. Coupling 区

1）AC：选择交流耦合方式。

2）DC：选择直流耦合方式。

3. Sensitivity（RMS）区

主要用于灵敏度测试。

4. Trigger Level 区

主要用于设置触发器。

5. Show Change Signal 区

用于动态地显示被测的频率值。

2.5.8 字信号发生器

字信号发生器可以采用多种方式产生 32 位同步逻辑信号，用于对数字电路进行测试，是一个通用的数字输入编辑器。字信号发生器图标和面板如图 2.33 所示。在字信号发生器的左右两侧各有 16 个端口，分别为 0～15 和 16～31 的数字信号输出端，下面的 R 表示输出端，用以输出与字信号同步的时钟脉冲，T 表示输入端，用来接外部触发信号。

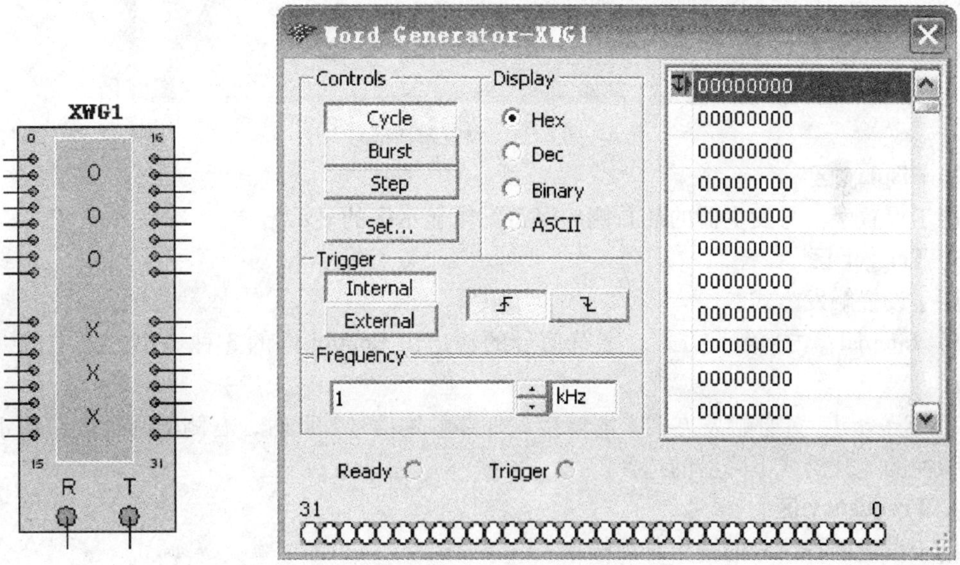

图 2.33 字信号发生器图标和面板

字信号发生器的控制面板大致可分为 5 个部分。

1. Controls 区

用来设置字信号发生器的最右侧的字符编辑显示区字符信号的输出方式，共有 3 种模式：

1）Cycle：在已经设置好的初始值和终止值之间循环输出字符。

2）Burst：每单击一次，字信号发生器将从初始值开始到终止值之间的逻辑字符输出一次。

3）Step：每单击一次，输出一条字信号。

单击 Set 按钮，弹出如图 2. 34 所示的对话框，该对话框主要用来设置字符信号的变化规律。其中 Pre－set Patterns 选项区各参数的含义自上而下依次为：保持原有设置、装载以前的字符信号变化规律的文件、保存当前的字符信号变化规律的文件、将字信号发生器的最右侧的字符编辑显示区的字信号清零、字符编辑显示区的字信号以加 1 的形式计数、字符编辑显示区的字信号以减 1 的形式计数、字符编辑显示区的字信号右移和字符编辑显示区的字信号左移。Display Type 选项区是用来设置字符编辑显示区的字信号的显示格式，其中 Hex 为十六进制显示格式，Dec 为十进制显示格式。Buffer Size 用来设置字符编辑显示区的缓冲区的长度。Initial Pattern 用来设置采用某种编码的初始值。

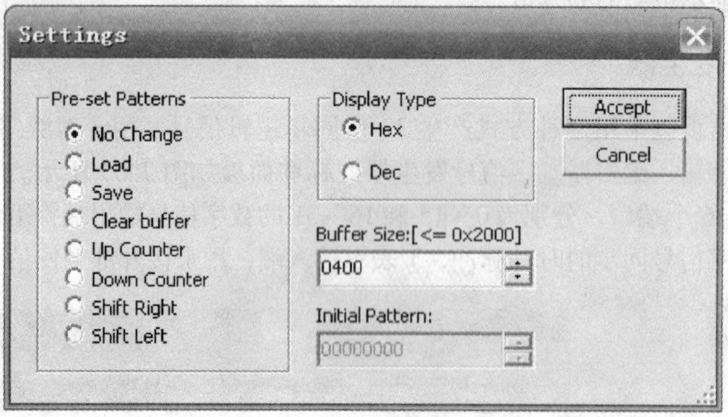

图 2. 34　设置对话框

2. Display 区

用于设置字信号发生器的最右侧的字符编辑显示区的显示格式。

3. Trigger 区

用于设置触发方式。

1）Internal：内部触发方式，字符信号的输出由 Control 区的 3 种输出方式中的一种来控制。

2）External：外部触发方式，需要接入外部触发信号，此时，右侧的两个按钮用于外部触发脉冲的上升沿或下降沿的选择。

4. Frequency 区

用于设置字符信号的输出时钟频率。

5. 字符编辑显示区

字信号发生器的最右侧的空白显示区，用来显示字符。

2.5.9　逻辑分析仪

逻辑分析仪常用于数字电路的时序分析，其功能类似于示波器，可以同时显示 16 路逻辑信号。逻辑分析仪图标和面板如图 2. 35 所示。逻辑分析仪的控制面板功能如下所述。

最上方的黑色区域为逻辑信号的显示区域。

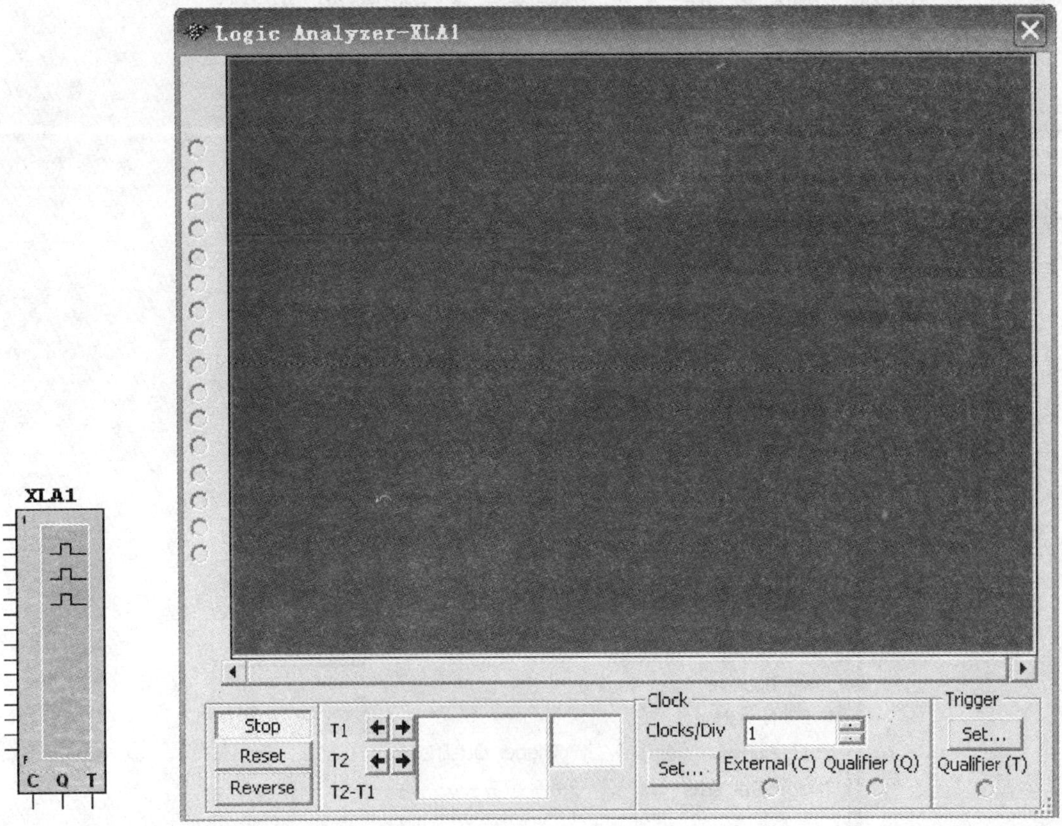

图 2.35　逻辑分析仪图标和面板

1）Stop：停止逻辑信号波形的显示。

2）Reset：清除显示区域的波形，重新仿真。

3）Reverse：将逻辑信号波形显示区域由黑色变为白色。

4）T1、T2、T2 - T1：游标 1、2 的时间位置以及时间差。

5）Clock 区：时钟脉冲设置区，其中，Clocks/Div 用于设置每格所显示的时钟脉冲个数。

单击该区的“Set”按钮，弹出如图 2.36 所示的对话框。其中，Clock Source 用于设置触发模式，有内、外两种触发模式；Clock Rate 用于设置时钟频率，仅对内触发模式有效；Sampling Settings 用于设置取样方式，有触发前采样和触发后采样两种方式；Threshold Volt（V）用于设置门限电平。

6）Trigger 区：触发方式控制区。

单击该区的“Set”按钮，弹出如图 2.37 所示的对话框。其中，Trigger Clock Edge 用于设置触发边沿，有上升沿触发、下降沿触发以及上升沿和下降沿都触发 3 种方式；Trigger Qualifier 用于触发限制字设置，X 表示只要有信号逻辑分析仪就采样，0 表示输入为零时开始采样，1 表示输入为 1 时开始采样；Trigger Patterns 用于设置触发样本，可以通过文本框和 Trigger Combinations 下拉列表框设置触发条件。

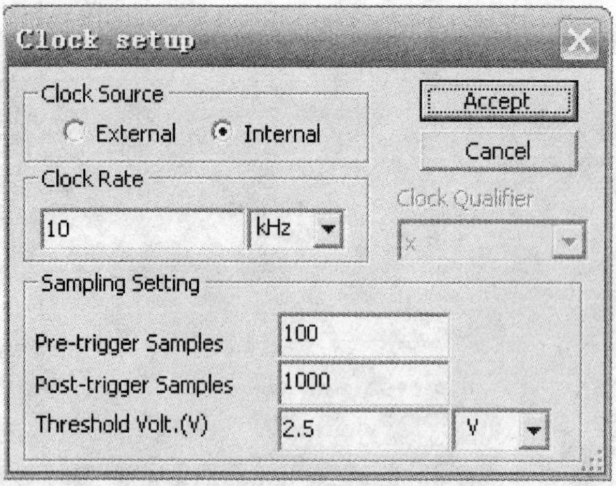

图 2.36　时钟设置对话框

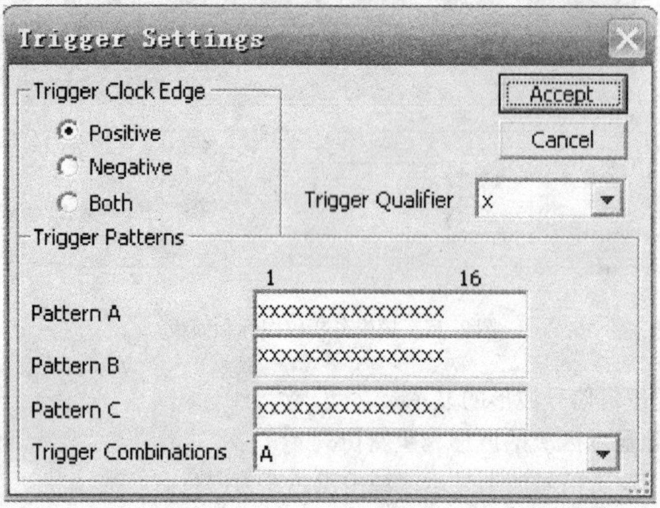

图 2.37　触发设置对话框

2.5.10　逻辑转换仪

逻辑转换仪可以在组合电路的真值表、逻辑表达式、逻辑电路之间任意的转换，能有效地辅助组合电路的分析。逻辑转换仪图标和面板如图 2.38 所示，该仪器只是一种虚拟仪器，并没有实际仪器与之对应，其控制面板主要功能如下所述。

最上方的 A、B、C、D、E、F、G、H 和 OUT 这 9 个按钮分别对应图 2.38 中该仪器图标的 9 个接线端。单击 A、B、C 等几个端子后，在下方的显示区将显示所输入的数字逻辑信号的所有组合以及其所对应的输出。

右侧 Conversions 区各按钮的功能自上而下依次为：将逻辑电路转换成真值表、将真值表转换成逻辑表达式、将真值表转换成最简表达式、将逻辑表达式转换成真值表、将逻辑表达式转换成组合逻辑电路和将逻辑表达式转换成由与非门所组成的组合逻辑电路。

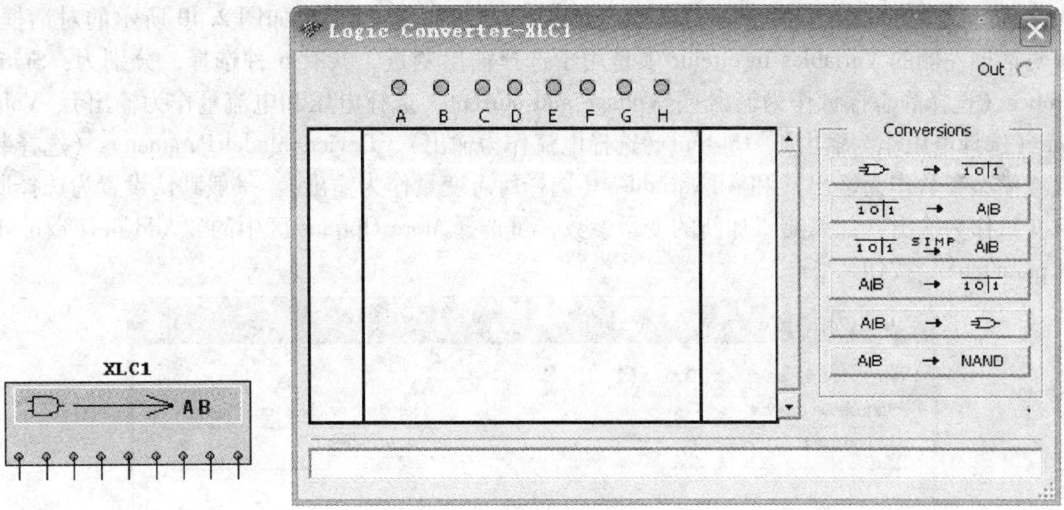

图 2.38　逻辑转换仪图标和面板

2.6　Multisim 10 的分析方法

Multisim 10 软件提供了 18 种仿真分析方法，见 Simulate 菜单的 Analyses 选项，它们自上而下分别是：直流工作点分析、交流分析、瞬态分析、傅里叶分析、噪声分析、噪声系数分析、失真分析、直流扫描分析、灵敏度分析、参数扫描分析、温度扫描分析、零/极点分析、传输函数分析、最坏情况分析、蒙托卡诺分析、线宽分析、批处理分析和用户自定义分析。本节将对 Multisim 10 的基本分析加以说明。

2.6.1　直流工作点分析

直流工作点分析（DC Operating Point Analysis）是假设电路中只有直流电压源和直流电流源作用时，计算电路中每个节点的电压和支路的电流值。由于只有直流电压源和直流电流源作用，所以电路中的电容设定为开路，电感设定为短路，而电路中的交流量设定为零。下面以图 2.39 所示的单管放大电路为例，介绍直流工作点分析的过程。

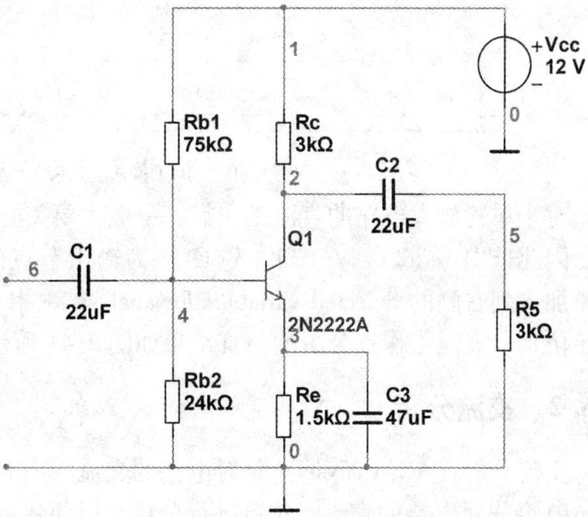

图 2.39　单管放大电路

选择菜单 Option/Sheet Properties...，弹出 Sheet Properties 对话框（见图 2.3）。选中 Net Names 选项中的“Show All”，单击对话框中的“Apply”按钮，再单击“OK”按钮退出。则电路中将显示节点号，如图 2.39 中的 0、1、2、3 等。

选择菜单 Simulate/Analyses/DC Operating Point Analysis，弹出如图 2. 40 所示的对话框。该对话框左侧的 Variables in circuit 项是用于选择输出变量，共有 6 种选择，分别为：Static probes（选择静态探针作为输出）、Voltage and current（选择电压和电流量作为输出）、Voltage（选择电压作为输出）、Current（选择电流作为输出）、Device/Model Parameters（选择装置或模型参数作为输出）和 All variables（选择所有变量作为输出）。一般默认设置为选择所有变量作为输出，如果要添加新的变量参数，可选择 More Options 区中的"Add device/model parameter"按钮。

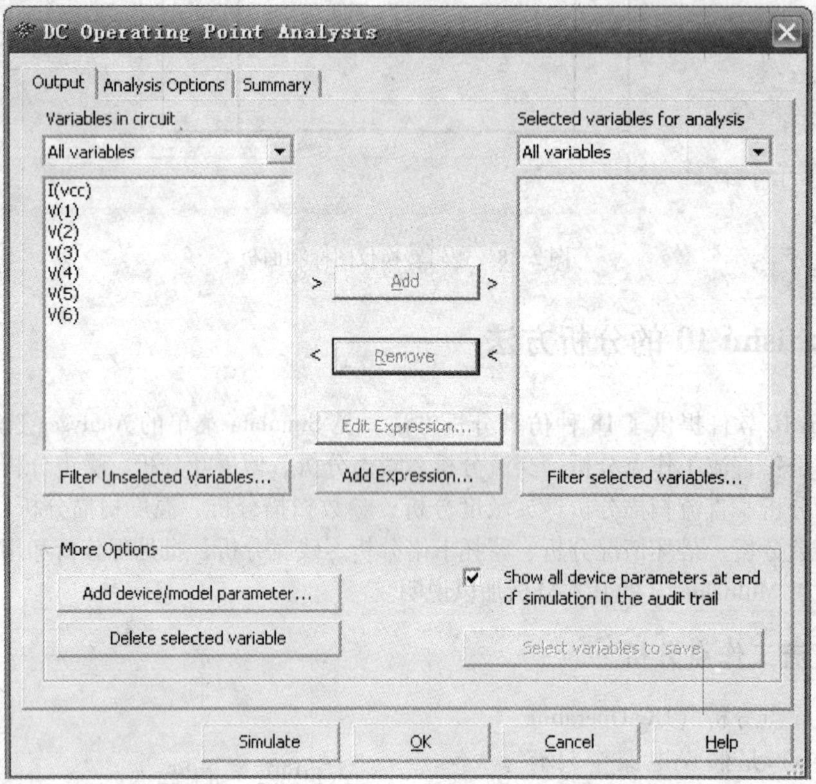

图 2. 40　DC Operating Point Analysis 对话框

对于单管放大电路的直流工作点，一般主要关心的是晶体管基极、集电极和发射极的电位，因此选中 V（2）、V（3）、V（4）为输出节点的分析对象，单击"Add"按钮将分析对象加入到右侧的 Selected variables for analysis 项中。设置完成后，单击"Simulate"按钮，开始仿真。直流工作点分析的仿真结果如图 2. 41 所示。

2. 6. 2　交流分析

交流分析（AC Analysis）是对电路的交流频率响应进行分析。在进行交流分析前，Multisim10 会先对电路的直流工作点进行分析，以便建立电路的非线性元件的交流小信号模型。原电路的所有激励均被视为正弦信号，如果用其他非正弦信号作为激励，则软件会自动将其改为正弦波信号。下面以如图 2. 42 所示的文氏桥电路为例介绍交流分析的过程。

选择菜单 Simulate/Analyses/AC Analysis，弹出如图 2. 43 所示的对话框。在出现的 Frequency Parameters 选项卡中设置如下：

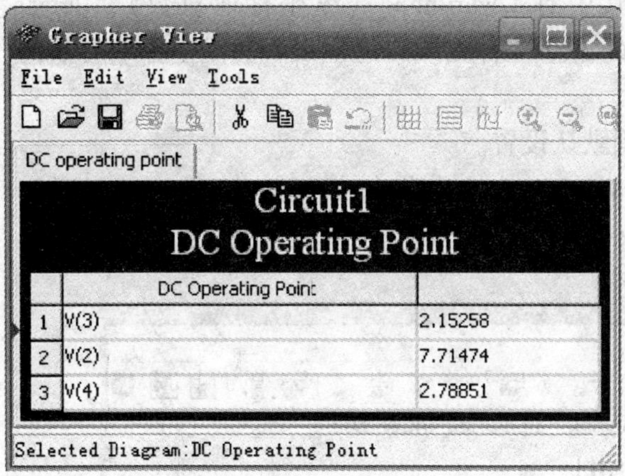

图 2.41　直流工作点分析的仿真结果

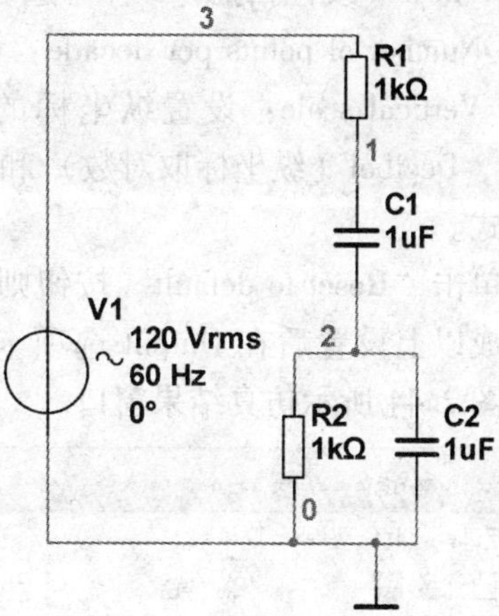

图 2.42　文氏桥电路

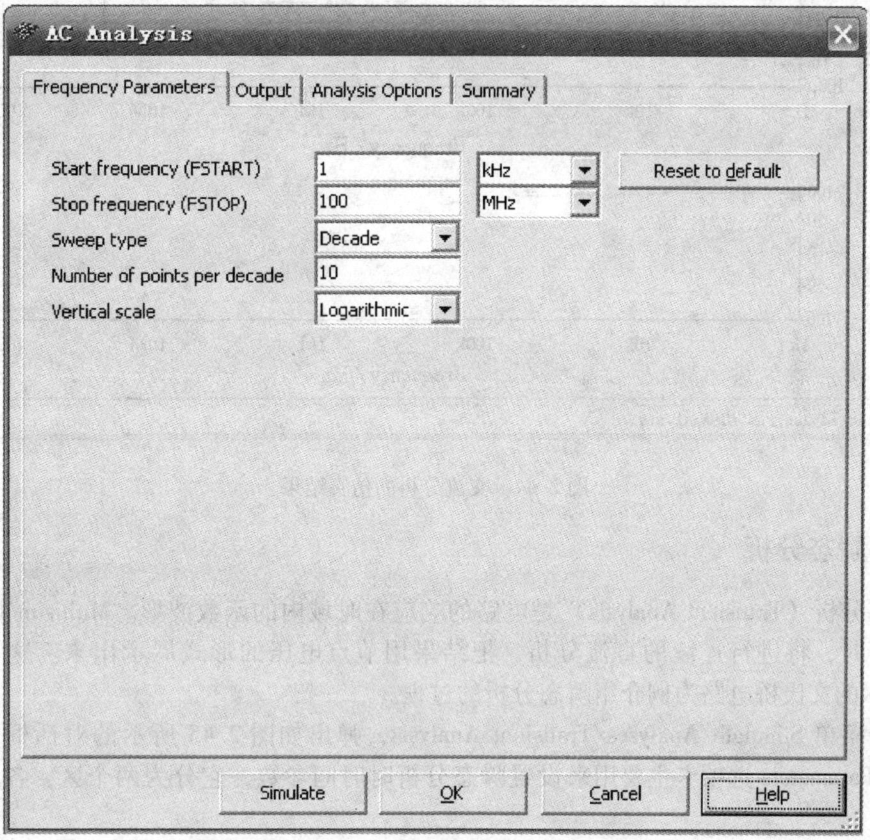

图 2.43　AC Analysis 对话框

1） Start frequency（FSTART）：设置交流分析的初始频率，这里设置为 1kHz。

2） Stop frequency（FSTOP）：设置交流分析的终止频率，这里设置为 100MHz。

3） Sweep type：设置扫描类型，其中有 Decade（10 倍频程扫描）、Octave（8 倍频程扫

描）和 Linear（线性扫描）3 种可选，这里选择 10 倍频程扫描。

4）Number of points per decade：设置每 10 倍频率的采样点数，这里设置为 10。

5）Vertical scale：设置纵坐标的刻度，其中有 Logarithmic（纵坐标取对数）、Linear（线性）、Decibel（纵坐标取对数）和 Octave（8 倍）4 种方式，这里设置为纵坐标取对数的显示方式。

如单击“Reset to default”按钮则可恢复到默认设置。

完成以上设置后在 Output 选项卡中选择 V（2）为输出节点，单击“Simulate”按钮，弹出如图 2.44 所示仿真结果窗口。

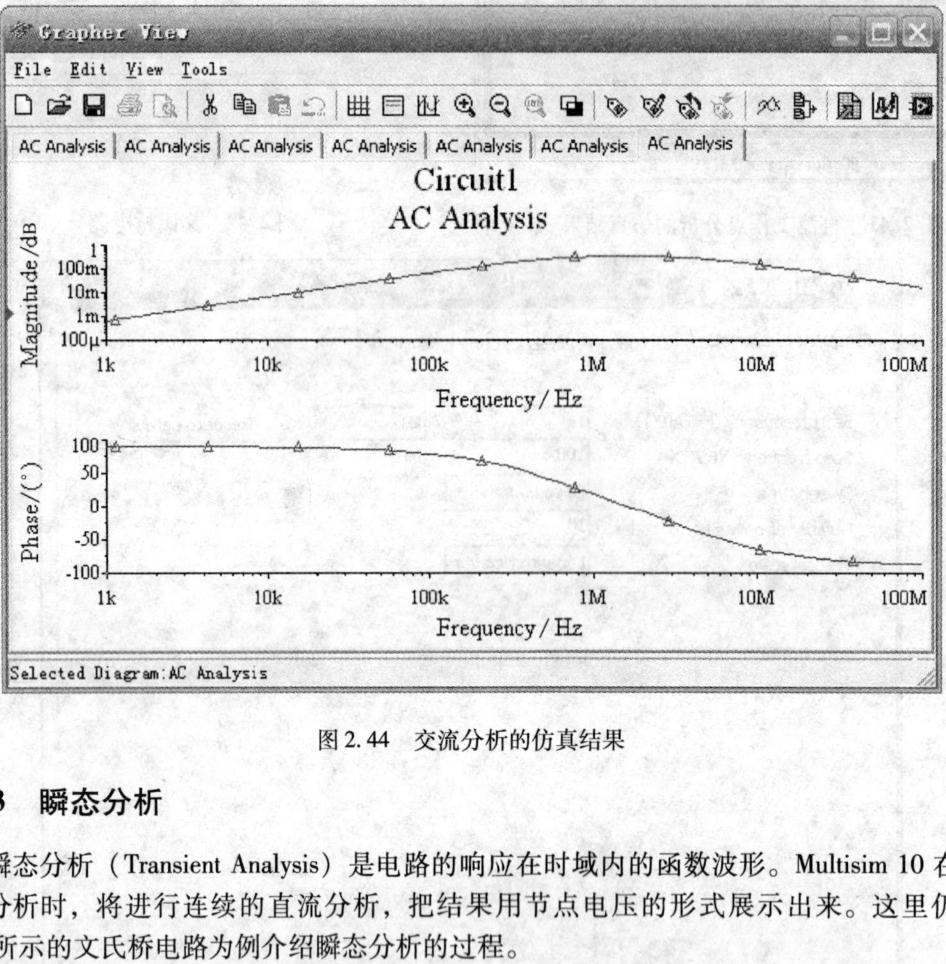

图 2.44 交流分析的仿真结果

2.6.3 瞬态分析

瞬态分析（Transient Analysis）是电路的响应在时域内的函数波形。Multisim 10 在进行瞬态分析时，将进行连续的直流分析，把结果用节点电压的形式展示出来。这里仍以图 2.42 所示的文氏桥电路为例介绍瞬态分析的过程。

选择菜单 Simulate/Analyses/Transient Analysis，弹出如图 2.45 所示的对话框。出现的 Analysis Parameters 选项卡主要用来设置瞬态分析时时间参数，它分为两个区，各部分设置如下：

1）Initial Conditions 区：设置仿真开始时的初始条件。共有 4 个选项，分别是 Set to zero（将初始状态设置为 0）、User defined（用户自定义初始状态）、Calculate DC Operating Point（初始状态为静态工作点）和 Automatically determine initial conditions（由软件自动设置）。这里选择由软件自动设置。

2）Parameters 区：用于时间参数的设置。其中有以下几个选项：

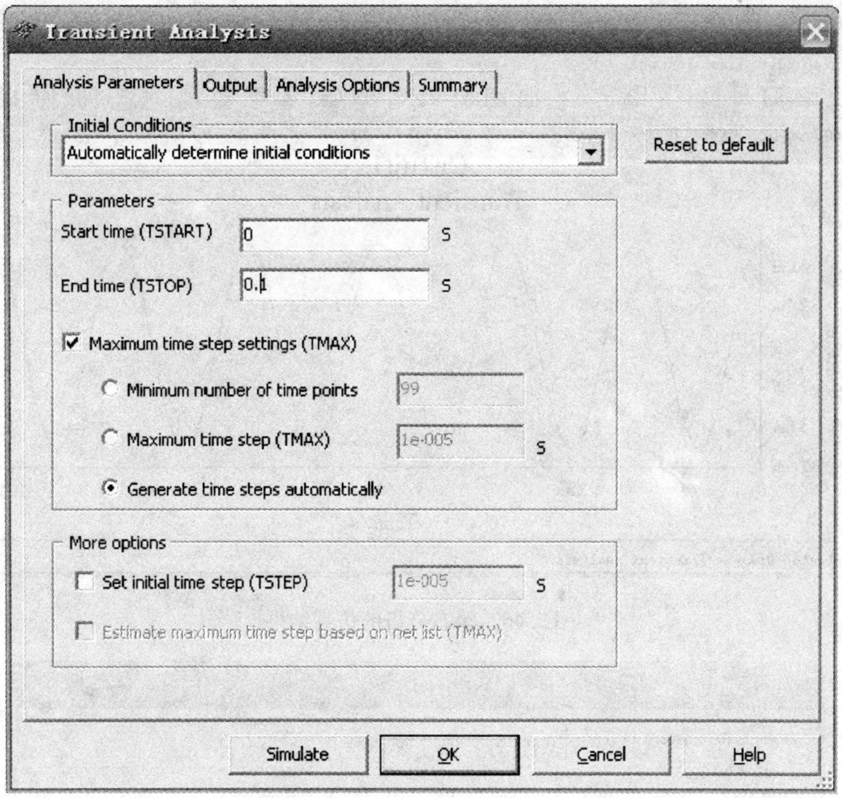

图 2.45　Transient Analysis 对话框

① Start time（TSTART）：设置起始时间，这里设置为 0。

② End time（TSTOP）：设置终止时间，这里设置为 0.1。

③ Maximum time step settings：设置仿真分析时最大采样时间步长，它包括 3 个单选项，分别是 Minimum number of time points（规定了在起始时间到终止时间内 Multisim 10 在进行仿真分析时所能采样的最小采样点数目）、Maximum time step（设定仿真分析时的时间步长）和 Generate time steps automatically（自动设定仿真分析时的时间步长）。

完成以上设置后在 Output 选项卡中选择 V（2）为输出节点，单击“Simulate”按钮，弹出如图 2.46 所示仿真结果窗口。

2.6.4　直流扫描分析

直流扫描分析（DC Sweep Analysis）是分析电路中的某个节点电压（支路电流）随着电路中的一个或两个直流电源变化的情况。下面仍以图 2.39 所示的单管放大电路为例，介绍直流扫描分析的过程。

选择菜单 Simulate/Analyses/DC Sweep Analysis，弹出如图 2.47 所示的对话框。出现的 Analysis Parameters 选项卡分为两个选项区。

1）Source 1 区：设置电源 1 的主要参数，其中：

① Source：设置所要扫描的直流电源，其右侧下拉列表列出了待扫描的直流电源的名称，这里选择 vvcc。

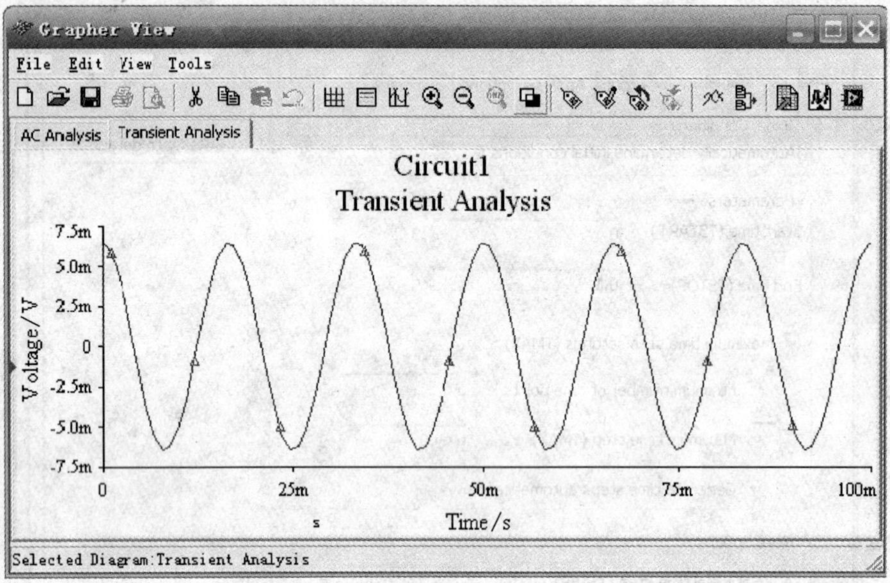

图 2.46　瞬态分析的仿真结果

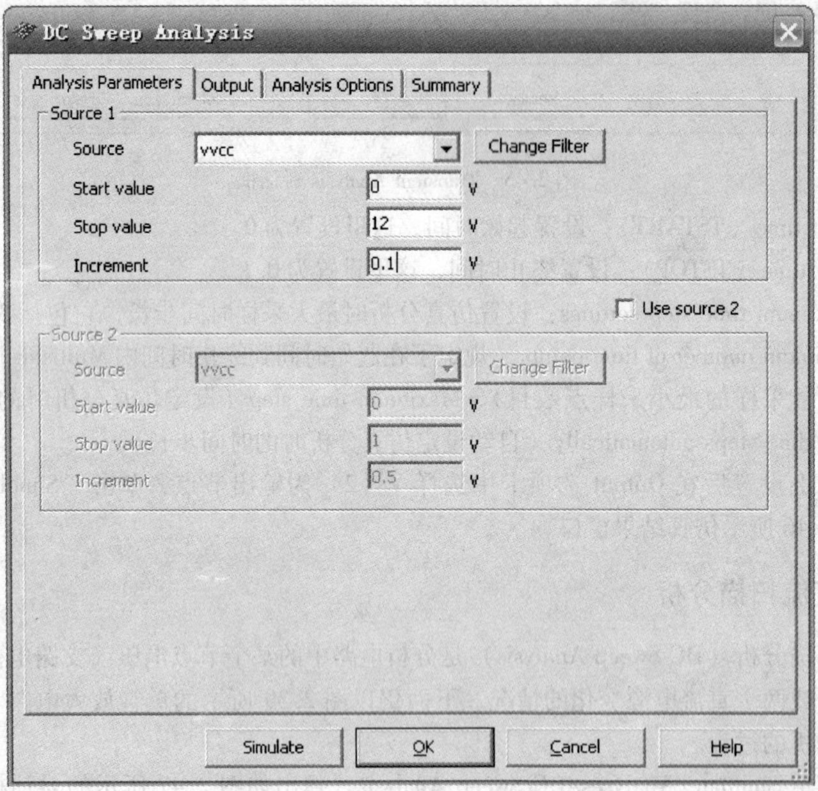

图 2.47　DC Sweep Analysis 对话框

② Start value：设置所要扫描的直流电源的初始值，这里设为 0。

③ Stop value：设置所要扫描的直流电源的终止值，这里设为 12。

④ Increment：设置扫描时直流电源的增量步长，这里设为 0.1。

2）Source 2 区：设置电源 2 的主要参数，使用方法与 Source 1 相同，使用之前要选中 Use source 2 复选项。

完成以上设置后在 Output 选项卡中选择 V（2）、V（3）、V（4）为输出节点，单击“Simulate”按钮，弹出如图 2.48 所示仿真结果窗口。

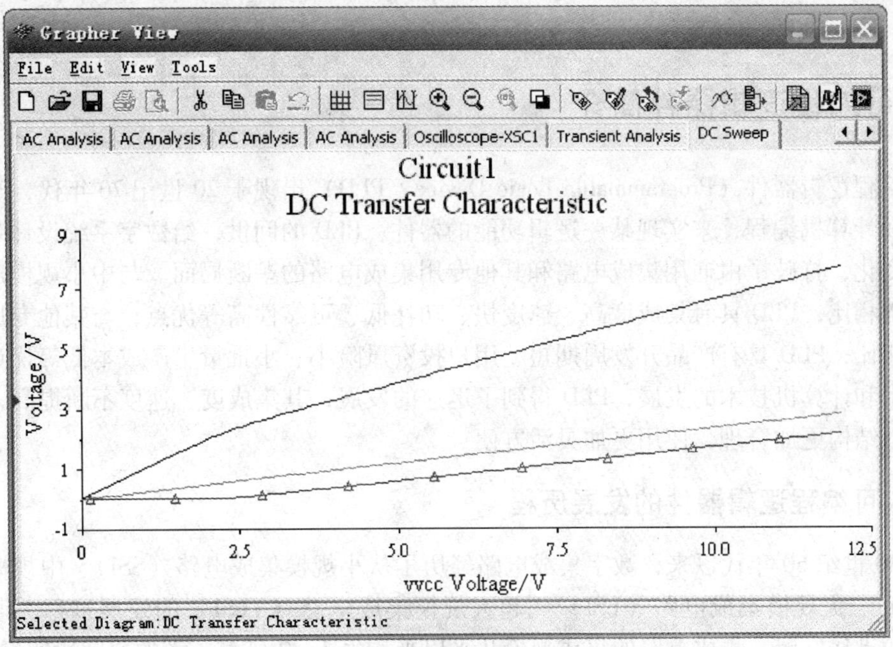

图 2.48 直流扫描分析的仿真结果

第 3 章　可编程逻辑器件及其编程软件

3.1　可编程逻辑器件简介

可编程逻辑器件（Programmable Logic Device，PLD）出现于 20 世纪 70 年代，是一种由用户借助计算机编程，来实现某一逻辑功能的器件。PLD 的问世，给数字系统设计带来了革命性的变化，打破了由通用集成电路和其他专用集成电路的垄断局面。与中小规模通用集成电路器件相比，PLD 具有集成度高、速度快、功耗低、可靠性高等优点；与其他专用集成电路器件相比，PLD 具有产品开发周期短、用户投资风险小、小批量生产成本低等优点。随着电子技术和计算机技术的发展，PLD 得到了迅速的发展，其集成度、速度不断提高，功能不断增强，结构更加合理，使用更加灵活方便。

3.1.1　可编程逻辑器件的发展历程

自 20 世纪 60 年代以来，数字集成电路经历了从小规模集成电路（SSI）、中规模集成电路（MSI）、大规模集成电路（LSI）到超大规模集成电路（VLSI）的发展过程。期间，微电子技术迅猛发展，集成电路的集成规模几乎以平均每 1 ~2 年翻一番的速度快速增长。

集成电路技术的发展带来了设计方法的进步。先进的 EDA 技术将传统的“自下而上”的设计方法改变为“自上而下”的设计方法。利用计算机技术，设计者在实验室里就可以设计出合适的 ASIC（专用集成电路）芯片以满足特定电路的需要。作为 ASIC 的重要分支，可编程逻辑器件因其成本低、使用灵活、设计周期短、可靠性高且风险小而得到普遍应用，发展非常迅速。

可编程逻辑器件始于 20 世纪 70 年代，其经历了从 PROM、PLA、PAL、GAL 到 EPLD、CPLD、FPGA 的发展过程。目前已形成了许多类型的产品，其结构、工艺、集成度、速度和性能等都在不断提高和改进。PLD 的发展历程如图 3.1 所示。

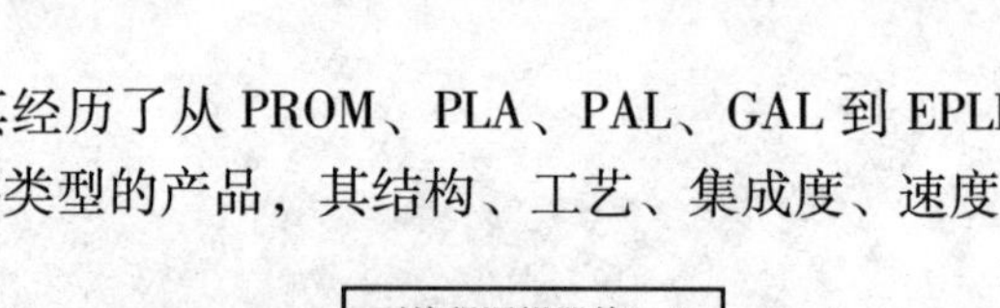

图 3.1　PLD 的发展历程

早期的可编程逻辑器件主要是指能进行编程的只读存储器，包括可编程只读存储器（PROM）、光擦除可编程只读存储器（EPROM）和电擦除可编程只读存储器（E^2PROM）三种。这些器件由全译码的“与”阵列和可编程的“或”阵列组成，由于阵列规模较大，速度低，主要用做程序存储器。

20 世纪 70 年代中期，出现了可编程逻辑阵列（Programmable Logic Array，PLA），它由可编程的“与”阵列和可编程的“或”阵列组成，采用熔丝编程。与 PROM 相比，PLA 的阵列规模有了很大的减小，提高了芯片的利用率，另外，PLA 解决了 PROM 当输入变量增加时会引起存储器容量迅速增加的问题。但由于 PLA 的价格较贵、编程复杂、支持 PLA 的开发软件有一定难度，因而没有得到广泛应用。

20世纪70年代末期，美国AMD公司推出了可编程阵列逻辑（Programmable Array Logic，PAL），它由可编程的“与”阵列和固定的“或”阵列组成，采用熔丝编程方式，双极工艺制造。虽然PAL在工作速度、输出结构种类上比PLA有了很大的进步，但仍然存在只能一次性编程的缺点。另外，器件的输出方式固定，不能重新组态，编程的灵活性较差。

20世纪80年代初，美国的Lattice公司和Altera公司先后推出了通用阵列逻辑（Generic Array Logic，GAL），这是一种可电擦写、可重复编程并且可设置加密的PLD。它采用了输出逻辑宏单元（OLMC）的形式和E^2CMOS工艺，比PAL使用更加灵活，可取代大部分SSI和MSI数字集成电路。GAL和PAL的最大区别是GAL的输出结构可由用户定义。由于GAL是在PAL的基础上设计的，能与许多种PAL器件保持兼容，可直接替代，所以目前在很多产品上仍有广泛应用。

20世纪80年代中期，美国的Altera公司推出了一种新型的可擦除的可编程逻辑器件（Erasable Programmable Logic Device，EPLD）。它是一种基于CMOS和UVEPROM技术的PLD，集成度远远高于PAL和GAL。由于EPLD增加了大量的输出宏单元，提供了更大的“与”阵列，使设计的灵活性比PAL和GAL有了较大的改善，但内部的互联能力比较弱。

1985年，Xilinx公司率先推出了现场可编程门阵列器件（Field Programmable Gate Array，FPGA）。FPGA是一种新型的高密度PLD，采用CMOS和SRAM技术工艺制造，其结构是由可配置逻辑块（Configurable Logic Block，CLB）、可编程输入输出模块（I/O Block，IOB）和可编程互联资源（Programmable Interconnection，PI）三部分组成。通过PI对CLB和IOB的连接来实现逻辑功能。FPGA具有密度高、编程速度快、设计灵活和可重新配置等优点。因此，它的出现受到世界范围内电子工程师的普遍欢迎，得到了广泛的应用和迅速的发展，现已成为主流的PLD器件之一。

20世纪80年代末，Altera公司推出了复杂可编程逻辑器件（Complex Programmable Logic Device，CPLD）。它是在EPLD的基础上改进而发展起来的，采用E^2CMOS工艺制作。与EPLD相比，CPLD增加了内部连线，对逻辑宏单元和I/O单元做了重大改进，使其性能更好，使用更方便，设计更灵活，发展也非常迅速。目前，CPLD是当今另一种主流的PLD器件。

20世纪90年代初，Lattice公司推出了在系统编程技术（In System Programmable，ISP），并相继制作出了一系列大规模在系统可编程器件ispLSI，但仍属于复杂可编程逻辑器件。

20世纪90年代，高密度PLD在生产工艺、器件的编程和测试技术等方面都有了飞速的发展。Xlinx公司推出的低电压FPGA XCV100芯片最大门数可达到100万个等效PLD门；Actel公司的第二代Anti－fuse FPGA的集成度也已达到两万个等效PLD门；Altera公司的Flex10K250的集成度为25万个等效PLD门。Xlinx公司和Altera公司开发的带有IP核的FPGA，使得FPGA在数字系统设计和DSP技术领域的应用更加方便。

进入21世纪以来，以FPGA为核心的SOPC有了显著的发展，单片FPGA芯片的集成规模已经达到几亿个晶体管，在结构上已经实现了复杂系统所需要的主要功能，并将多种功能集成在一片FPGA芯片中，如嵌入式存储器、嵌入式乘法器、嵌入式处理器、高速I/O缓冲器、外置存储器接口和实现数字信号处理的DSP等功能。

上述的PROM、PLA、PAL和GAL等简单的PLD由于阵列规模较小，片内寄存器资源不足，不够灵活，编程不便，目前只有 GAL 在中小规模数字逻辑方面还在应用。而现在的可编程逻辑器件主要以大规模、超大规模集成电路工艺制造的复杂 PLD（CPLD 和 FPGA）为主。

3.1.2 可编程逻辑器件的分类

自 20 世纪 70 年代可编程逻辑器件问世以来，经过三十多年的发展，其结构、集成度和制造工艺都有了很大的变化。目前，PLD 有许多类型，不同公司的产品在结构和特点等方面也有所不同。设计人员通常按照 PLD 的集成度、编程工艺和“与或”阵列的可编程性进行分类。

1. 按集成度分类

随着集成制造工艺的发展，PLD 的规模越来越大。按照集成度分类，PLD 可分为两大类：

1）简单的低密度的可编程逻辑器件（Low Density Programmable Logic Device，LDPLD），如 PROM、PLA、PAL 和 GAL。

2）复杂的高密度的可编程逻辑器件（High Density Programmable Logic Device，HD-PLD），如 EPLD、CPLD、FPGA 和 SOPC。

2. 按编程工艺分类

按照编程方式，PLD 可分为以下 3 大类：

（1）熔丝或反熔丝编程器件（编程断开/导通） 该类器件均为非易失一次性编程器件，例如，PLD 的早期产品 PROM、PAL 均采用熔丝编程工艺，而 Actel 公司的 FPGA 器件则采用反熔丝编程工艺。

（2）浮栅编程器件 这种器件采用浮栅编程技术，包括光擦除电编程存储单元、电擦除编程存储单元和快闪存存储单元（Flash）。它们都是采用悬浮栅存储电荷的方法来保存数据的，属于非易失可重复擦除器件。

（3）SRAM 编程器件 在该类器件的芯片内，配置静态存储器 SRAM。其作用是用来存储决定系统逻辑功能和互联的配置数据。SRAM 属于易失元件，因此，系统每次启动时，应先将编程数据从外部 EPROM 或硬盘中加载到 SRAM 中。采用 SRAM 技术可以很方便地配置新的编程数据，实现在线编程。例如，Xilinx 公司的 FPGA 器件就采用了这种技术。

3. 按“与或”阵列的可编程性分类

按照“与或”阵列的可编程性分类，PLD 主要有以下 3 类：

1）“与”阵列固定、“或”阵列可编程的 PLD，如 PROM。

2）“与”阵列和“或”阵列均可编程的 PLD，如 PLA。

3）“与”阵列可编程、“或”阵列固定的 PLD，如 PAL、GAL 以及目前的大多数器件。

3.1.3 FPGA 和 CPLD

1. FPGA 和 CPLD 的概况

FPGA 和 CPLD 都具有体系结构和逻辑单元灵活、集成度高以及适用范围宽的特点。这两种器件兼容了简单 PLD 和通用门阵列的优点，可实现较大规模的电路，编程也很灵活。与 ASIC 相比，具有设计开发周期短、设计制造成本低、开发工具先进、标准产品无需测试、质量稳定等优点，用户可以反复地编程、擦除、使用，或者在外围电路不动的情况下用不同软件就可实现不同的功能以及可实时在线检验。因此被广泛应用于产品的原型设计和产品生产之中。

FPGA 和 CPLD 由 3 大部分组成，即一个二维的逻辑块阵列，是 PLD 器件的逻辑组成核心；输入输出块；连接逻辑块的互联资源。连线资源是由各种长度的连线线段组成，其中也有一些可编程的连接开关。它们用于逻辑块之间、逻辑块与输入输出块之间的连接。

（1）FPGA　即现场可编程门阵列，它是在 PAL、GAL、EPLD 等可编程逻辑器件的基础上进一步发展的产物。它是作为 ASIC 领域中的一种半定制电路而出现的，既解决了定制电路的不足，又克服了原有 PLD 门电路数有限的缺点。FPGA 提供了最高的逻辑密度、最丰富的特性和最高的性能。这些先进的器件还提供诸如内建的硬连线处理器、大容量存储器、时钟管理系统等特性，并支持多种最新的超快速器件至器件的信号传输技术。

（2）CPLD　即复杂 PLD 器件，是一种比 PLD 复杂的逻辑元件。CPLD 是一种用户根据各自需要而自行构造逻辑功能的数字集成电路。与 FPGA 相比，CPLD 提供的逻辑资源少得多，但是 CPLD 提供了非常好的可预测性，因此对于关键的控制应用非常理想。而且如 Xilinx CoolRunner™系列 CPLD 器件需要的功耗极低，并且价格低廉，从而使其对于成本敏感、电池供电的便携式应用（如移动电话和数字手持助理）非常理想。其基本设计方法是借助集成开发软件平台，用原理图、硬件描述语言等方法，生成相应的目标文件，通过下载电缆（“在系统”编程）将代码传送。

2. FPGA 和 CPLD 的对比

尽管 FPGA 和 CPLD 都是可编程 ASIC 器件，有很多共同点，但是由于 FPGA 和 CPLD 结构上的差异，故具有各自的特点：

1）FPGA 是细粒结构，这意味着每个单元间存在细粒延迟。如果将少量逻辑紧密排列在一起，FPGA 的速度相当快。然而，随着设计密度的增加，信号不得不通过许多开关，路由延迟也快速增加，从而削弱了整体性能。FPGA 是“寄存器丰富”型（即其寄存器与逻辑门的比例高），而 CPLD 正好相反，它是粗粒结构，是“逻辑器丰富”型，这意味着进出器件的路径经过较少的开关，相应地延迟也小。因此，与等效的 FPGA 相比，CPLD 可工作在更高的频率，具有更好的性能。

2）CPLD 的连续式布线结构决定了它的时序延迟是均匀和可预测的，而 FPGA 的分段式布线结构决定了其延迟的不可预测性。

3）CPLD 比 FPGA 使用起来更方便。CPLD 的编程采用 E^2PROM 或 FAST FlASH 技术，无需外部存储器芯片，使用简单。而 FPGA 的编程信息需要存放在外部存储器上，使用方法复杂。

4）FPGA 的集成度比 CPLD 高，具有更复杂的布线结构和逻辑实现。

5）一般情况下，CPLD 的功耗比 FPGA 大，且集成度越高越明显。

6）CPLD 的速度比 FPGA 块，并且具有较大的时间可预测性。这是由于 FPGA 是门级编程，并且其逻辑块之间采用分布式互联，而 CPLD 是逻辑块级编程，并且其逻辑块之间的互联是集中式的。

7）CPLD 更适合完成各种算法和组合逻辑，FPGA 更适合于完成时序逻辑。换句话说，FPGA 更适合于触发器丰富的结构，而 CPLD 更适合于触发器有限而乘积项丰富的结构。

8）FPGA 在编程上比 CPLD 具有更大的灵活性。CPLD 通过修改具有固定内连电路的逻辑功能来编程，FPGA 主要通过改变内部连线的布线来编程。FPGA 可在逻辑门下编程，而 CPLD 是在逻辑块下编程。

9）在编程方式上，CPLD 主要是基于 E^2PROM 或 FlASH 存储器编程，编程次数可达 1 万次，优点是系统断电时编程信息也不丢失。FPGA 大部分是基于 SRAM 编程，编程信息在系统断电时丢失，每次上电时，需从外部将编程数据重新写入 SRAM 中。其优点是可以编程任意次，可在工作中快速编程，从而实现板级和系统级的动态配置。

10）CPLD 保密性好，FPGA 保密性差。

总之，CPLD 与 FPGA 由于各自的特点与优势，使得二者在 PLD 技术的竞争中并驾齐驱，成为两支领导 PLD 技术发展的主要力量。在选择 CPLD 还是 FPGA 时，可以根据不同的技术要求和设计环境做出最佳选择。

3. 同体优势

对用户而言，CPLD 与 FPGA 的内部结构确有不同，但随着技术的发展，一些厂家陆续推出了一些新的 CPLD 与 FPGA，这些产品逐渐模糊了 CPLD 与 FPGA 的区别。例如 Altera 公司的 MAX II 系列，基于 LUT 结构，集成配置芯片，在本质上就是一种在内部集成了配置芯片的 FPGA，但由于配置时间极短，上电就可以工作，所以对用户来说，感觉不到配置过程，又与传统的 CPLD 一样。

3.1.4 硬件描述语言

硬件描述语言（Hardware Description Language，HDL）是描述数字电路和系统的一种计算机语言，利用这种语言，可以从上层（顶层）到下层（底层）（从抽象到具体）逐层描述自己的设计思想，用一系列分层次的模块来表示复杂的数字系统。硬件描述语言发展至今已有 20 多年的历史，对设计自动化曾起到极大的促进和推动作用。20 世纪 80 年代后期，VHDL 和 Verilog HDL 先后成为 IEEE 标准。VHDL 是美国一个超高速集成电路开发计划，首先采用硬件描述语言设计，最后编程 IEEE 标准。随着系统级 FPGA 以及系统芯片的出现，软硬件协调设计和系统设计变得越来越重要。为适应新情况，针对系统设计出现了很多新的硬件描述语言。目前，常用的硬件描述语言主要有：VHDL、Verilog HDL、ABEL - HDL 和 AHDL 等。

1. VHDL 语言

VHDL 语言（Very High Speed Integration Circuits Hardware Description Language）是作为电子设计主流硬件的描述语言。该语言于 1983 年由美国国防部发起创建，由 IEEE 进一步发展并在 1987 年作为“IEEE 标准 1076”发布。因此，VHDL 语言成为硬件描述语言的业界标准之一。VHDL 语言作为 IEEE 的工业标准硬件描述语言，得到众多 EDA 公司的支持，在电子工程领域，已成为事实上的通用硬件描述语言。

VHDL 语言具有很强的电路描述和建模能力，能从多个层次对数字系统进行建模和描述，从而大大简化了硬件设计任务，提高了设计效率和可靠性。使用 VHDL 语言，可以就系统的总体要求出发，自上而下地将设计内容细化，最后完成系统硬件的整体设计。

一个完整的 VHDL 程序包括以下几个基本组成部分：实体（Entity）、结构体（Architecture）、程序包（Package）、库（Library）。其中，实体是一个 VHDL 程序的基本单元，由实体说明和结构体两部分组成：实体说明用于描述设计系统的外部接口信号；结构体用于描述系统的行为、系统数据的流程或系统组织结构形式。程序包存放各设计模块能共享的数据类型、常数、子程序等。库用于存放已编译的实体、结构体、程序包及配置。

VHDL 语言的编译环境有不同的版本。我们应用的是 Altera 公司的 Max + Plus II 软件，它的操作顺序如下：

1）使用 TEXT EDITOR 编写 VHDL 程序。

2）使用 COMPILER 编译 VHDL 程序。

3）使用 WAVEFORM EDITOR、SIMULATOR 仿真实验。

4）使用 TIMING ANALYZER 进行芯片的时序分析。

5）用 FLOORPLAN EDITOR 锁定芯片引脚位置。

6）使用 PROGRAMMER 将编译好的 VHDL 程序下载到芯片中。

2. Verilog HDL 语言

Verilog HDL 语言是基于 C 语言发展起来的硬件描述语言，是由 GDA 公司的 Phil Moorby 于 1983 年创建，最初他只设计了仿真与验证工具，之后又陆续开发了相关的故障模拟与时序分析分析工具。1985 年 Moorby 推出了它的第三个商用仿真器 Verilog - XL，获得了巨大成功。从而使 Verilog HDL 语言得到迅速的推出和应用。

1989 年 Cadence 公司收编了 GDA 公司，使 Verilog HDL 成为该公司的独家专利。1990 年 Cadence 公司公开发表了 Verilog HDL，并成立 OVI（Open Verilog International）组织以促进 Verilog HDL 语言的发展。1995 年 Verilog HDL 成为 IEEE 标准，即 IEEE Std 1396—1995。

Verilog HDL 语言具有简捷、高效、易学易用、功能强大等优点，逐步为设计人员所接受和喜爱。Verilog HDL 语言支持的 EDA 工具较多，适合于寄存器传输级（RTL）和门电路级的描述，其综合过程比 VHDL 简单，但在高级描述方面不如 VHDL。

目前，随着系统级 FPGA 以及系统芯片的出现，软硬件协调设计和系统设计变得越来越重要，传统意义上的硬件设计越来越倾向于与系统设计和软件设计结合。硬件描述语言为适应新的情况，迅速发展，出现了很多新的硬件描述语言，如 System Verilog、Superlog、System C、Cynlib C + + 等。

3. ABEL - HDL 语言

ABEL - HDL 语言是由美国 Data I/O 公司开发的一种硬件描述语言。该语言起源于可编程逻辑器件的设计，可支持各种行为的输入方式和层次结构的逻辑描述，包括逻辑方程、状态图和真值表等多种逻辑描述方式。因此，被广泛应用于各种可编程逻辑器件的逻辑功能设计。由于语言描述的独特性，它适用于各种不同规模的可编程逻辑器件的设计。但它不是标准化的硬件描述语言。

4. AHDL 语言

AHDL 语言是由 Altera 公司根据其生产的 MAX 系列器件和 FLEX 系列器件的特点专门设计的一套完整的硬件描述语言，该语言也起源于可编程逻辑器件的设计。

AHDL 语言是一种模块化的硬件描述语言，它完全集成于 MAX + Plus II 软件开发系统中，特别适合于描述复杂的组合逻辑、相运算、状态机、真值表和参数化的逻辑。AHDL 语言提供了功能强大、种类齐全、使用方便的各种语素。用户可以使用该语言建立一个完整的层次结构的设计，也可以在一个层次结构的设计中混合使用文本设计和其他类型的设计文件。但它不是标准化的硬件描述语言。

目前，最主要的硬件描述语言是 VHDL 和 Verilog HDL。两种语言的差别并不大，描述能力也类似，掌握其中一种语言以后，可以通过短期的学习，很快学会另一种语言。选择何种语言主要还是看周围人群的使用习惯，这样可以方便日后的学习交流。如果是 ASIC 设计人员，则应掌握 Verilog HDL 语言，因为在 IC 设计领域，90% 以上的公司都采用 Verilog HDL 语言进行设计。对于 CPLD 和 FPGA 设计者而言，两种语言可以自由选择。

3.1.5 可编程逻辑器件的发展趋势

先进的 ASIC 生产工艺已经被用于 FPGA 的生产，越来越丰富的处理器内核被嵌入到高端的 FPGA 芯片中，基于 FPGA 的开发成为一项系统级设计工程。随着半导体制造工艺的不断提高，FPGA 的集成度将不断提高，制造成本将不断降低，其作为替代 ASIC 来实现电子系统的前景将日趋光明。功能上从最初的单纯 FPGA 到内嵌 CPU、DLL 等的 SOPC；工艺上从最初的 0.5μm 1P3M 发展到 65nm 1P12M，并逐步实现向 45nm 发展。

目前，可编程逻辑器件主要有以下几个发展方向。

1. 大容量、低电压、低功耗 FPGA

大容量 FPGA 是市场发展的焦点。采用深亚微米（DSM）的半导体工艺后，器件在性能提高的同时，价格也在逐步降低。由于便携式应用产品的发展，比如移动通信设备、个人数字助理等，对 FPGA 的低电压、低功耗的要求日益迫切。

2. 系统级高密度 FPGA

FPGA 的应用已经不是过去仅仅适用于系统接口部件的现场集成，而是将它灵活地应用于系统级（包括其核心功能芯片）设计之中。在这样的背景下，国际主要 FPGA 厂家在系统级高密度 FPGA 的技术发展上，主要强调两个方面：FPGA 的 IP（知识产权）硬核和 IP 软核。当前具有 IP 内核的系统级 FPGA 的开发主要体现在两个方面：一方面是 FPGA 厂商将 IP 硬核（指的是完成版图设计的功能单元模块）嵌入到 FPGA 器件中；另一方面是大力扩充优化的 IP 软核（指利用 HDL 语言设计并经过综合验证的功能单元模块），这些核心库都是预定义的、经过测试和验证的、优化的、可保证正确的功能，设计人员可以利用这些现成的 IP 库资源，高效准确地完成复杂片上的系统设计。

3. FPGA 和 ASIC 出现相互融合

虽然标准逻辑 ASIC 芯片尺寸小、功能强、功耗低，但其设计复杂，并且有批量要求。FPGA 价格较低廉，能在现场进行编程，但它们体积大、能力有限，而且功耗比 ASIC 大。正因如此，FPGA 和 ASIC 正在互相融合，取长补短。随着一些 ASIC 制造商提供具有可编程逻辑的标准单元，FPGA 制造商重新对标准逻辑单元发生兴趣，多平台 FPGA 的发展使 FPGA 和 ASIC 出现相互融合，最终将终结 ASIC 时代。

4. 动态可重构 FPGA

动态可重构 FPGA 是指在一定条件下芯片不仅具有在系统重新配置电路功能的特性，而且还具有在系统动态重构电路逻辑的能力。动态可重构 FPGA 在器件编程结构上具有专门的特征，其内部逻辑块和内部连线的改变，可以通过读取不同的 SRAM 中的数据来直接实现这样的逻辑重构，时间往往在纳秒级，有助于 FPGA 系统逻辑功能的动态重构。

5. 向高速可预测延时方向发展

由于在一些高速处理的系统中，数据处理量的激增要求数字系统有大的数据吞吐速率；另外，为了保证高速系统的稳定性，延时也是十分重要的。用户在进行重构的同时，担心的是延时特性会不会因重新布线的改变而改变，如果改变，将会导致系统性能的不稳定性，这对庞大而高速的系统而言将是不可想象的，带来的损失也是巨大的。因此，为了适应未来复杂高速电子系统的要求，PLD 的高速可预测延时也是一个发展趋势。

6. 向数模混合可编程方向发展

迄今为止，PLD 的开发与应用的大部分工作都集中在数字逻辑电路上，在未来几年里，这一局面将会有所改变，模拟电路和数/模混合电路的可编程技术将得到发展。目前的技术 ISPPAC 可实现 3 种功能：信号调整、信号处理和信号转换。EPAC 芯片集中了各种模拟功能电路，如可编程增益放大器、可编程比较器、多路复用器、可编程 A/D 转换器、滤波器和跟踪保持放大器等。

7. 向多功能、嵌入式模块方向发展

现在，PLD 内已经广泛嵌入 RAM/ROM、FIFO 等存储器模块，这些嵌入式模块可以实现更快的无延时的运算与操作。以 FPGA 为物理载体、在单一的 FPGA 中实现包括嵌入式处理器系统、接口系统、硬件协处理器或加速器系统、DSP 系统、数字通信系统、存储电路以及普通数字系统更是成为目前电子技术中的研究热点。

8. 向 SOPC 方向发展

目前 FPGA 产品正以不同的方式进入系统级芯片（SOC）市场，尝试将标准产品的可靠性和低成本与 FPGA 的灵活性和上市时间优势结合起来。随着深亚纳米技术的发展，使 SOPC 的实现成为可能。Xilinx 和 Altera 都在为此努力，开发出适于系统集成的新器件和开发工具，这也将进一步促进 SOPC 的发展。

3.2　Quartus Ⅱ开发软件

目前，常见的 EDA 开发环境有 Altera 公司的 Maxplus Ⅱ、Maxplus Ⅱ Baseline、Maxplus Ⅱ E + MAX、Quartus Ⅱ以及 Quartus Ⅱ Web Edition，Xilinx 公司的 Foundation、ISE、WebFitter 以及 WebPack ISE，Lattice 公司的 ispDesign EXPERT 和 ispLEVER 等。集成 EDA 开发环境是由 CPLD/FPGA 芯片厂家提供的，可以完成所有设计输入、仿真、综合、布局布线、下载等工作。

Quartus Ⅱ是 Altera 公司在 Maxplus Ⅱ基础上推出的新一代强大的 CPLD/FPGA 开发软件。该软件是一个完全集成化、易学易用的可编程逻辑设计环境，支持各种 HDL 设计输入选项，如 VHDL、Verilog HDL 和 AHDL 等。Quartus Ⅱ系统的核心编译器 Compiler 支持 Altera 公司的 FLEX10K、FLEX6000、MAX9000、MAX3000、MAX7000、Cyclone、Cyclone Ⅱ、Cyclone Ⅲ、Stratix、Stratix Ⅱ、Stratix Ⅲ、Stratix GX 以及 Stratix Ⅱ GX 等可编程逻辑器件系列，提供了真正的与结构无关的可编程逻辑设计环境。

本节在介绍 Quartus Ⅱ软件特点及其基本开发流程的基础上，以半加器电路为例，在 Quartus Ⅱ 10.1 中，详细地对基于原理图输入方式和 Verilog HDL 语言输入方式的设计流程进行讲述。

3.2.1 Quartus Ⅱ的特点与主要开发流程

1. Quartus Ⅱ的特点

1）Quartus Ⅱ软件编译增强特性为高密度FPGA提供高效的增强型设计方法，通过LogicLock设计流程，设计人员可以针对独立的设计分区进行优化，对于没有改动的分区则保留其性能不变，从而提高时序逼近效率，将设计编译时间缩短了近70%。

2）Quartus Ⅱ软件含有SOPC Builder工具。SOPC Builder使设计者能够集中精力在用户逻辑设计上，无须手工完成系统集成任务，从而提升了系统性能。

3）Quartus Ⅱ软件可以进行预先的IO分配和确认操作，这样就可以在整个设计流程中尽早开始印制电路板的布线设计工作。设计人员可以在任何时间对引脚的分配进行修改和确认，无须再进行设计编译。软件还提供了各种分配编辑的功能，所有这些都简化了引脚分配的管理。

4）Quartus Ⅱ软件的PowerPlay技术可以使设计者对动态和静态功耗进行精确的分析和优化，PowerPlay功率分析功能产生详细的报告，指明哪种器件结构甚至是设计层次模块产生了最大的热量。

5）用户可以使用Quartus Ⅱ软件中提供的存储器编译器功能对Altera FPGA中的嵌入式存储器进行轻松管理。Quartus Ⅱ软件的4.0及其更新版本都增加了针对FIFO和RAM读操作的基于现有设置的波形动态生成功能。

6）除了CPLD和FPGA之外，Quartus Ⅱ软件还使用和FPGA设计相同的设计工具、IP和验证方式支持HardCopy结构化ASIC。首次允许设计者通过易用的FPGA设计软件来进行结构化的ASIC设计，并且能够对设计后的性能和功耗进行准确的估算。

7）用户可以使用命令或者Quartus Ⅱ软件中的图形用户界面独立运行Quartus Ⅱ软件中的综合、布局布线、时序分析以及编程等模块。除了提供Synopsys设计约束的脚本支持以外，Quartus Ⅱ软件还包括了易用的工具命令语言界面，允许用户使用该语言来创建和定制设计流程和满足用户的需求。

2. Quartus Ⅱ的基本开发流程

应用Quartus Ⅱ软件开发基于可编程逻辑器件的数字电路或系统的基本过程如下：

1）使用新项目工程创建（New Project Wizard）建立新工程并指定目标器件或者器件系列。

2）使用原理图编辑器（Block Editor）或者文本编辑器（Text Editor）建立流程图、原理图设计文件或者硬件描述语言文件。

3）使用资源分配编辑器（Assignment Editor）、参数设置选项（Settings）、底层编辑器（Floorplan Editor）、逻辑锁定器（LogicLock）功能指定初始设计的约束条件。

4）使用片上可编程系统构建平台（SOPC Builder）或者数字信号处理器构建平台（DSP Builder）建立系统级设计。

5）使用软件构建平台为器件处理内核或者嵌入式处理内核建立控制软件的编程文件。

6）使用分析综合工具（Analysis & Synthesis）对设计文件进行分析综合。

7）使用仿真工具（Simulation Tool）对设计文件进行功能仿真或者时序仿真。

8）使用编译工具（Compiler Tool）对设计文件进行分析综合（Analysis & Synthesis）、

物理层适配（Fitter）、布局布线优化组合（Assembler），底层信号传输时间分析（Timing Analyzer），并产生下载编程文件。

9）使用编程器（Programmer）下载设计文件对器件进行编程，或者将编程文件转换为其他文件格式供嵌入式处理器等其他系统使用。

对一般的数字电路或者系统设计而言，Quartus Ⅱ软件的基本开发流程如图3.2所示。如果FPGA或者CPLD安装在用户系统或者开发装置上，在项目编译前必须设计引脚分配，否则可由Quartus Ⅱ软件任意分配输入、输出引脚。

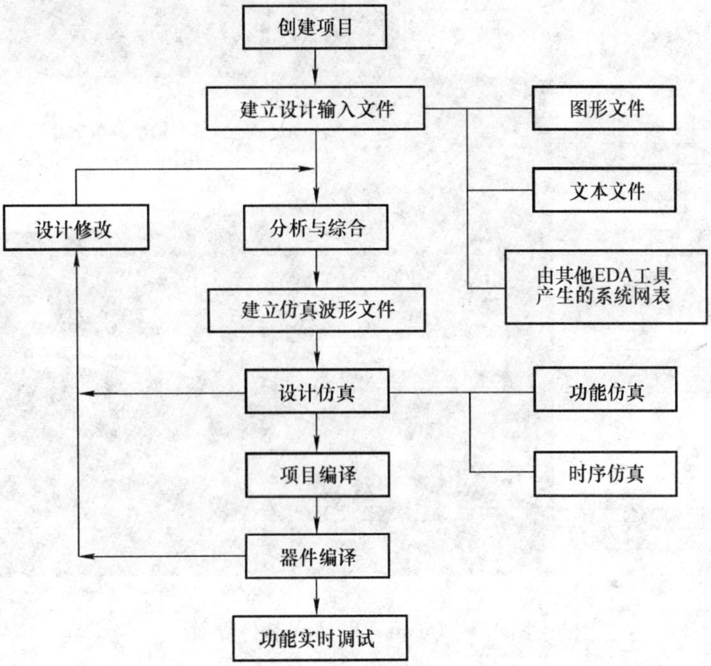

图3.2 Quartus Ⅱ软件的基本开发流程

3.2.2 Quartus Ⅱ设计文件的输入与编译

Quartus Ⅱ开发软件的设计工具支持包括原理图设计文件、硬件描述语言（如VHDL语言、Verilog HDL语言等）设计文件的输入方式。另外，Quartus Ⅱ软件也可以利用第三方软件的结果，并支持第三方软件的工作。设计人员可以采用原理图、VHDL语言或者Verilog HDL语言等文件，来描述用户的设计意图，实现电子系统的设计。

1. 设计项目的建立

任何一项设计都是一项工程（Project），都必须首先为工程建立一个放置与此工程相关的所有设计文件的文件夹。一般情况下，不同的设计项目最好放在不同的文件夹中，而同一工程的所有文件都必须放在同一文件夹中。另外，应特别注意，不要将工程文件夹设在计算机已有的安装目录中，也不要建立在计算机的“桌面”上，更不要将其直接放在安装目录中。建立文件夹后，就可以将设计文件采用Quartus Ⅱ软件的相关设计方式编辑了。

具体步骤如下：

1）在 E 盘下，建立一个名为“half _ add”的文件夹，本例中所有文件都存在此文件夹中。

注意：文件夹名不能用中文，最好也不用数字。

2）启动 Quartus Ⅱ 10.1 软件，进入如图 3.3 所示的 Quartus Ⅱ 10.1 软件界面。

图 3.3　Quartus Ⅱ 10.1 软件界面

3）在 Quartus Ⅱ软件界面，用户可以根据需要选择“Create a New Project (New Project Wizard)”或者“Open Existing Project”。这里选择“Create a New Project (New Project Wizard)”，出现如图 3.4 所示的新工程向导界面。如果我们选择菜单 File/New Project Wizard，也可得到图 3.4 所示的界面。

4）在新工程向导中单击“Next”按钮，打开 New Project Wizard 对话框，如图 3.5 所示。

5）其中，第一个文本行中输入工程文件将被存储的文件夹名称，或者使用其右侧的浏览按钮找到这个文件夹；在第二个文本行中，输入此项工程的名称“half _ add”（工程名可以任意取，也可直接用顶层文件的实体名作为工程名，此处就是按照这种方式取的）；第三个文本行是当前工程顶层文件的实体名，这里为“half _ add”。

建议文件夹和顶层文件选择相同的名称。

6）在 New Project Wizard 对话框中单击“Next”按钮，打开 Add Files 对话框，如图 3.6 所示。可以单击“Add”按钮添加设计输入文件，如果工程中用到用户自定义的库，则需要单击“User Libraries”按钮，添加相应的库文件。这里，直接单击“Next”按钮进入目标芯片选择对话框，如图 3.7 所示。

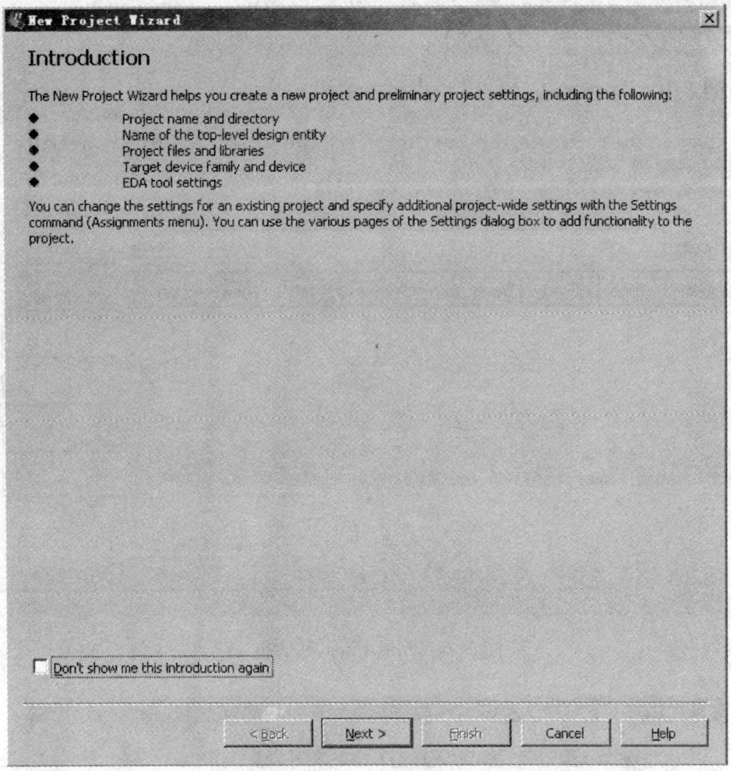

图 3.4　新工程向导

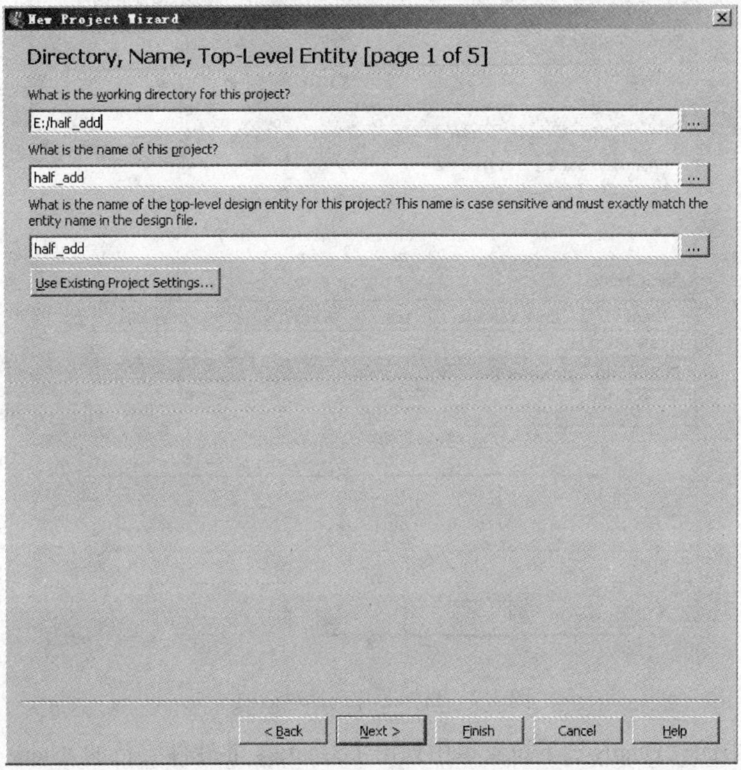

图 3.5　New Project Wizard 对话框

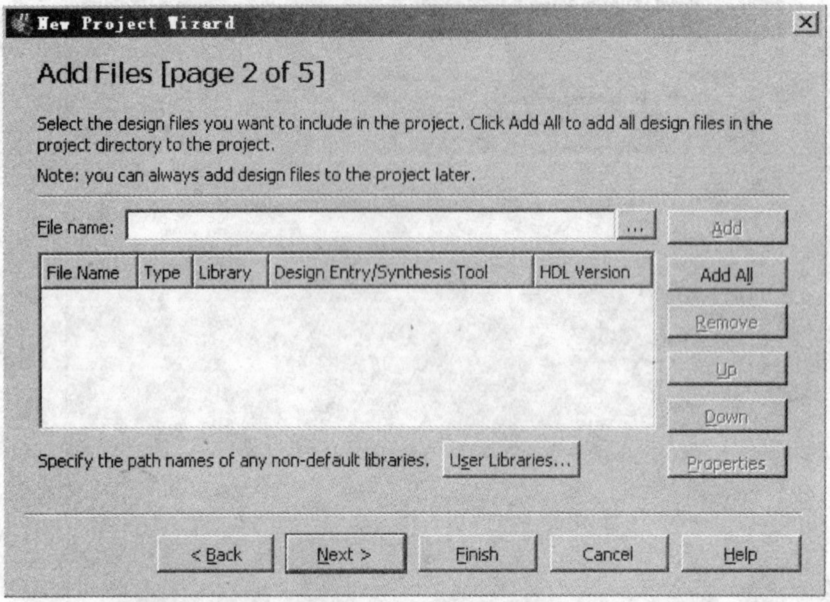

图 3.6　Add Files 对话框

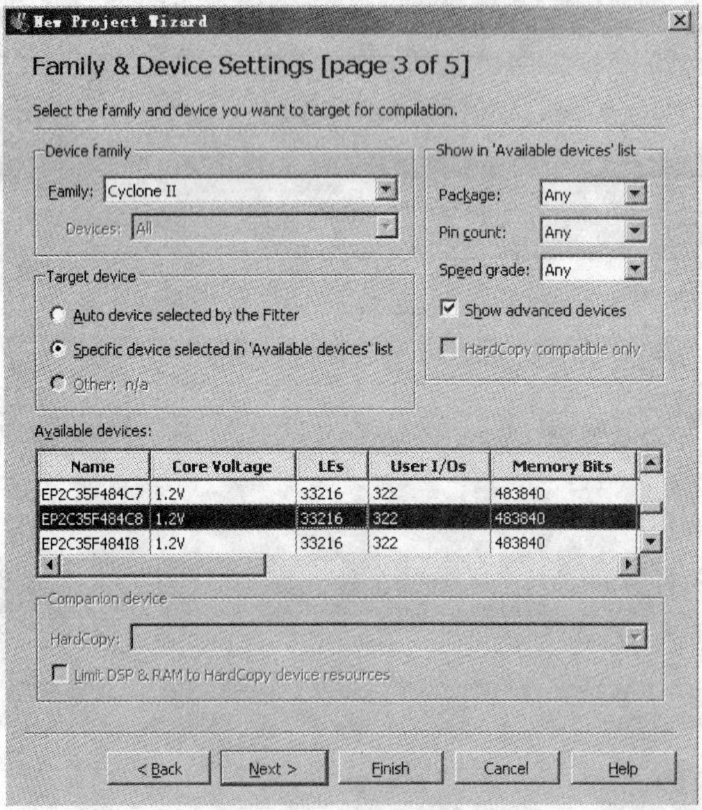

图 3.7　目标芯片选择对话框

7）图 3.7 中的“Family”下拉菜单中列出了 Quartus Ⅱ软件支持的 Altera 公司所有的可编程逻辑器件系列，这里选择“Cyclone Ⅱ”系列。

完成可编程逻辑器件系列的选择后，在“Available device”栏中选择具体目标芯片型号，这里选择“EP2C35F484C8”。

完成目标芯片选择后，单击“Next”按钮进入 EDA 工具选择对话框，如图 3.8 所示。在该对话框中可以选择其他 EDA 工具。

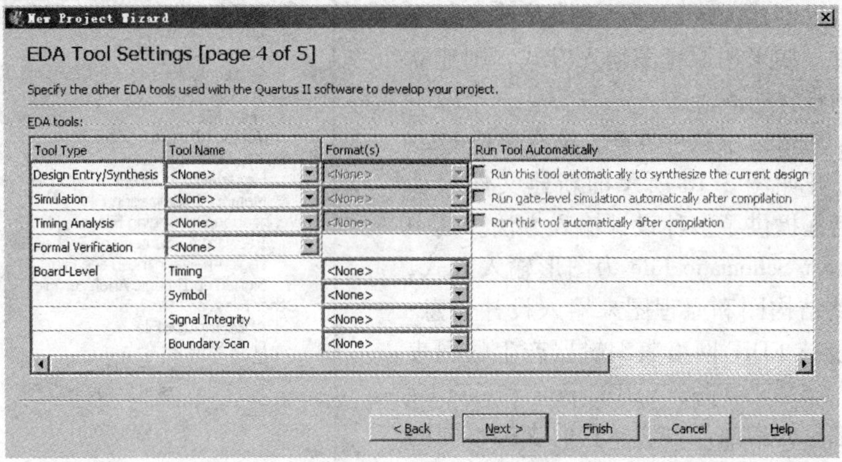

图 3.8　EDA 工具选择对话框

8）这里采用默认的选择“None”，对该对话框不做变更，表示使用 Quartus Ⅱ软件自带的综合器、仿真器等 EDA 工具。

单击“Next”按钮将出现新工程设置信息总结框，如图 3.9 所示。检查参数设置无误

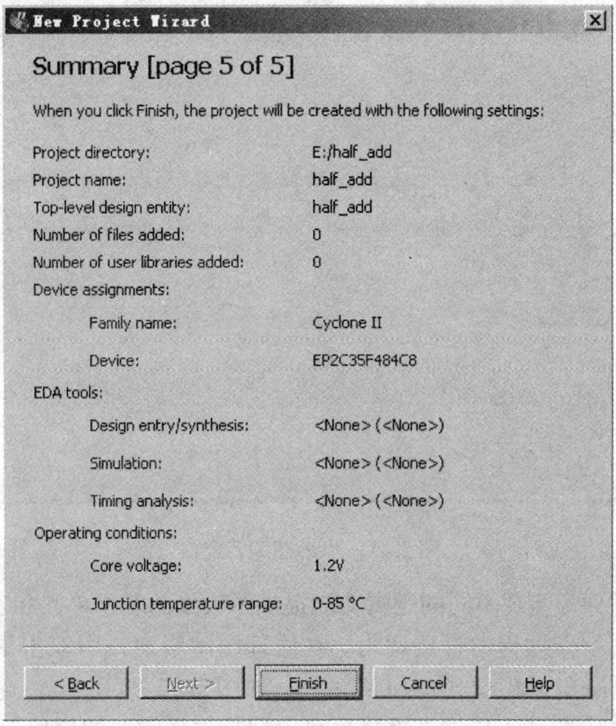

图 3.9　新工程设置信息总结框

后，单击“Finish”按钮完成工程的创建，若有误，可以单击“Back”按钮返回，并重新设置。

2. 原理图设计文件的建立

设计项目创建完成后，下一步是建立相应的设计文件。如采用原理图输入方式，则建立设计文件的步骤如下：

1）在 Quartus Ⅱ软件界面，选择菜单 File/New，则打开如图 3.10 所示的新建文件对话框。该对话框提供了多种设计输入方法。其中 Block Diagram/Schematic File 为图形输入方式，它利用电路结构图和原理图来输入设计信息；EDIF File 支持 EDIF 网络表编辑器产生的网表文件输入；AHDL File、VHDL File 和 Verilog HDL File 都是文本输入方法，它们支持不同的硬件描述语言。

2）选择 Block Diagram/Schematic File，单击“OK”按钮后打开原理图编辑窗口，如图 3.11 所示。

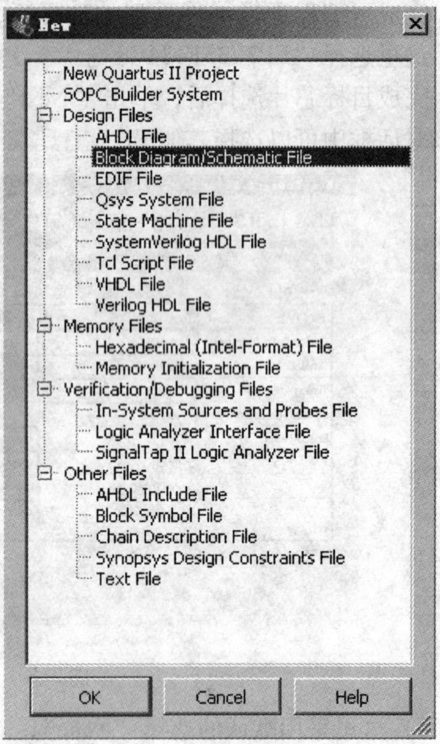

图 3.10 新建文件对话框

图 3.11 原理图编辑窗口

3）Quartus Ⅱ软件为实现不同的逻辑功能提供了大量的基本单元和宏单元功能模块，这些模块可以在原理图编译过程中直接调用。在原理图编辑窗口中双击鼠标或者单击鼠标右键，选择 Insert/Symbol 打开出现 Symbol 对话框，如图 3.12 所示。

Symbol 对话框左上角的 Libraries 选择框可以用来选择需要的模块。Quartus Ⅱ软件提供

图3.12　Symbol 对话框

的模块库包括“megafunctions”、“others” 和 “primitives” 等3种类型（双击 Libraries 选择框中的 C：/altera/10.1/quartus/labraries 即可显示这3种类型）。

其中，兆功能函数（megafunctions）库中包括很多参数可调整的模块，如累加器、加法器等算术运算模块；时钟数据恢复（CDR）、锁相环（PLL）等输入输出模块；FIFO、ROM、RAM 等存储器模块。在这里可设置调用模块的参数。

其他（others）库中包括各系列标准逻辑器件。

基本单元（primitives）库中包括逻辑门、触发器以及输入输出引脚。

Name 文本框可以用来直接输入需要使用的模块名称。无论利用 Libraries 选择框选定模块还是利用 Name 文本框指定模块，一点完成，在右侧窗口中都将出现该模块的符号，单击“OK”按钮，这个模块就会出现在原理图编辑窗口中。

4）半加器的设计需要用到一个与门和一个异或门。选择 primitives/logic，and2 即为需要添加的2输入与门，单击“OK”按钮添加成功。同理添加异或门 Xor。选择 primitives/pin 添加输入输出端口。

5）在输入、输出端口上双击 PIN _ NAME，将端口名分别改为：A、B、CO 和 S。

6）将鼠标移动到器件的端上就变为小十字，拖动鼠标即可连线。绘制好的半加器的原理图如图3.13所示。

3. Verilog HDL 语言设计文件的建立

如采用 Verilog HDL 语言输入方式，则建立设计文件的步骤如下：

1）在图3.10所示的新建文件对话框中，选择 Verilog HDL File，单击“OK”按钮后打开文本编辑窗口。

2）在文本编辑窗口中输入如下的 Verilog HDL 程序，该程序完成一个半加器的功能。

```
module half _ add (A, B, S, CO);
input A, B;
output S, CO;
assign S = ~(A^B);
assign CO = ~(A * B);
endmodule
```

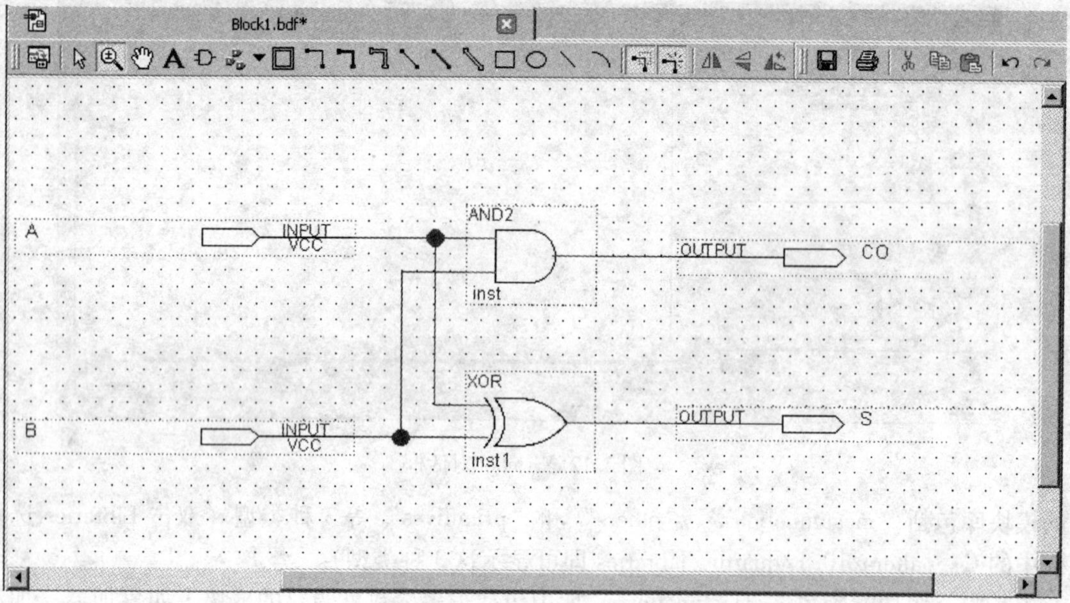

图 3.13　半加器的原理图

其中“A”和“B”表示半加器的输入，“S”和“CO”分别表示半加器的和与进位。输入 Verilog HDL 程序之后的文本编辑窗口如图 3.14 所示。

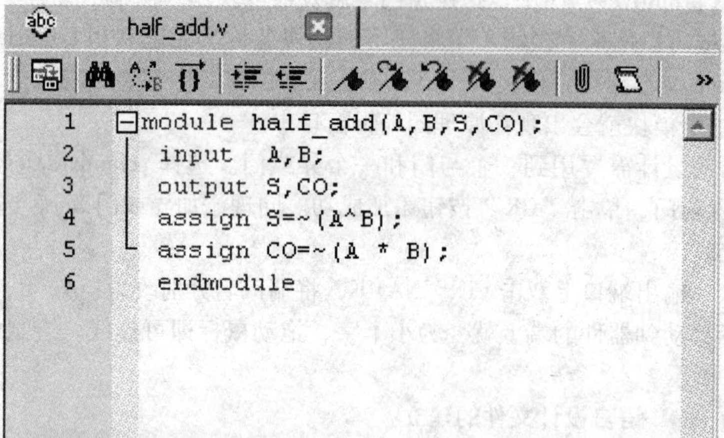

图 3.14　输入 Verilog HDL 程序之后的文本编辑窗口

4. 输入文件的编译

1）设计完原理图或 Verilog HDL 语言输入文件后，选择菜单 File/Save As，可以完成第一次存储，输入的文件命名为“half _ add”，其中原理图文件的扩展名为“. bdf”，Verilog HDL 语言文件的扩展名为“. v”（如果采用 Verilog HDL 语言输入方式，则此处的文件名应与程序中提到的文件名称保持一致），输入文件仍然要保存在 E 盘下的“half _ add”文件夹中。

2）Quartus Ⅱ的编译器包括多个独立的模块，各个模块可以单独运行，也可以启动全编译过程。选择菜单 Processing/Start Compilation，或者直接单击工具栏上的▶图标，可启动全编译过程。全编译启动后，Quartus Ⅱ软件工作窗口左边的窗口将显示编译的进度，如图 3.15 所示。

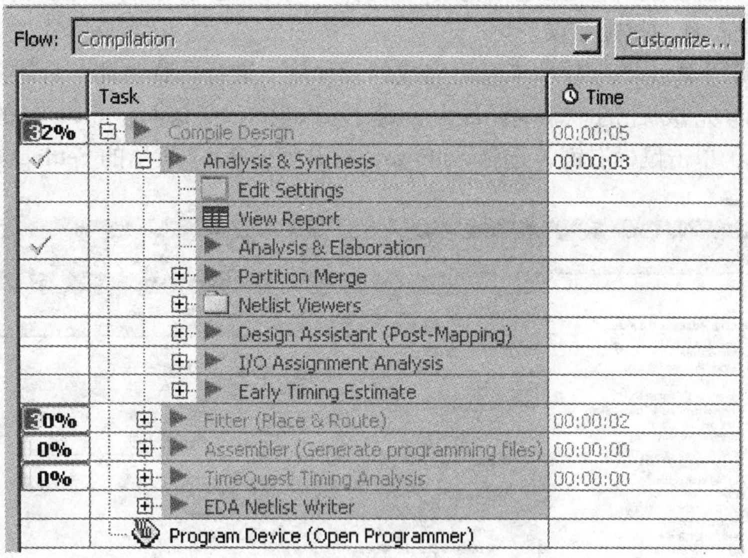

图 3.15　编译进度显示

软件界面下边的信息窗口在编译的过程中将不断显示编译信息。编译结束后，窗口将显示编译是否成功，是否有错误信息，是否有警告信息。如果有错误，编译将不会成功，对于初学者，警告信息目前可不用关注，它对后面过程的影响不大。

如图 3.16 所示，编译报告显示了系统占用所使用器件的资源情况，如逻辑单元数目、引脚及其存储器资源等。

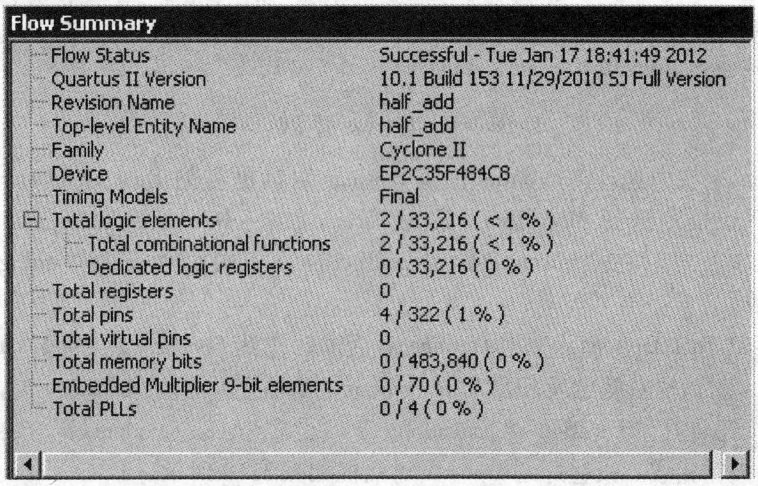

图 3.16　编译报告窗口

3.2.3 Quartus Ⅱ设计项目的仿真

完成了设计文件的输入和编译，还需要利用仿真工具对设计进行仿真。因为编译过程只检查了设计是否具有规则错误和所选择器件的资源是否满足设计要求，并没有检查涉及要求的逻辑功能是否能满足。仿真的过程就是让计算机根据一定的算法和一定的仿真库对设计进行模拟，来验证设计和排除错误。

这里我们调用 ModelSim 软件来对已完成的设计输入进行仿真验证，具体步骤如下：

1）在编译完成后的软件界面上，选择 Project Navigator 窗口中的 Cyclone Ⅱ：EP2C35F484C8，单击鼠标右键，选择 Settings，打开如图 3.17 所示的 Settings 对话框。

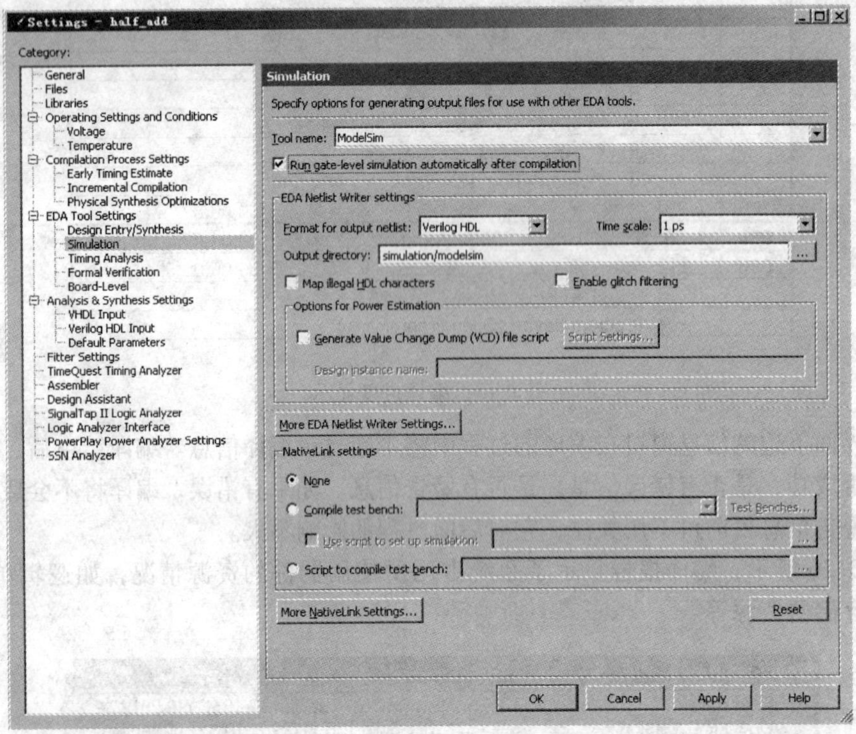

图 3.17 Settings 对话框

2）在 Category 栏中选择 Simulation，则 Settings 对话框右侧出现 Simulation 栏，在其中“Tool name”下拉框中选择 ModelSim，选中“Run gate - level simulation automatically after compilation”选项，之后在“Format for output netlist”下拉框中选择 Verilog HDL，单击“OK”按钮完成。

3）选择菜单 Tool/Options，弹出 Options 对话框。在其 Category 栏中选择 EDA Tool Options，则 Options 对话框右侧出现 EDA Tool Options 栏，在其中“ModelSim”设置项中，通过其右侧的浏览按钮将其“Location of Executable”项设定为 C：/modeltech _ 6.5a/win32，之后单击“OK”按钮完成。设置好的 Options 对话框如图 3.18 所示。

4）选择菜单 Tool/Run EDA Simulation Tool/EDA RTL Simulation，进入 ModelSim 6.5 软件，如图 3.19 所示。

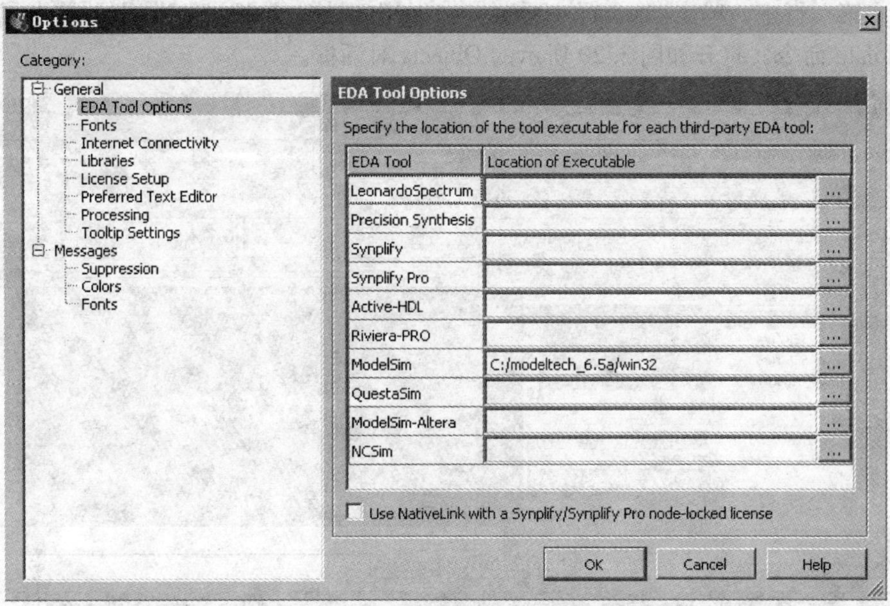

图 3.18　Options 对话框

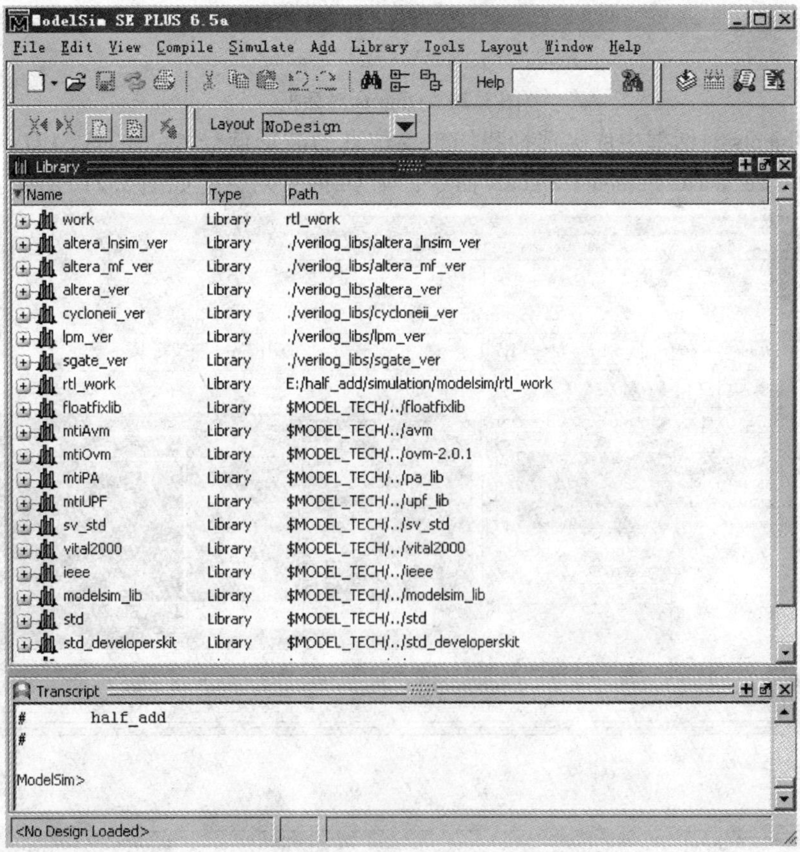

图 3.19　ModelSim 6.5 软件

5）在第一行中，单击“work”左侧的⊞，在出现的“half _ add”上，单击鼠标右键，选择 Simulate 命令，打开如图 3.20 所示的 Objects 对话框。

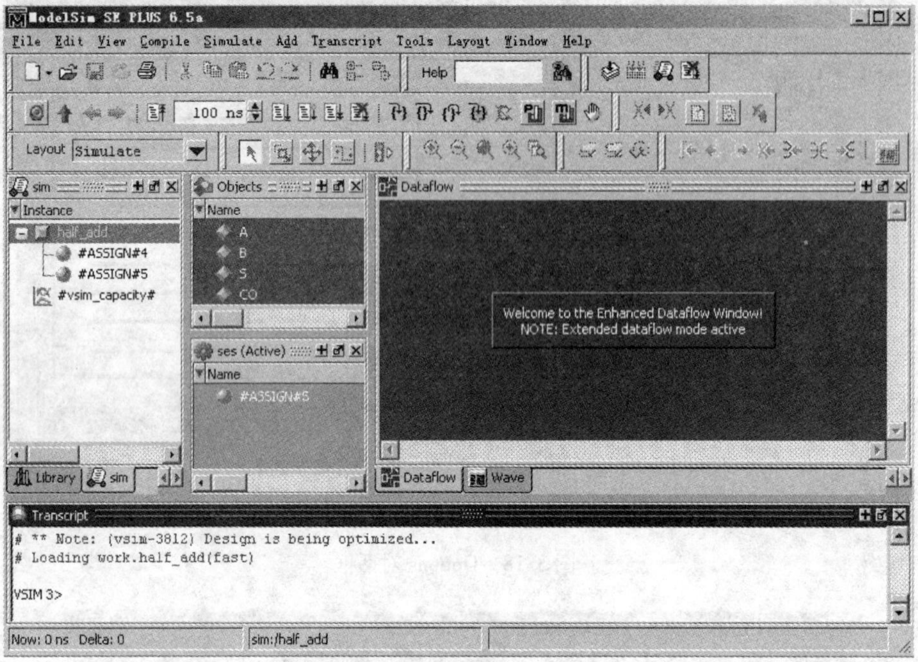

图 3.20　Objects 对话框

6）在 Objects 对话框中依次选择我们想要仿真的波形信号 A、B、S、CO，单击鼠标右键，选择 Add/To Wave/Selected Signals 命令，则 Objects 对话框如图 3.21 所示。

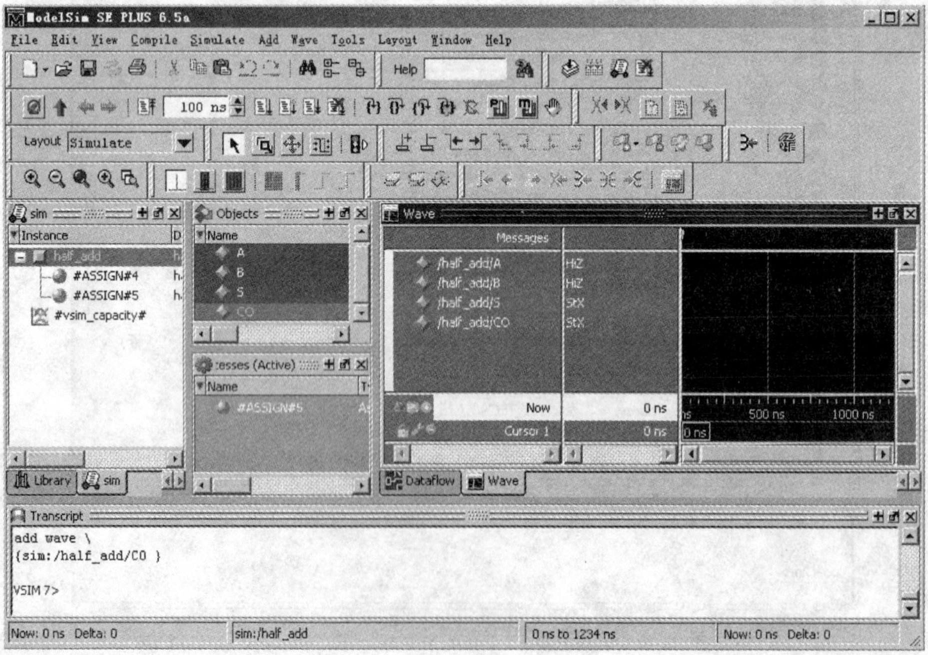

图 3.21　添加特定信号后的 Objects 对话框

7）接下来在 Objects 对话框下边的命令窗口中用计算机键盘进行以下操作：

① 键入“force A 0”按“Enter”键，键入“force B 0”按“Enter”键，键入“run 500ns”按“Enter”键。

② 键入“force A 1”按“Enter”键，键入“force B 0”按“Enter”键，键入“run 500ns”按“Enter”键。

③ 键入“force A 0”按“Enter”键，键入“force B 1”按“Enter”键，键入“run 500ns”按“Enter”键。

④ 键入“force A 1”按“Enter”键，键入“force B 1”按“Enter”键，键入“run 500ns”按“Enter”键。

8）半加器的仿真运行结果如图 3.22 所示。

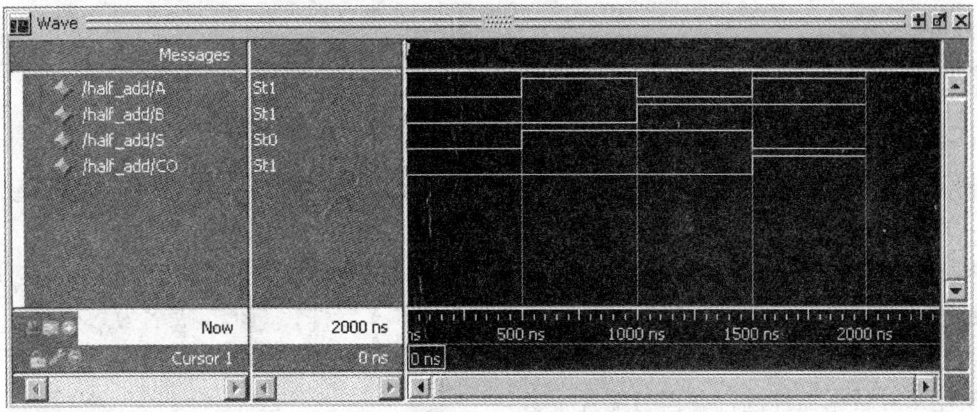

图 3.22　半加器的仿真运行结果

3.2.4　Quartus Ⅱ设计项目的引脚分配与程序下载

设计好文件并完成项目校验后，要按照设计内容对可编程逻辑器件进行编程。这里我们采用 JTAG 接口进行程序下载。

1. 引脚分配

为器件的输入和输出引脚指定具体的引脚号码，称为引脚分配。可编程逻辑器件必须与其他器件共同完成设计的系统功能，而通常放置可编程逻辑器件和其他相关器件的电路板上的连线是固定的，因此需要指定可编程逻辑器件的一些引脚与设计实体的输入和输出端口相对应。

分配可编程逻辑器件的引脚可选择菜单 Assignments/Pin Planner，或单击图标，打开引脚分配对话框。注意，在进行引脚分配之前要完成设计的编译，这样引脚的名称已经在引脚分配对话框中存在，从而可以方便引脚的分配。

在引脚分配对话框中的“Location”列中双击鼠标左键，选择需要的引脚号码，即可完成引脚的配置。配置完成的引脚分配对话框如图 3.23 所示，其中 PIN _ F10 对应扩展板的 SW1、PIN _ D11 对应扩展板的 SW2、PIN _ AA12 对应 LED1、PIN _ AB13 对应 LED2（详细的引脚对应关系参见附录 B）。

2. 重新编译设计项目

退出引脚分配对话框，系统将自动完成引脚分配信息的存储。在完成引脚分配后，必须

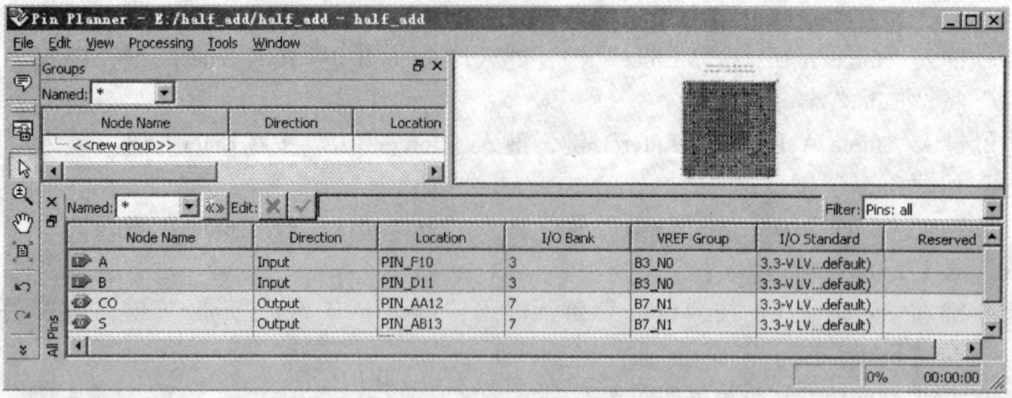

图 3.23　引脚分配对话框

再一次对设计进行编译，才能将引脚分配信息编译进编程下载文件中，此后就可以将生成的下载文件下载到目标器件中。

3. 器件配置

基于可编程逻辑器件的数字系统开发过程包括设计输入、编译、仿真和向器件下载等步骤。一旦器件获得合适的设计文件，这个器件就具有了相应的逻辑功能。

利用 Quartus Ⅱ软件可以完成设计的输入、编译，利用该软件也可以实现可编程逻辑器件的编程和配置。在完成设计的编译后，如果选择 FPGA 器件，一个扩展名为 . sof 和一个扩展名为 . pof 的文件将自动生成。这两个文件的名称同输入文件的名称相同，它们通过下载电缆被用来对目标器件进行编程与配置。

在 Quartus Ⅱ软件窗口中，选择菜单 Tool/Programmer 或单击图标，打开编程、配置器窗口，如图 3.24 所示。

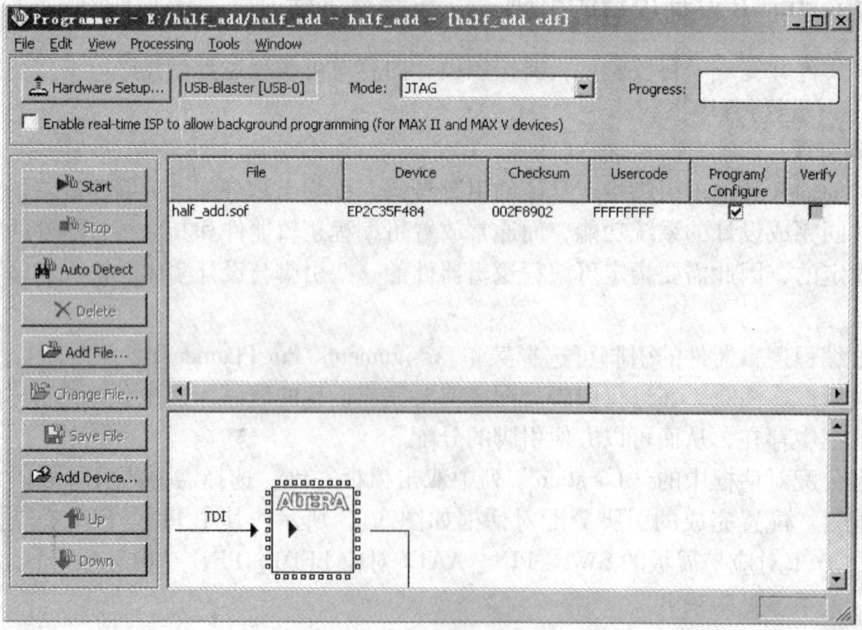

图 3.24　编程、配置器窗口

编程、配置器窗口用来设计准备使用的计算机输出端口、下载电缆类型、可编程逻辑器件的编程与配置模式以及下载的具体文件。在编程、配置过程中，Progress 显示栏将显示工作进度。

单击“Hardware Setup”按钮打开 Hardware Setup 对话框，如图 3. 25 所示。在“Currently selected hardware”下拉框中选择 USB – Blaster，在图 3. 24 中可见，完成后关闭该窗口。

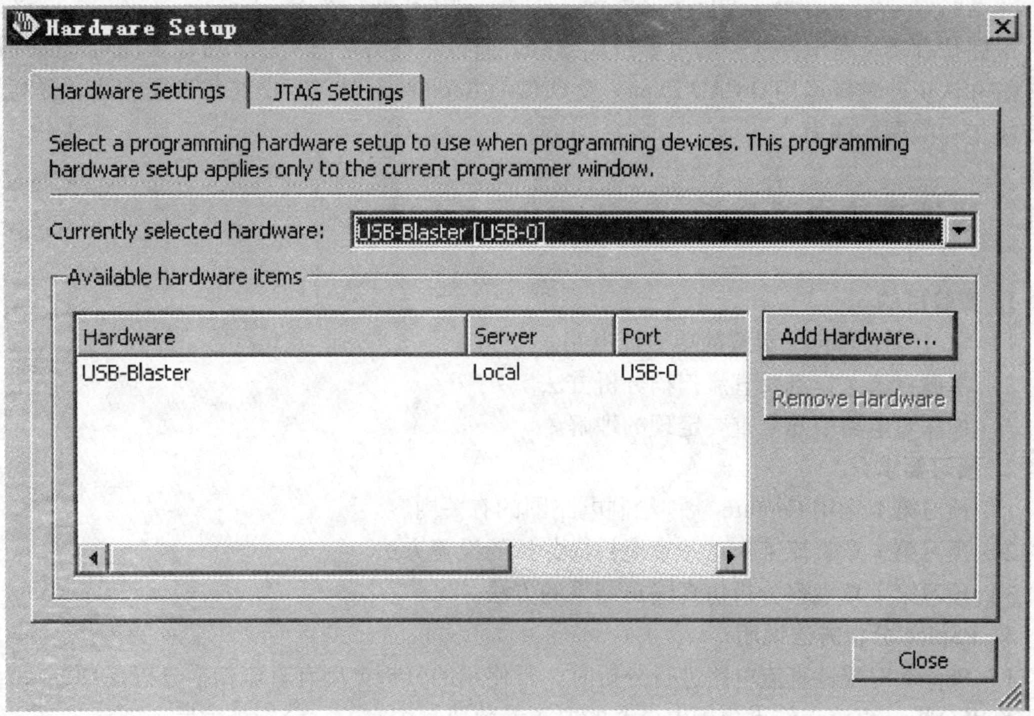

图 3. 25　Hardware Setup 对话框

在原来的编程、配置窗口中，利用“Mode”下拉列表框选择配置模式，当前选择为 JTAG 模式。在 JTAG 模式下，对器件进行配置前，“Program/Configure”复选框必须被选中。上述工作完成以后，单击“Start”按钮可以开始编程与配置工作。编程、配置器的工作状态可以保存，这个文件的扩展名为 . cdf。

至此，Quartus Ⅱ软件完成了设计输入、编译和向器件下载的任务。

第 4 章　电路仿真实验

电路仿真实验是电路实验的重要组成部分。通过本章的学习实践，旨在加深对电路理论的理解和认识，掌握运用 OrCAD PSpice 及 OrCAD Capture 软件进行电路仿真的方法，提高学生解决工程问题的能力。

4.1　线性直流电路分析

1. 实验目的

1）学习运用 PSpice 求解简单直流电路。

2）掌握直流工作点及直流扫描分析方法。

3）加深对电路中几个重要定理的理解。

2. 预习要求

1）预习第 1 章用 Capture 软件绘制电路图的有关内容。

2）预习第 1 章直流工作点及直流扫描分析的设置方法。

3）预习第 1 章观察分析仿真输出结果的方法。

3. PSpice 分析方法说明

1）PSpice 对线性直流电路进行分析时，常使用的分析类型有直流扫描分析（DC）和直流工作点分析。直流工作点分析中电路的电源参数值是固定的，分析结束后，PSpice 会自动显示节点电压、支路电流和功率的数据形式输出结果，没有波形输出。DC 分析时，电源可在一定范围内按扫描变量的变化规律进行变化，这种分析方法为后续的电路设计工作提供了有效的手段；为了得到节点电压或支路电流数据形式输出结果，还必须在该节点或支路上放置输出标志符，否则只有波形输出，实验中应特别注意。

2）实验中如何正确解读电压和电流的方向是分析 DC 仿真结果的关键。PSpice 可根据输入的电路图为元件自动设定电压和电流的参考方向，此部分可预习第 1 章中输出变量列表的有关知识。例如，电阻元件 R 电流参考方向规定是从 1 号引脚流进，2 号引脚流出。电阻元件引脚定义为初始水平位置的电阻左侧引脚号称为“1”，右侧引脚号为“2”。所以，若电流通过引脚 2 流入 R，则 $I(R)$ 就是负值。放置输出标志符时也应注意标志符上面的方向。

3）如果需要分析电路中某一电阻或其他参数值变化对电路特性的影响，往往将此参数设置为 Global 参数即通用参数，然后再进行 DC 分析。实验中测量直流电路的最大输出功率时，即可运用此方法得到功率随扫描变量的变化曲线，然后从曲线上求出最大功率值。

4. 实例解析

例 1：电路如图 4.1 所示，其中 $R_1=5\Omega$，$R_2=20\Omega$，$R_3=10\Omega$，$U_S=3V$，$I_S=0.5A$，$g=0.05$，试求：各节点电压、各支路电流和电阻消耗的功率。

仿真步骤：

1）绘制电路图

① 按开始按钮，选择“所有程序/OrCAD 15.7 Demo”，单击“OrCAD Capture CIS Demo”，或在桌面双击图标，进入 Capture 电路图编辑界面。

② 在 ANALOG 库中提取电阻 R、G_1，在 SOURCE 库中提取 IDC、VDC。

③ 连线，放置节点符号、接地符号。

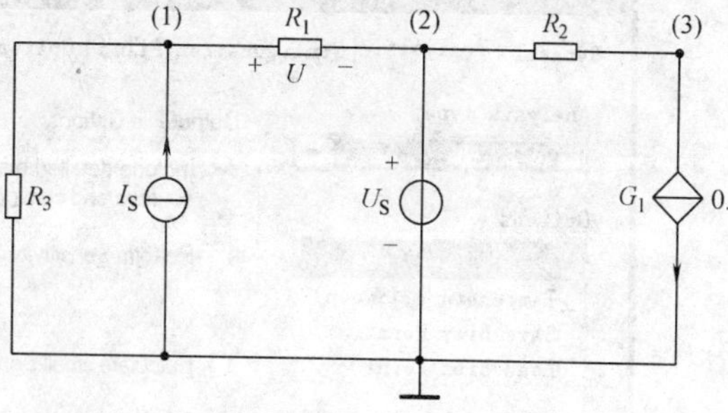

图 4.1　例 1 电路图

④ 按图 4.1 设置电阻和电源参数。其中受控源的属性编辑框设置如图 4.2 所示。

		PSpiceOnly	Reference	BiasValue Power	GAIN	Location X-Coordinate
1	⊞ SCHEMATIC1 : PAGE1 : G1	TRUE	G1	77.78mW	0.05	440

图 4.2　受控源的属性编辑框设置

以上各项完成后，得到图 4.3 所示的 PSpice 仿真电路图。保存电路图。

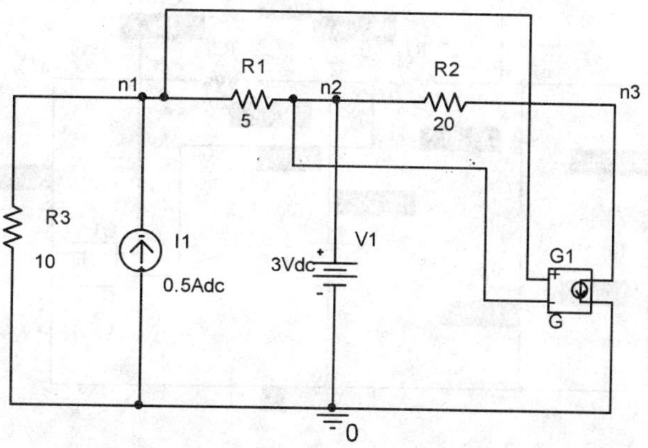

图 4.3　例 1 仿真电路图

2）设置电路特性分析类型及参数：选择 PSpice/New Simulation Profile（或单击工具按钮），在 New Simulation 对话框中键入项目名称，按“Create”按钮，进入直流工作点分析参数设置框，其设置如图 4.4 所示。设置完毕，单击“确定”按钮。

3）运行 PSpice 程序进行电路仿真：选择 PSpice/Run（或单击工具按钮 ▶），调用 PSpice A/D 对该电路进行仿真计算。此时，若电路出现错误，将在 Probe 窗口中的仿真过程信息显示窗口给出错误信息，需修改正确后，再重新运行。

4）电路仿真分析结果的输出：仿真分析结束后，关闭 PSpice A/D 窗口，在 Capture 绘图界面依次单击工具按钮 **V**、**I**、**W**，则电路图上相应位置依次显示节点电压、支路电流及各电阻上的功率损耗，如图 4.5 所示。

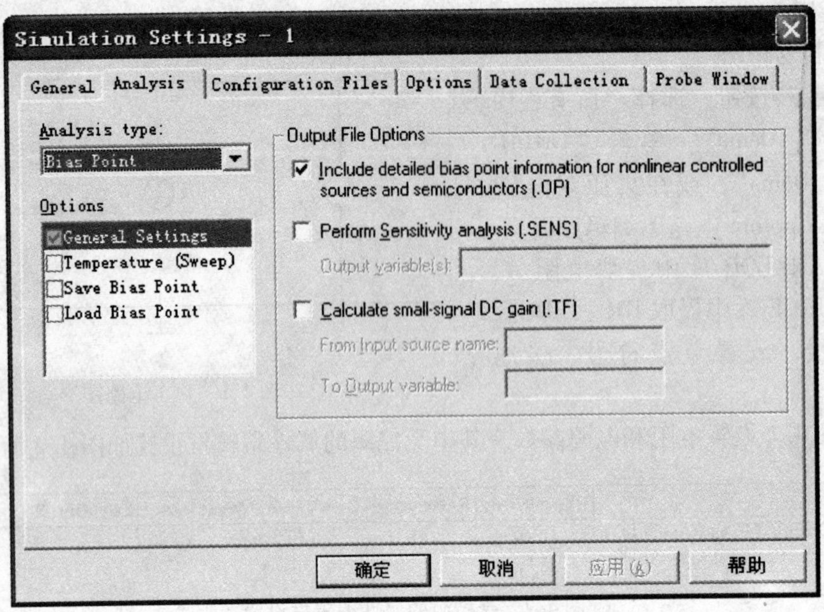

图 4.4　直流工作点分析参数设置

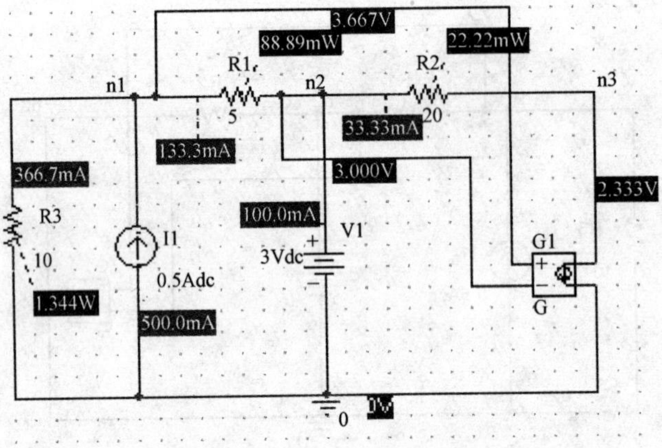

图 4.5　例 1 仿真结果

例 2：电路如图 4.1 所示，直流电流源 I_S 由 1A 连续变化到 3A 时，计算节点电压 U_{n1}、U_{n3}。

仿真步骤：

1）绘制电路图：重新回到例 1 的 Capture 绘图界面，在 SPECIAL 库中提取输出标志符 VPRINT1，分别放置在图 4.3 的节点 n1、n3 上，如图 4.6 所示。双击该标志符，在属性编辑对话框的 DC 栏中键入“Y”，如图 4.7 所示，表示仿真结束后输出 DC 分析的数据形式仿真结果。

2）设置电路特性分析类型及参数：选择 PSpice/Edit Simulation Profile（或单击工具按钮 ），进入分析类型参数设置框。Analysis type 选择“DC Sweep”，并选 Sweep variable 为

"Current source"，Name 键入"I1"，Sweep type 选中"Linear"，在 Start 栏中键入"1"、End 栏中键入"3"、Increment 栏键入"1"，如图 4.8 所示。设置完毕，单击"确定"按钮。

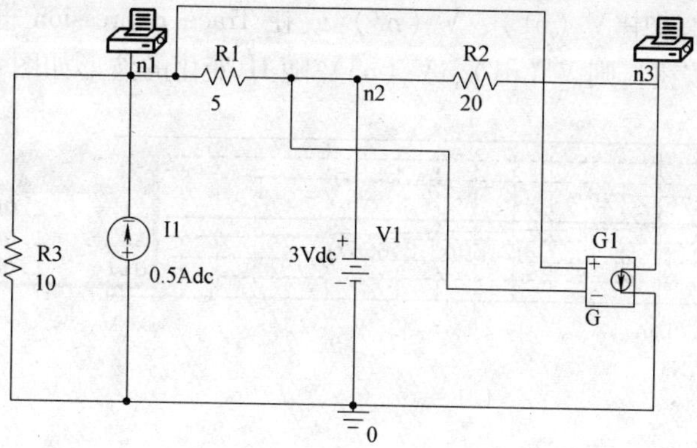

图 4.6 例 2 仿真电路图

		PSpiceOnly	Reference	Value	AC	DC	IMAG	MAG	PHASE
1	⊞ SCHEMATIC1 : PAGE1 : PRINT1	TRUE	PRINT1	VPRINT1		y			

图 4.7 例 2 VRINT1 属性编辑对话框

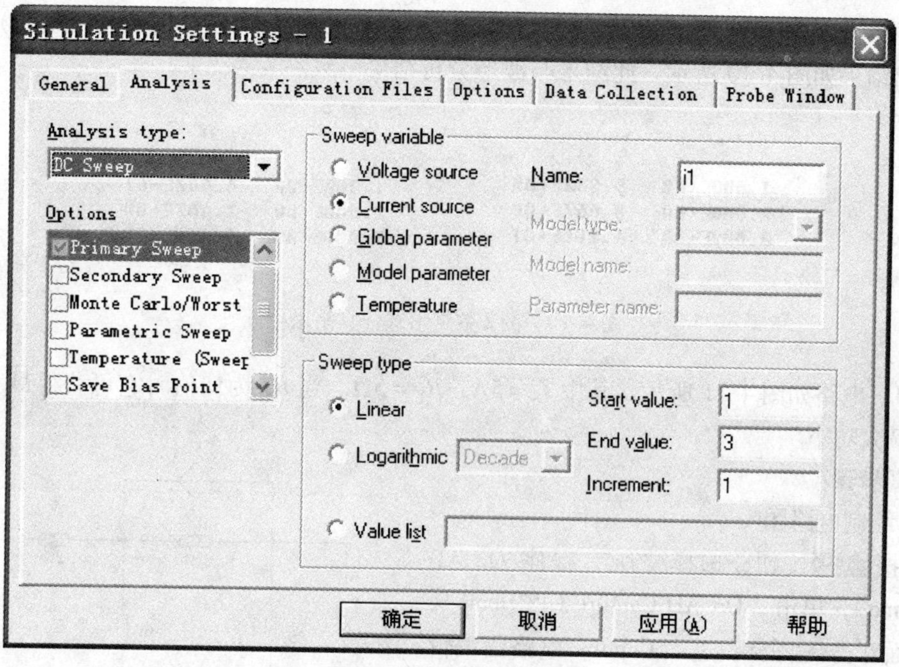

图 4.8 DC 分析参数设置

3）运行 PSpice 程序进行电路仿真：选择 PSpice/Run（或单击工具按钮 ▶），调用 PSpice A/D 对该电路进行仿真计算。

4）电路仿真分析结果的输出：DC 仿真结果可采用两种方式观察和分析。

① 波形输出方式：仿真计算完成后，PSpice 会自动调用图形后处理程序 Probe，显示输出结果。在 Probe 窗口执行 Trace/Add Trace（或点击工具按钮），在输出变量列表 Add Trace 对话框中，依次选中 V（n1）、V（n3）或在 Trace Expression 框中键入 V（n1）、V（n3），单击“OK”按钮，则 V（n1）、V（n3）随 I1 变化的波形如图 4.9 所示。

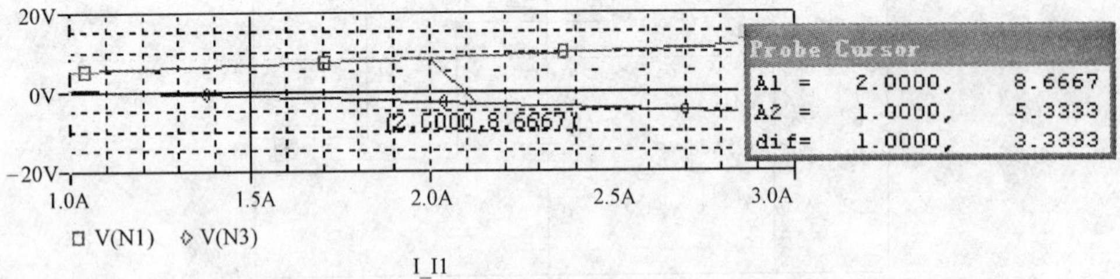

图 4.9 V（n1）、V（n3）波形

选中 V（n1），单击工具按钮（启动标尺），可观察波形各点坐标值（坐标数值在图形右下方 Probe Cursor 窗口显示），这样即可从波形上求出不同电流 I_1 对应的节点电压 V（n1）值，同理可求出 V（n3）的仿真分析结果。利用工具按钮还可在波形上标示坐标数据。图 4.9 中所标数据为 $I_1=2.0\text{A}$ 时，V（n1）=8.6667V。

② 数据形式输出结果：在 Probe 窗口执行 View/Output File（或单击工具按钮），数据形式输出结果如图 4.10 所示，此结果与波形分析结果一致。

I_I1	V(n1)	I_I1	V(n3)
1.000E+00	5.333E+00	1.000E+00	6.667E-01
2.000E+00	8.667E+00	2.000E+00	-2.667E+00
3.000E+00	1.200E+01	3.000E+00	-6.000E+00

图 4.10 例 2 数据形式仿真结果

例 3：电路如图 4.11 所示，其中 $I_S=5\text{A}$，$R_L=5\Omega$。当 R_L 为何值时它可获得最大功率，并求此最大功率。

仿真步骤：

1）绘制电路图

① 按开始按钮，选择“所有程序/OrCAD 15.7 Demo”，单击“OrCAD Capture CIS Demo”，或在桌面双击图标，进入 Capture 电路图编辑界面。

② 在 ANALOG 库中提取 R、E_1，在 SOURCE 库中提取 IDC。

③ 连线，放置节点符号、接地符号。

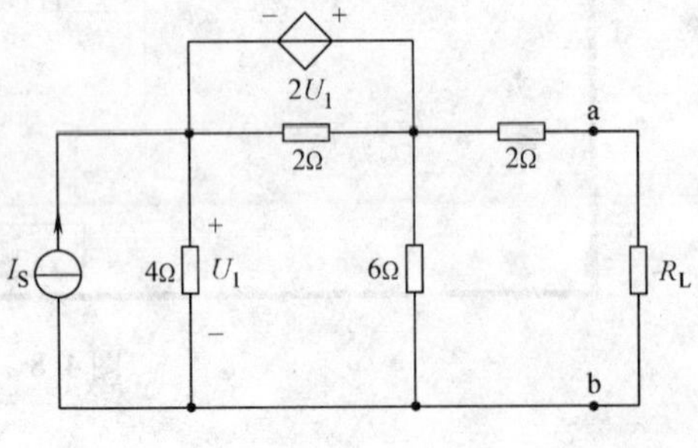

图 4.11 例 3 电路图

④ 设置电阻和电源参数。其中，因要使 R_L 为可调变量，所以应再将 R_L 改为 Global 参数即通用参数，具体方法为：双击 R_L 的阻值 5，屏幕弹出属性编辑对话框 Display Properties，将其中 Value 项改为“{R}”；从 SPECIAL 库中提取 PARAM 符号，放置在电路图空白处；双击该符号，进入 PARAM 符号参数设置框。单击“New Column”按钮，进入 Add New Column 对话框，如图 4.12 所示。在 Name 项键入“R”，Value 项键入“5”，单击“OK”按钮，关闭 Add New Column 对话框。此时 PARAM 参数设置框新增 R 项，阻值为 5，表示进行其他特性分析时，该电阻为 5Ω。

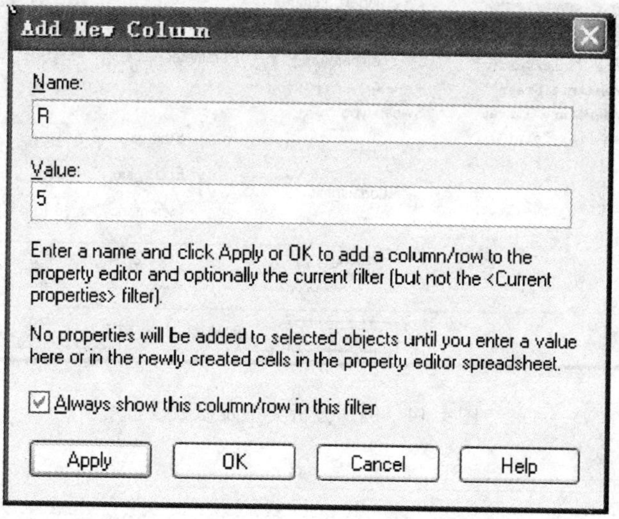

图 4.12　Add New Column

例 3 仿真电路图如图 4.13 所示。

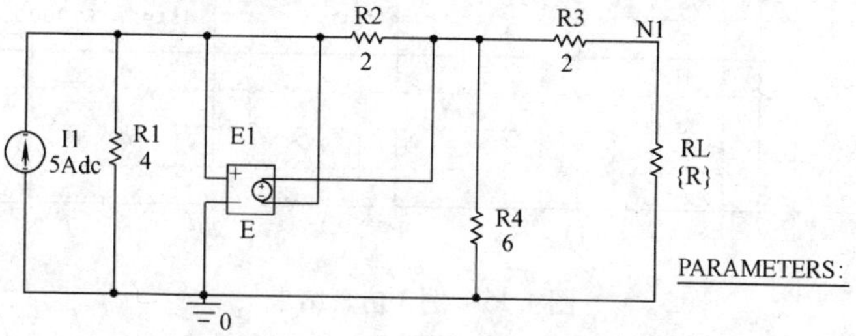

图 4.13　例 3 仿真电路图

2）设置电路特性分析类型及参数：选择 PSpice/Edit Simulation Profile（或单击工具按钮），进入分析类型及参数设置框，例 3 分析类型及参数设置如图 4.14 所示。设置完毕，单击“确定”按钮。

3）运行 PSpice 程序进行电路仿真：点选 PSpice/Run（或单击工具按钮），调用 PSpice A/D 对该电路进行仿真计算。

4）电路仿真分析结果的输出：在 Probe 窗口执行 Trace/Add Trace（或单击工具按钮），在输出变量列表 Add Trace 对话框中，选取 W（RL）。例 3 仿真结果如图 4.15 所示，利用标尺可从波形上求出不同阻值对应的功率值。按工具按钮可以求出电阻为 6Ω 时，最大功率是 16.667W。

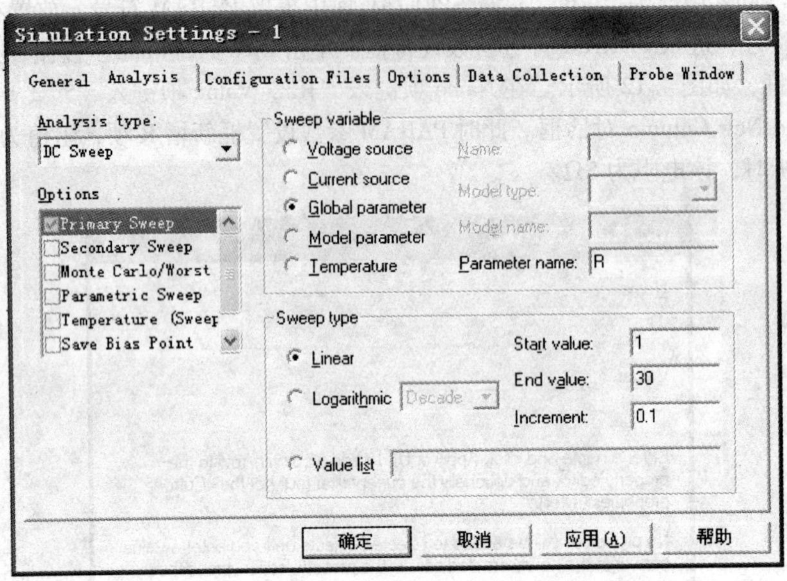

图 4.14　例 3 分析类型及参数设置

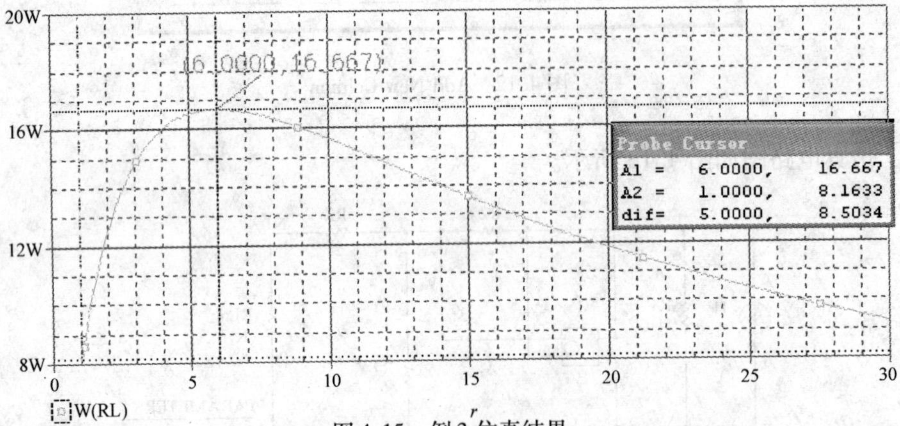

图 4.15　例 3 仿真结果

5. 实验内容

1）例 1 中，若电阻 R_1 分别为 2Ω、6Ω、10Ω 时，观察各节点电压的变化，记录各节点电压的波形输出结果。

提示：将电阻 R_1 设置为 Global 参数，选择 DC 分析。

2）图 4.11 的电路中，将 ab 作为有源二端网络的输出端，仿真分析此网络的输出特性，并求其戴维南等效电路。

3）用仿真分析方法，求图 4.16 电路的电流 I_1 和 I_2。

4）图 4.17 为实验室验证叠加定理的实验电路图。已知 $R_1 = 200\Omega$、$R_2 = 100\Omega$，电阻额定功率为 1/4W，$I_S = 20\text{mA}$，电流表量程 0 ~ 30mA，为保证实验中电流表和电阻能正常工作，试确定电压源允许调节的最大电压值。

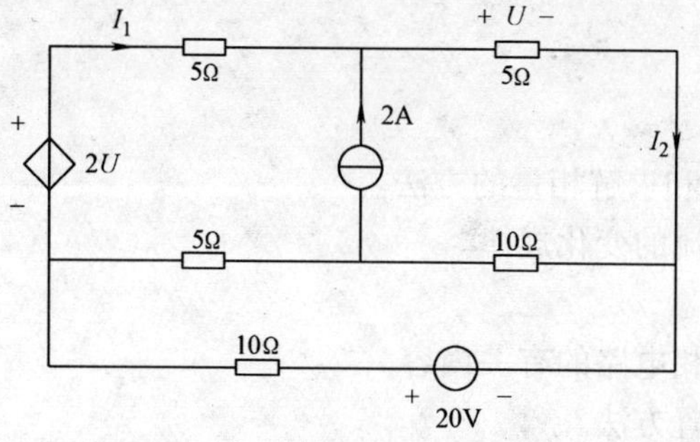

图4.16　实验内容3）图

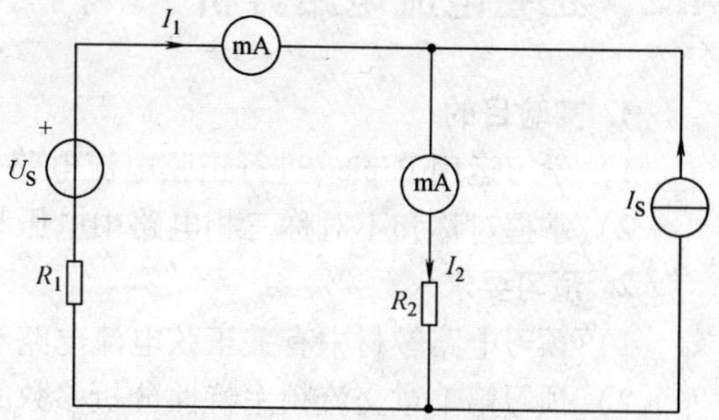

图4.17　实验内容4）图

5）图4.18所示电路中R_L可调，试问R_L为何值时它吸收的功率最大？此最大功率为多少？用PSpice求出解答。

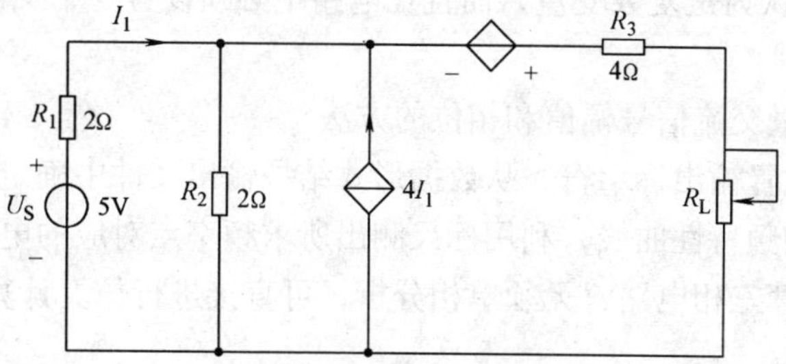

图4.18　实验内容5）图

6. 实验报告要求

1）保存仿真实验电路图及仿真输出波形结果或数据结果，并比较仿真结果与理论计算是否一致。

2）总结运用PSpice软件求解直流电路的方法。

4.2 正弦电流电路分析

1. 实验目的

1）学习运用 PSpice 进行正弦电流电路分析和求解相量的方法。

2）掌握对称和不对称三相电路中电压和电流的变化规律。

2. 预习要求

1）预习电路教材中有关正弦电流电路和三相电路的有关内容。

2）预习第 1 章交流频率特性分析参数的设置方法。

3）预习第 1 章观测 AC 分析仿真输出结果的方法。

3. PSpice 分析方法说明

1）PSpice 可用 AC 分析方法对正弦电流电路进行相量计算和分析。AC 分析是在频域中进行的，当输入信号的频率变化时，它能够计算出电路的幅频响应和相频响应。AC 分析时，所有的变量都被认为是复数变量，而且在电路中必须设置一个交流电源，电源的幅度常用有效值表示。

2）用 PSpice 测量交流信号幅值和相位的方法

① 在电路图中放置输出标示符，从数据形式结果输出文件中确定幅值或相位。

② 做出幅频或相频特性曲线，利用标尺测出所求频率点对应的电压幅值或相位。

3）用 PSpice 计算三相电路，无须单相分析，可直接进行仿真计算。

4. 实例解析

例 1：电路如图 4.19 所示，$\dot{U}_S = 10\underline{/-30°}$V，电源频率 $f = 1$kHz，试求节点电压 $\dot{U}_{n1}$、$\dot{U}_{n2}$ 及电流 $\dot{I}_{C3}$。

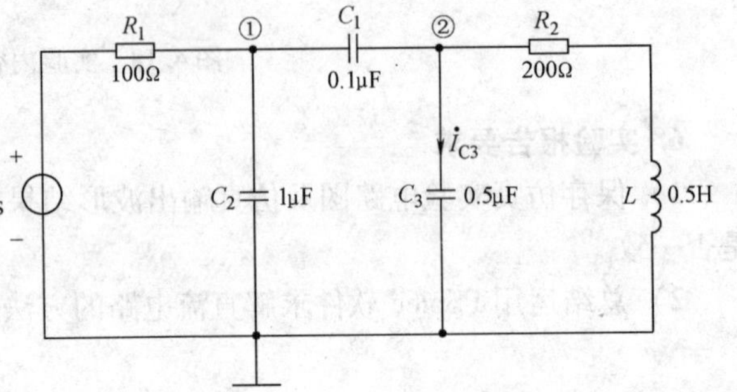

图 4.19 例 1 电路图

仿真步骤：

1）绘制电路图

① 按开始按钮，选择“所有程序/OrCAD 15.7 Demo”，单击“OrCAD Capture CIS Demo”，或在桌面双击图标，进入 Capture 电路图编辑界面。

② 在 ANALOG 库中提取 R、C、L；在 SOURCE 库中提取 VAC，在 SPECIAL 库中提取电压输出标志符 VPRINT1、电流输出标志符 IPRINT。

③ 连线，放置节点、接地符号。

④ 按图 4.19 设置各元器件和电源参数。

⑤ 分别双击电压、电流输出标志符，在其属性编辑对话框的 AC、MAG、PHASE 栏中键入“Y”，VPRINT1 属性编辑对话框如图 4.20 所示，表示仿真结束后输出 AC 分析的数据形式仿真结果。

以上各项完成后，得到图 4.21 所示的 PSpice 仿真电路图。保存电路图。

		PSpiceOnly	Reference	Value	AC	DC	IMAG	MAG	PHASE	PRINT	REAL
1	⊞ SCHEMATIC1 : PAGE1 : VPRINT1	TRUE	PRINT1	VPRINT1	y			y	y	PRINT	

图 4.20　VRINT1 属性编辑对话框

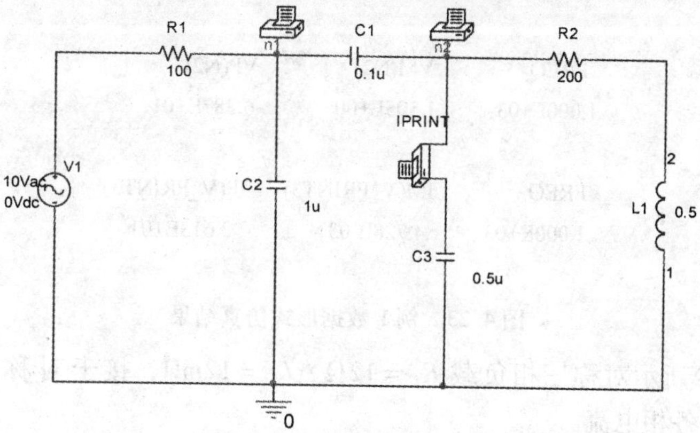

图 4.21　例 1 仿真电路图

2）设置电路特性分析类型及参数：选择 PSpice/New Simulation Profile（或单击工具按钮），在 New Simulation 对话框中键入项目名称，按“Create”按钮，进入 AC 分析参数设置框。Analysis type 选择“AC Sweep/Noise”，Option 选择“General Settings”，AC Sweep Type 选择“Linear”，并在 Start 栏键入“1k”、End 栏键入“1k”、Total 栏键入“1”，如图 4.22 所示。设置完毕，单击“确定”按钮。

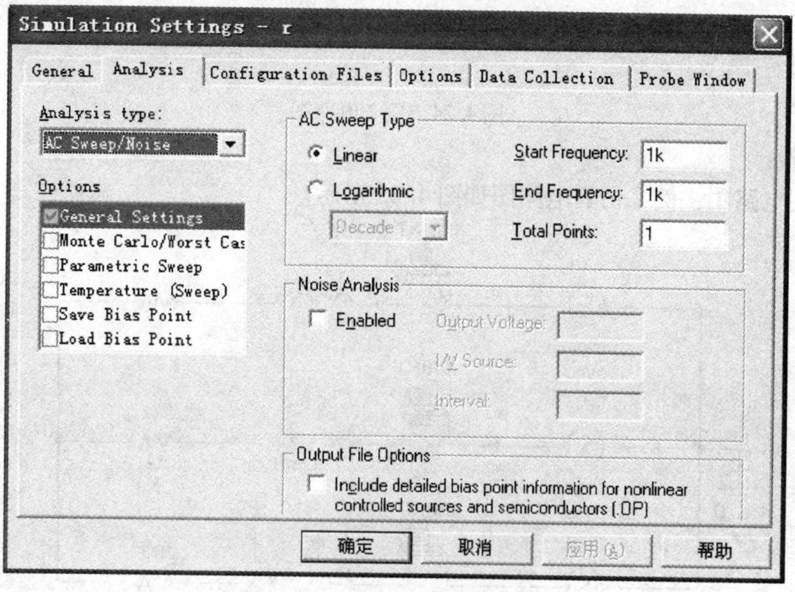

图 4.22　AC 分析参数设置

3）运行 PSpice 程序进行电路仿真：选择 PSpice/Run（或单击工具按钮），调用 PSpice A/D 对该电路进行仿真计算。

4）电路仿真分析结果的输出：在 Probe 窗口执行 View/Output File（或单击工具按钮），数据形式的仿真结果如图 4.23 所示，由仿真结果可得 $\dot{U}_{n1}=8.27\underline{/-64.2°}$ V、

$\dot{U}_{n2}=1.505\underline{/-63.87°}$V、$\dot{I}_{C3}=4.728\ \underline{/-26.13°}$mA。

FREQ	VM(N1)	VP(N1)
1.000E+03	8.270E+00	-6.420E+01

FREQ	VM(N2)	VP(N2)
1.000E+03	1.505E+00	-6.387E+01

FREQ	IM(V_PRINT3)	IP(V_PRINT3)
1.000E+03	4.728E-03	2.613E+01

图 4.23　例 1 数据形式仿真结果

例 2：图 4.24 所示对称三相负载 $R_1=12\Omega$、$L_1=12$mH，接于对称三相电源，$\dot{U}_A=220\underline{/0°}$V，试计算各相电流。

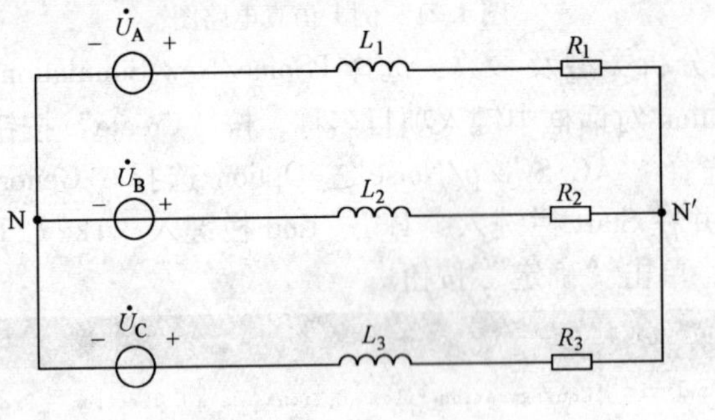

图 4.24　例 2 电路图

仿真步骤：

1）绘制电路图：例 2 仿真电路图如图 4.25 所示。

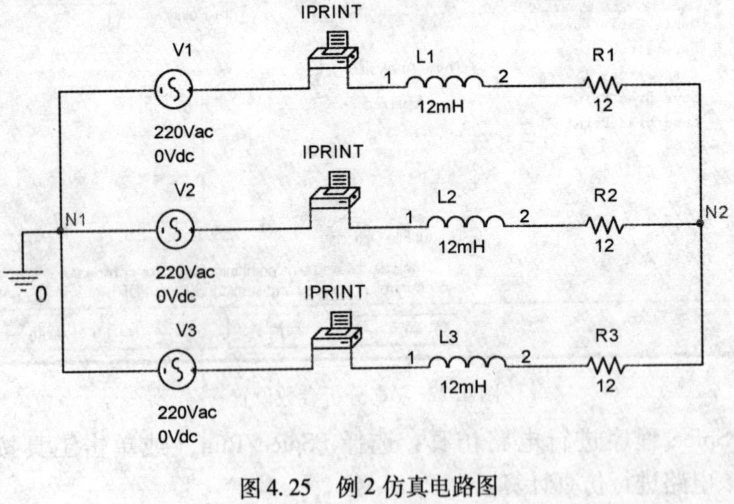

图 4.25　例 2 仿真电路图

其中，电压源的属性编辑设置如图 4.26 所示。电流输出标志符 VPRINT 属性编辑对话框如图 4.27 所示。

2）设置电路特性分析类型及参数：Analysis type 选择“AC Sweep/Noise”，Option 选择“General Settings”，AC Sweep Type 选择“Linear”，并在 Start 栏键入“50”、End 栏键入“50”、Total 栏键入“1”。

3）运行 PSpice 程序进行电路仿真：选择 PSpice/Run（或单击工具按钮▶），调用 PSpiceA/D 对该电路进行仿真计算。

		PSpiceOnly	Reference	Value	ACMAG	ACPHASE	BiasValue Power	DC
1	⊞ SCHEMATIC1 : PAGE1 : V1	TRUE	V1	VAC	220Vac	0	0W	0Vdc
2	⊞ SCHEMATIC1 : PAGE1 : V2	TRUE	V2	VAC	220Vac	-120	0W	0Vdc
3	⊞ SCHEMATIC1 : PAGE1 : V3	TRUE	V3	VAC	220Vac	120	0W	0Vdc

图 4.26 电压源的属性编辑设置

		PSpiceOnly	Reference	Value	AC	BiasValue Power	IMAG	MAG	PHASE	PRINT	REAL
1	⊞ SCHEMATIC1 : PAGE1: VPRINT3	TRUE	PRINT3	IPRINT	y	0W		y	y	PRINT	

图 4.27 电流输出标志符 PRINT 属性编辑对话框

4）电路仿真分析结果的输出：例 2 数据形式仿真结果如图 4.28 所示。从仿真结果可分析各相电流之间的关系。

```
FREQ          IM(V_PRINT1)    IP(V_PRINT1)
5.000E+01     1.749E+01       -1.744E+01

FREQ          IM(V_PRINT2)    IP(V_PRINT2)
5.000E+01     1.749E+01       -1.374E+02

FREQ          IM(V_PRINT3)    IP(V_PRINT3)
5.000E+01     1.749E+01       1.026E+02
```

图 4.28 例 2 数据形式仿真结果

例 3：电路如图 4.29 所示，其中 $u = 20\sqrt{2}\cos\omega t$ V，$\omega = 6155$rad/s，$R = 10\Omega$，$L_3 = 0.1$H，$L_4 = 0.4$H，$C = 1.25\mu$F，$M = 0.15$H。1）求 $\dot{I}$、$\dot{U}_1$、$\dot{U}_2$、z_{ab}。2）若电容 C（0.8 ~ 1.5μF）为可变电容，求 C 为何值时电流 I 为最大？

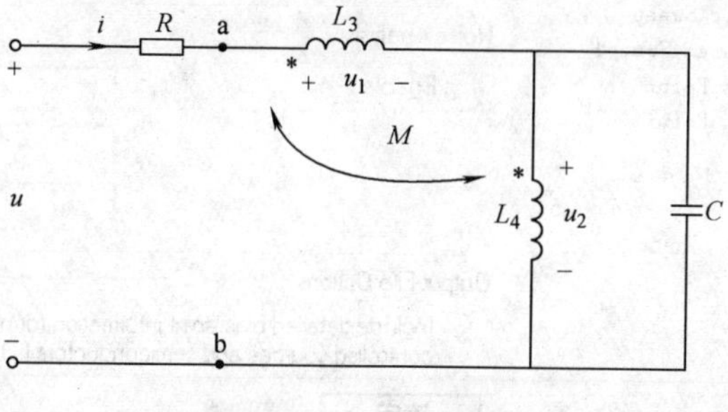

图 4.29 例 3 电路图

仿真步骤：

1）本题使用波形输出方式求解仿真结果。（本题也可按例题 1 的方法放置输出标志符求出数据形式的仿真结果）。

① 绘制电路图：例 3 仿真电路图如图 4. 30 所示。

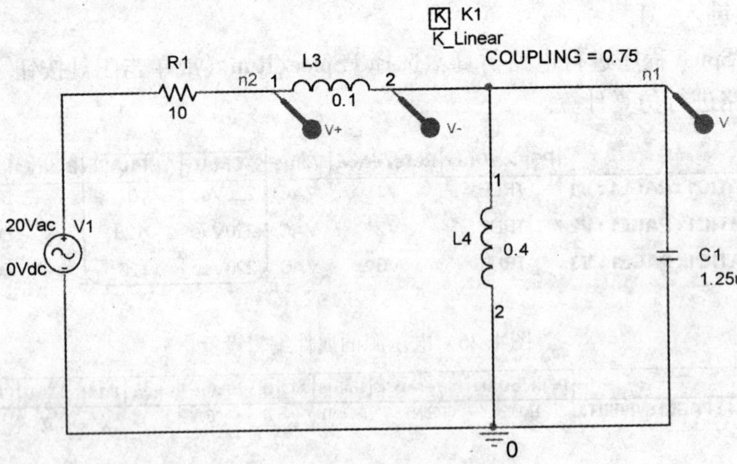

图 4. 30　例 3 仿真电路图

其中，互感符号从 ANALOG 库中提取，互感属性参数设置如图 4. 31 所示。在 L1、L2 框中分别键入 L3、L4 表示电感 L3 和 L4 之间存在互感。

		PSpiceOnly	Reference	Value	COUPLING	L1	L2	L3	L4	L5	L6	Location
1	⊞ SCHEMATIC1 : PAGE1 : K1	TRUE	K1	K_Linear	0.75	L3	L4					430

图 4. 31　互感属性参数设置

电感 L3 两端和节点 1 处放置电压探针可在仿真分析结束后，自动显示该处的电压波形。

② 设置电路特性分析类型及参数：AC 分析参数设置如图 4. 32 所示。

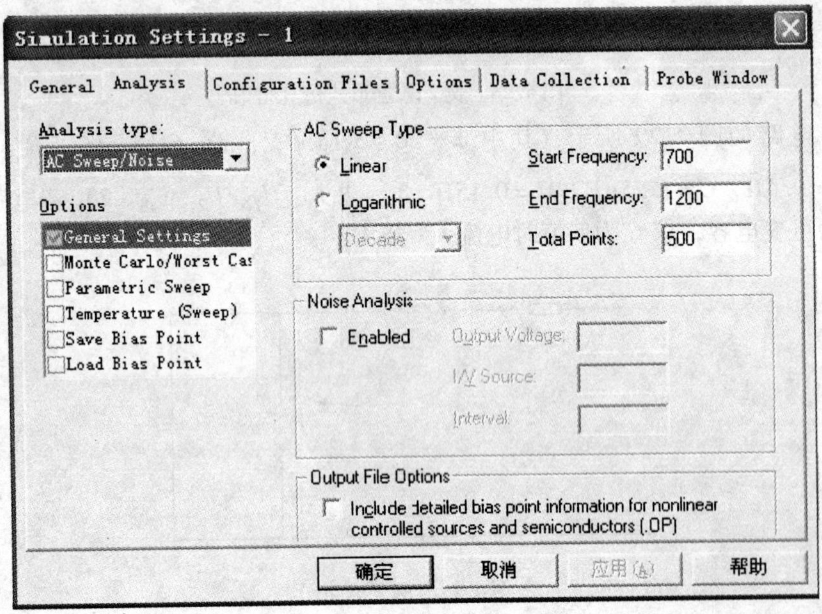

图 4. 32　AC 分析参数设置

③ 运行 PSpice 程序进行电路仿真。

④ 电路仿真分析结果的输出。

a. 仿真完成后，PSpice 会自动显示放置电压探针处的电压波形。

b. 选择 Plot/Add Y Axis，另开启一个 Y 轴。按工具按钮，在输出变量列表中选中 I(R1)，单击“OK”按钮，屏幕可显示 I(R1)随频率变化波形。再开启一个 Y 轴，在 Add Trace 对话框中的 Trace Expression 栏键入表达式 V(n2)/I(R1)，则屏幕还可显示 V(n2)/I(R1)随频率变化波形，如图 4.33 所示。

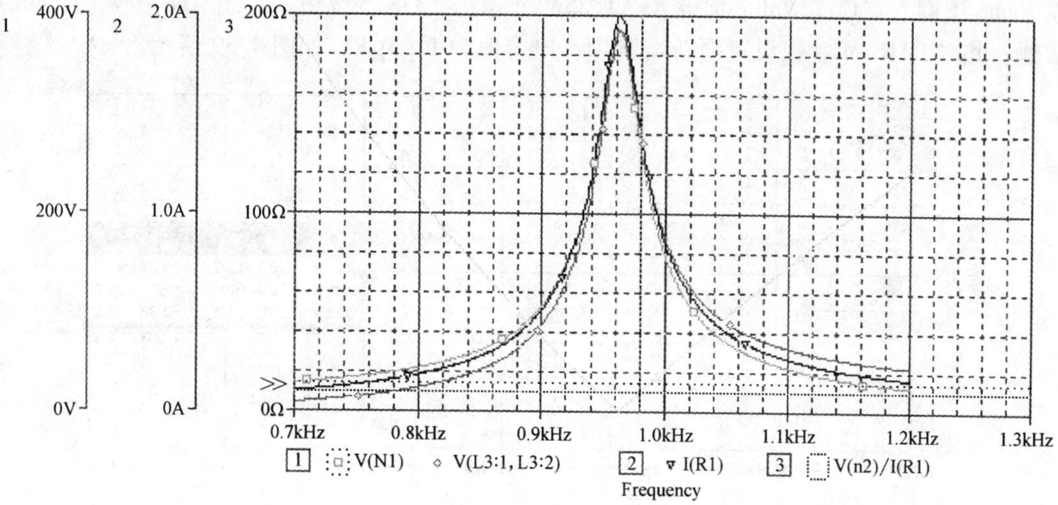

图 4.33 例 3 的波形输出结果

按工具按钮，启动标尺，选中 V(n1)，将光标移至 $f=980\text{Hz}$ 处，从屏幕右下角的 Probe Cursor（标尺数据显示框）中可读出波形对应的电压值，如图 4.34 所示。同理，再分别选中其他波形，则 L3 两端电压、I(R1)及 V(n2)/I(R1)的标尺数据显示如图 4.35、图 4.36 及图 4.37 所示。

Probe Cursor

A1 =	980.031,	265.455
A2 =	700.000,	29.150
dif=	280.031,	236.304

图 4.34 标尺数据显示框（V(n1)）

Probe Cursor

A1 =	980.031,	279.660
A2 =	700.000,	29.150
dif=	280.031,	250.510

图 4.35 标尺数据显示框（电感 L3 两端电压）

Probe Cursor

A1 =	980.031,	1.4076
A2 =	700.000,	29.150
dif=	280.031,	-27.743

图 4.36 标尺数据显示框（I(R1)）

Probe Cursor

A1 =	980.000,	10.078
A2 =	700.000,	29.150
dif=	280.000,	-19.072

图 4.37 标尺数据显示框(V(n2)/I(R1))

c. 在 Probe 窗口中选择 Plot/Add plot to Window，在当前屏幕上添加一个新的波形显示窗口。在新增的窗口中，单击工具按钮，在 Add Trace 对话框中先单击右侧的函数 P（），再单击左侧的基本变量 V（n1），则屏幕显示节点电压 V（n1）相频特性曲线（其中 d 表示度)，如图 4.38 所示。同理，可求出其他变量的相频特性曲线。

d. 由幅频和相频特性曲线，可求出 $f=980\text{Hz}$ 时，$\dot{U}_2=265.45\underline{/-135.45°}\text{V}$。其他电压和电流的表达式读者可以自己求出。

2) 关闭 Probe 窗口，回到 Capture 绘图界面。

① 双击 C 的电容值 1.25μF，屏幕弹出属性编辑对话框 Display Properties，将其中 Value 项改为"{C}"。从 SPECIAL 库中提取 PARAM 符号，放置在电路图空白处。双击该符号，进入 PARAM 符号参数设置框。单击"New Column"按钮，进入 Add New Column 对话框，在 Name 项键入"C"，Value 项键入"1.25u"，单击"OK"按钮，关闭 Add New Column 对话框。此时 PARAM 参数设置框新增 C 项，电容值为 1.25μF，如图 4.39 所示。

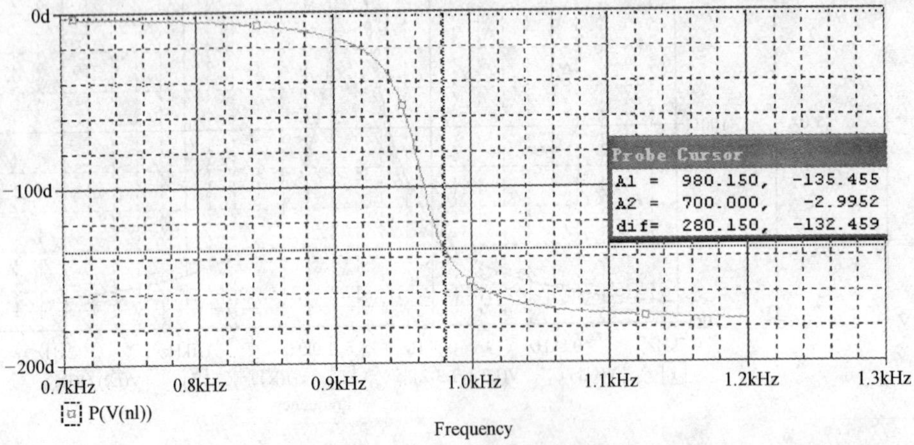

图 4.38 V(n1) 相频特性曲线

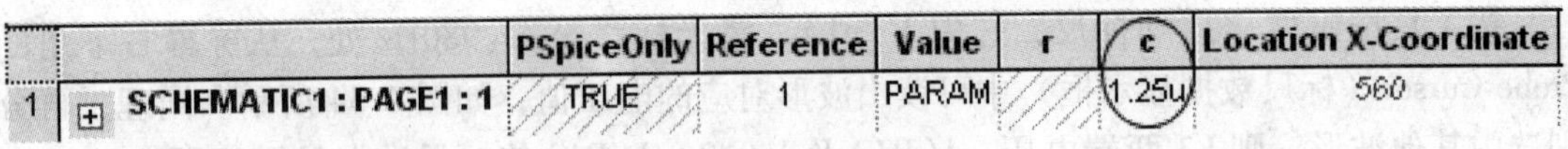

		PSpiceOnly	Reference	Value	r	c	Location X-Coordinate
1	⊞ SCHEMATIC1 : PAGE1 : 1	TRUE	1	PARAM		1.25u	560

图 4.39 PARAM 参数设置框

② 设置电路特性分析类型及参数：此题应先进行 AC 分析，然后再进行参数分析。AC 分析参数设置框如图 4.40 所示。参数分析设置框如图 4.41 所示。

注意：在如图 4.41 中，Options 栏中两项"General Settings"和"Parametric Sweep"必须全部选中（在前面的小方框中打对号）。

③ 运行 PSpice 程序进行电路仿真。

④ 电路仿真分析结果的输出：仿真结束后屏幕出现如图 4.42 所示的多批运行结果选择框，可以任意选择。按"OK"按钮，选中全部结果。在 Probe 窗口，按工具按钮，在输出变量列表中选中 I(R1)，单击"OK"按钮，屏幕可显示 I(R1)随电容的变化波形，再单击工具按钮（将标尺移至曲线的最大值位置），从屏幕右下角的 Probe Cursor（标尺数据显示框）中可读出输出波形的最大有效值为 1.98A，此时 $C=1.2\mu\text{F}$，如图 4.43 所示。

5. 实验内容

1) 例 2 中：①在星形联结中，若将 R_3 改为 6Ω，求有无中性线（设中性线电阻为 2Ω）两种情况下，各相负载电压及中性线电压，并对结果进行分析；若三相感性负载改为三角形联结，重新计算该题。

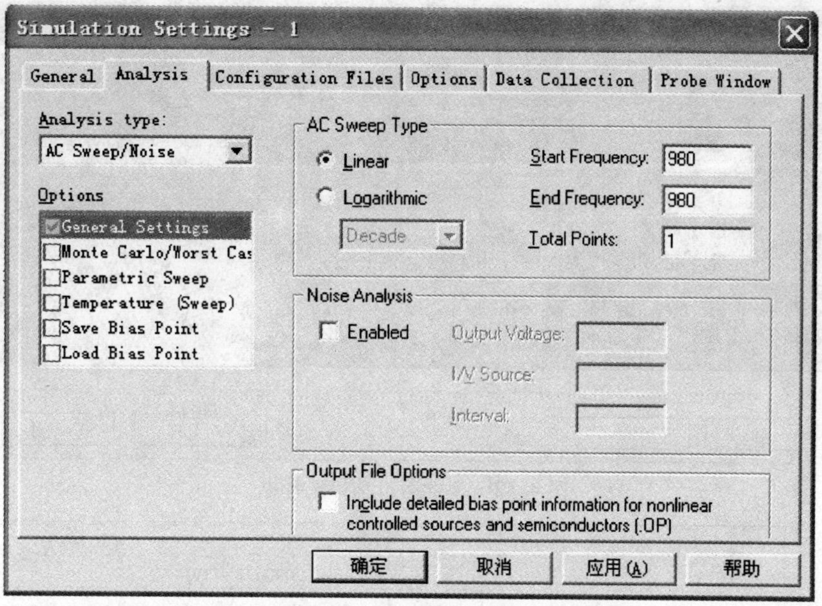

图4.40　AC分析参数设置框

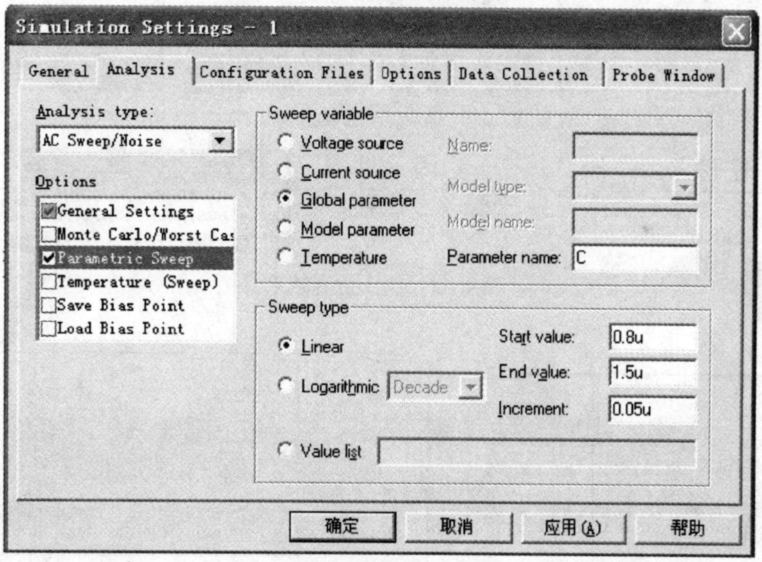

图4.41　参数分析设置框

2）感性负载 $R=170\Omega$、$L=1\text{H}$，接在电压为220V的工频电源上：①求电路的电流及功率因数；②现在负载两端并联电容 C（$1\sim10\mu\text{F}$），观察总电流的变化情况，如果要把电路的功率因数提高到1，电容 C 应为何值？

3）电路如图4.44所示，$u_{S1}=u_{S2}=4\cos\omega t$ V，$\omega=100\text{rad/s}$。试求电流 i。

4）图4.45所示电路中，$u_S=100\sqrt{2}\cos1000t$ V，$R_S=10\Omega$，$R_1=8\Omega$，$L_1=16\text{mH}$，$R_2=8\Omega$，$L_2=14\text{mH}$，$M=4\text{mH}$，求电压 u_{ab}。

5）图4.46所示电路中，$u_S=2\cos\omega t$ V，$\omega=10^6\text{rad/s}$，$r=1\Omega$。求 R 为多少时它可获得最大功率？并求此最大功率。

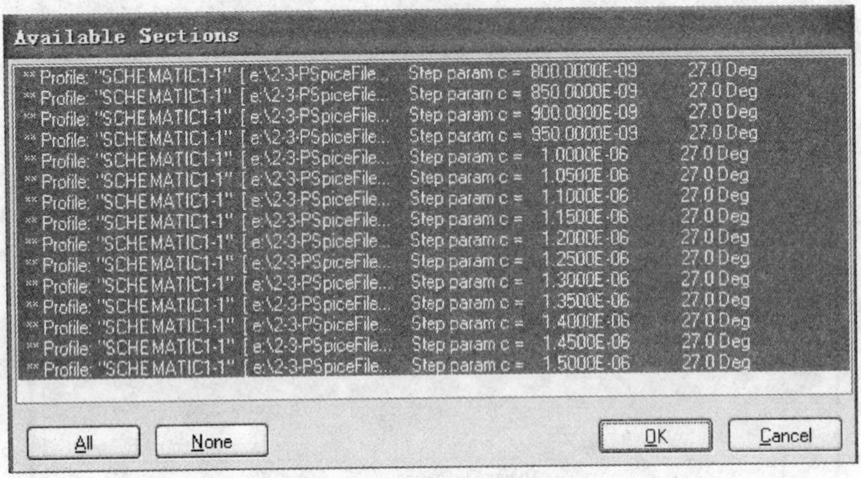

图 4.42　多批运行结果选择框

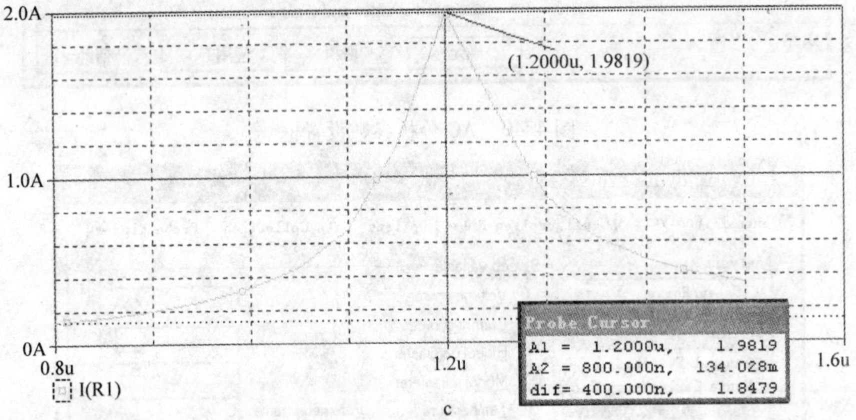

图 4.43　例 3 仿真结果

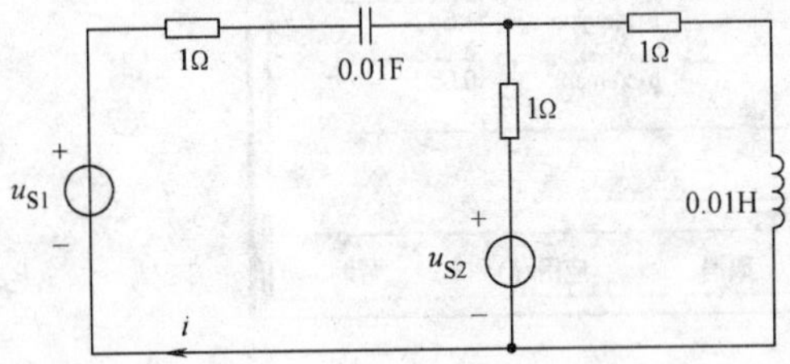

图 4.44　实验内容 3）图

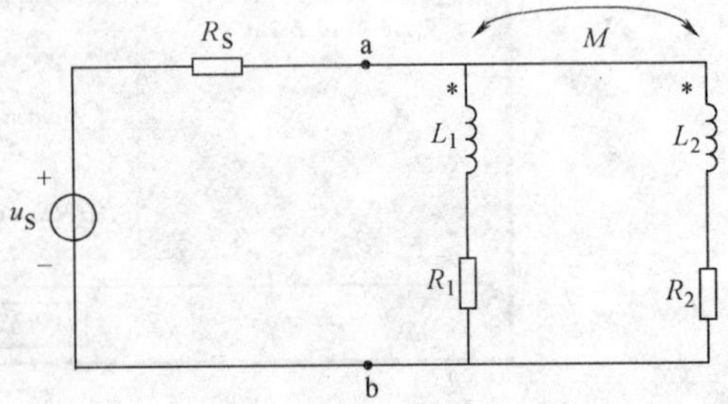

图 4.45　实验内容 4）图

提示：使用 AC 分析和参数分析。

6. 实验报告要求

1）保存仿真实验电路图及仿真输出波形结果或数据结果，并对仿真结果进行分析。

2）总结运用 PSpice 软件求解正弦电流电路的方法。

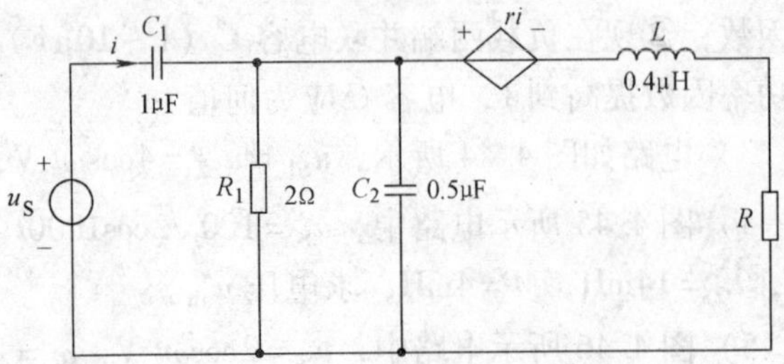

图 4.46　实验内容 5）图

4.3　非正弦周期电流电路分析

1. 实验目的

1）加深对非正弦周期量的有效值和平均功率概念的理解。

2）掌握用 PSpice 软件分析非正弦周期电流电路的方法。

3）学习用 PSpice 软件进行傅里叶分析和观测分析周期信号的频谱。

2. 预习要求

1）预习电路教材非正弦周期电流电路的有关内容。

2）预习第1章瞬态特性分析的设置方法。

3）预习第1章观测傅里叶分析仿真输出结果的方法。

3. PSpice 分析方法说明

PSpice 计算非正弦周期电流电路的方法：

将激励分解为恒定分量和各次谐波分量，分别计算激励中不同频率的分量引起的响应，最后将响应的各分量的瞬时表达式相加。

4. 实例解析

例1：电路如图4.47所示，$u_S = 4\sqrt{2}\cos 50\pi t$ V，$i_S = 4\sqrt{2}\cos 100\pi t$ A，求电流 i。

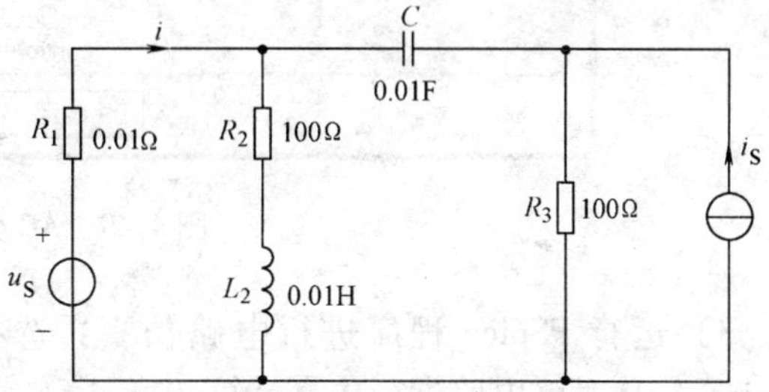

图4.47　例1电路图

仿真步骤：

1）绘制电路图

① 按开始按钮，选择“所有程序/OrCAD 15.7 Demo”，单击“OrCAD Capture CIS Demo”，或在桌面双击图标，进入 Capture 电路图编辑界面。

② 在 ANALOG 库中提取电阻 R、L、C，在 SOURCE 库中提取 IAC、VAC。

③ 连线，放置接地符号。

④ 按图4.47设置元器件和电源参数。

当电流源单独作用时，例1仿真电路图如图4.48所示。

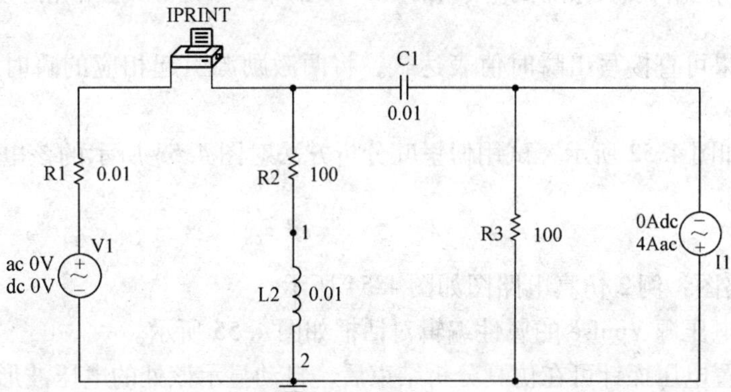

图4.48　例1仿真电路图

2）设置电路特性分析类型及参数：选择 PSpice/New Simulation Profile（或单击工具按钮），在 New Simulation 对话框中键入项目名称，按“Create”按钮，进入 AC 分析参数设置框，AC 分析参数设置如图 4.49 所示。设置完毕，单击“确定”按钮。

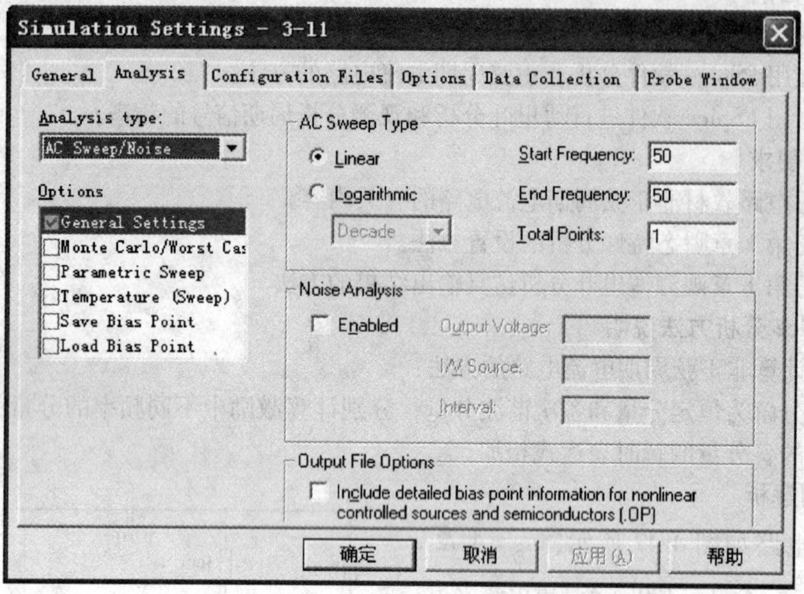

图 4.49　AC 分析参数设置

3）运行 PSpice 程序进行电路仿真：选择 PSpice/Run（或单击工具按钮），调用 PSpice A/D 对该电路进行仿真计算。

4）电路仿真分析结果的输出：在 Probe 窗口执行 View/Output File（或单击工具按钮），电流源单独作用的数据形式仿真结果如图 4.50 所示。

同理，按上述方法计算电压源单独作用的数据形式仿真结果如图 4.51 所示。

FREQ	IM(V_PRINT1)	IP(V_PRINT1)
5.000E+01	3.999E+00	-1.798E+02

图 4.50　电流源单独作用的数据形式仿真结果

FREQ	IM(V_PRINT1)	IP(V_PRINT1)
2.500E+01	7.999E-02	-2.676E-01

图 4.51　电压源单独作用的数据形式仿真结果

根据仿真结果可直接写出瞬时值表达式，将两激励源引起相应的瞬时值叠加即为所求结果。

例 2：电路如图 4.52 所示，试用傅里叶分析方法对图 4.53 所示的该电路输入信号波形进行傅里叶展开。

仿真步骤：

1）绘制电路图：例 2 仿真电路图如图 4.54 所示。

其中，脉冲电压源 Vpulse 的属性编辑对话框如图 4.55 所示。

节点 1 处放置电压探针可在仿真分析结束后，自动显示该处的电压波形。

2）设置电路特性分析类型及参数

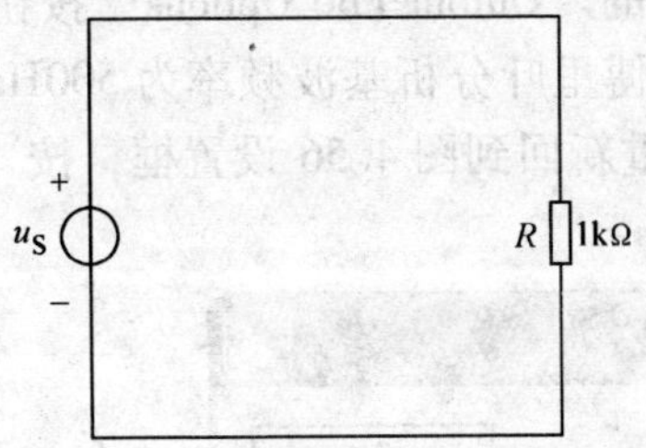

图 4.52　例 2 电路图

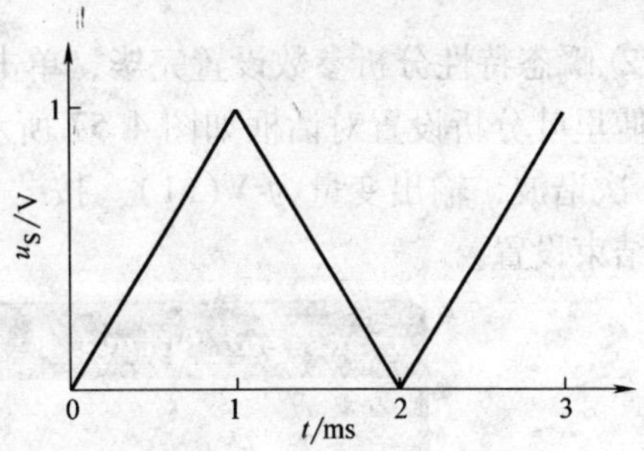

图 4.53　例 2 输入信号波形

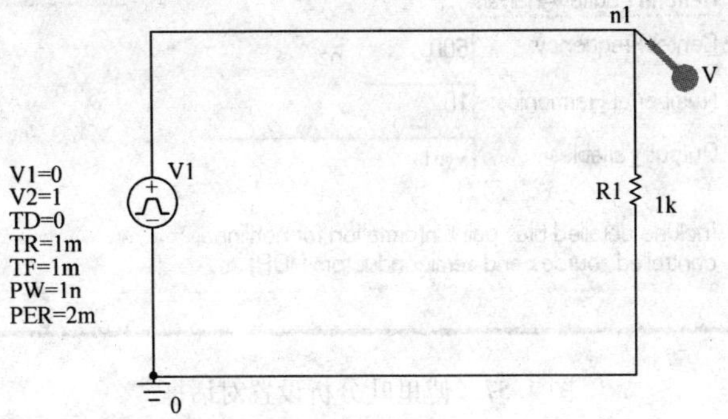

图 4.54　例 2 仿真电路图

		PSpiceOnly	Reference	Value	Locatio	Loc	PER	PW	Source Part	TD	TF	TR	V1	V2
1	⊞ SCHEMATIC1 : PAGE1 : V1	TRUE	V1	VPULSE	280	220	2m	1n	VPULSE.Normal	0	1m	1m	0	1

图 4.55　Vpulse 的属性编辑对话框

① 选择 PSpice/New Simulation Profile（或单击工具按钮），在 New Simulation 对话框中键入项目名称，按“Create”按钮，进入瞬态特性分析参数设置框，瞬态特性分析参数设置如图 4.56 所示。

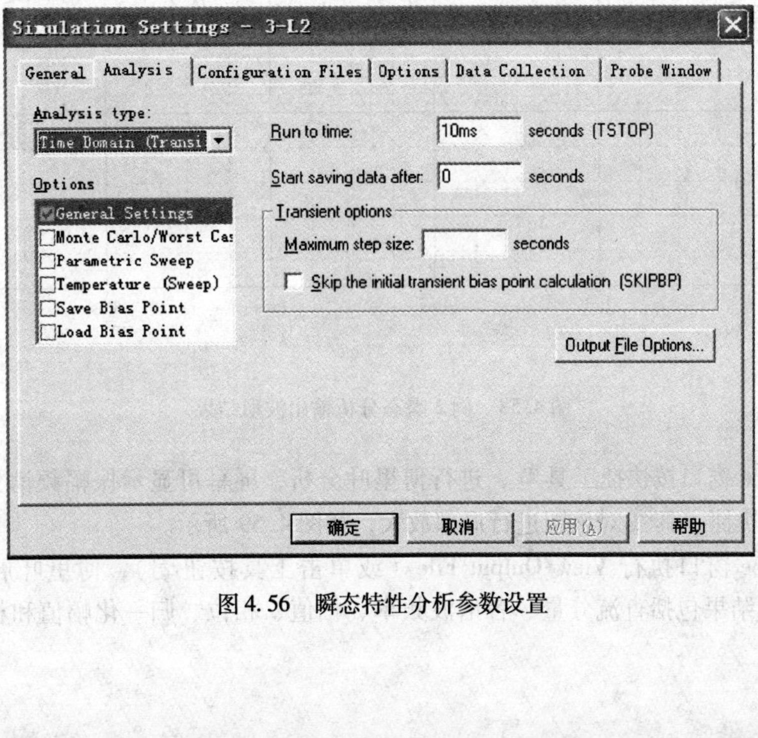

图 4.56　瞬态特性分析参数设置

② 瞬态特性分析参数设置完毕，单击图 4. 56 下方的“Output File Options”按钮，屏幕出现傅里叶分析设置对话框如图 4. 57 所示，其中设置傅里叶分析基波频率为 500Hz，计算到 10 次谐波，输出变量为 V(n1)。按“OK”按钮，重新回到图 4. 56 设置框，按“确定”按钮结束设置。

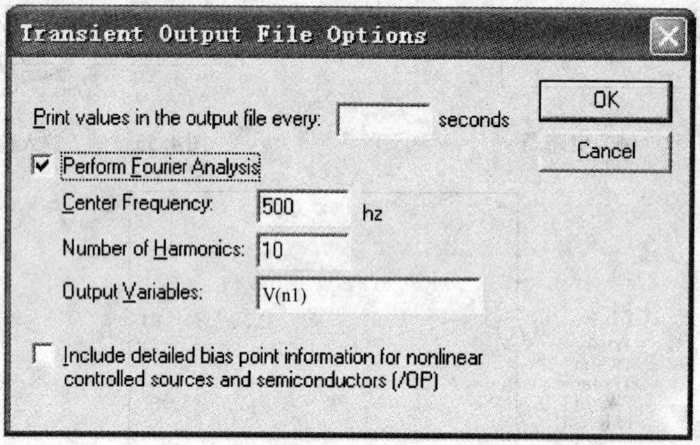

图 4. 57　傅里叶分析设置对话框

3）运行 PSpice 程序进行电路仿真：选择 PSpice/Run（或单击工具按钮），调用 PSpice A/D 对该电路进行仿真计算。

4）电路仿真分析结果的输出

① 仿真计算完成后，PSpice 会自动调用图形后处理程序 Probe，显示放置电压探针处瞬态分析输出波形结果，如图 4. 58 所示。

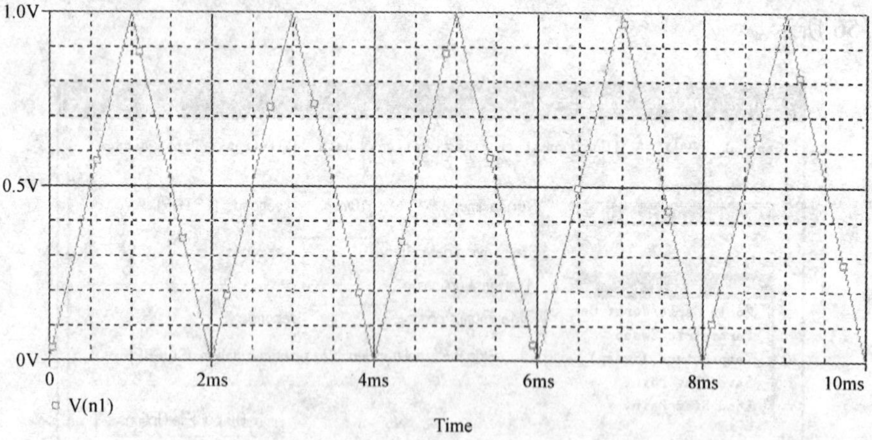

图 4. 58　例 2 瞬态分析输出波形结果

② 在 Probe 窗口按快捷工具，进行傅里叶分析，屏幕可显示振幅频谱分布图。为便于查看，可用快捷工具对该图进行局部放大，如图 4. 59 所示。

③ 在 Probe 窗口执行 View/Output File（或单击工具按钮），傅里叶展开结果如图 4. 60 所示。其结果包括直流分量、各谐波频率、幅值、相位、归一化幅值和相位以及谐波

总畸变 THD 值。

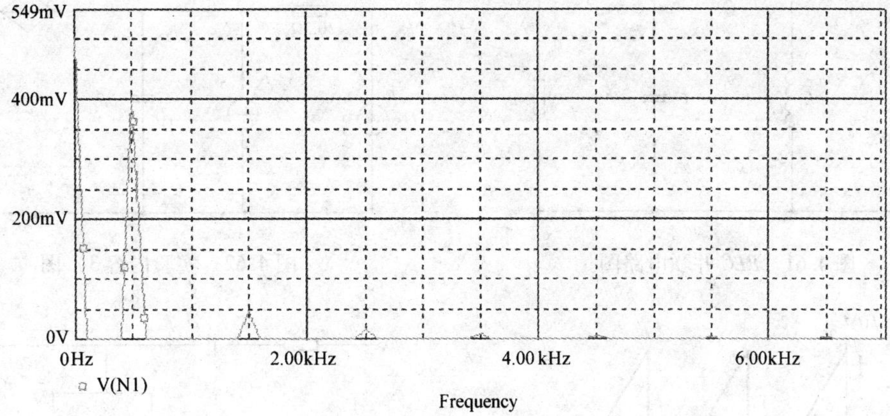

图 4.59 例 2 振幅频谱分布图

FOURIER COMPONENTS OF TRANSIENT RESPONSE V(N1)

DC COMPONENT = 4.999515E-01（直流分量）

（谐波次数） HARMONIC No	（频率） FREQUENCY (Hz)	（谐波分量幅值） FOURIER COMPONENT	（归一化幅值） NORMALIZED COMPONENT	（谐波分量相位） PHASE (DEG)	（归一化相位） NORMALIZED PHASE (DEG)
1	5.000E+02	4.053E-01	1.000E+00	-9.000E+01	0.000E+00
2	1.000E+03	9.806E-05	2.419E-04	-8.999E+01	9.001E+01
3	1.500E+03	4.506E-02	1.112E-01	-9.000E+01	1.800E+02
4	2.000E+03	9.862E-05	2.433E-04	-9.000E+01	2.700E+02
5	2.500E+03	1.624E-02	4.008E-02	-9.000E+01	3.600E+02
6	3.000E+03	9.884E-05	2.439E-04	-8.998E+01	4.500E+02
7	3.500E+03	8.304E-03	2.049E-02	-9.000E+01	5.400E+02
8	4.000E+03	9.957E-05	2.457E-04	-8.999E+01	6.300E+02
9	4.500E+03	5.036E-03	1.243E-02	-9.000E+01	7.200E+02
10	5.000E+03	1.004E-04	2.477E-04	-8.998E+01	8.100E+02

TOTAL HARMONIC DISTORTION = 1.205913E+01 PERCENT（全部谐波畸变）

图 4.60 傅里叶展开结果

5. 实验内容

1）求出例 1 中电流 i 的表达式和有效值、电流源发出的平均功率。

2）*RLC* 并联电路图如图 4.61 所示，$i_S = [1 + 0.5\cos(314t + 50°) + 0.3\cos(942t - 40°)]$A，$R = 3000\Omega$，$L = 0.01$H，$C = 10\mu$F。求电阻电压 $u(t)$ 的函数表达式。

3）图 4.62 所示电路中，电流源 $i_S = 4\sin 2\pi ft$ A，$f = 10$Hz。直流电压源 $U_S = 2$V。求电感中的电流 i_L 及有效值。

4）求图 4.63 所示倒锯齿波的傅里叶级数展开式，并记录频谱图。

5）图 4.64 所示 *RC* 网络，$R = 1$kΩ，$C = 0.033\mu$F。输入 u_1 为方波信号，幅值 4V，周期 $T = 1$ms。观察电路的响应 $u_2(t)$，并利用傅里叶分析观测振幅频谱，记录数据输出文件中各次谐波成分及总谐波失真比例。

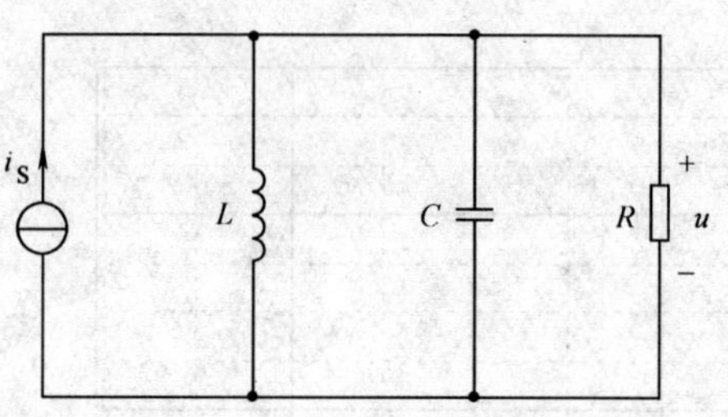

图 4.61　*RLC* 并联电路图

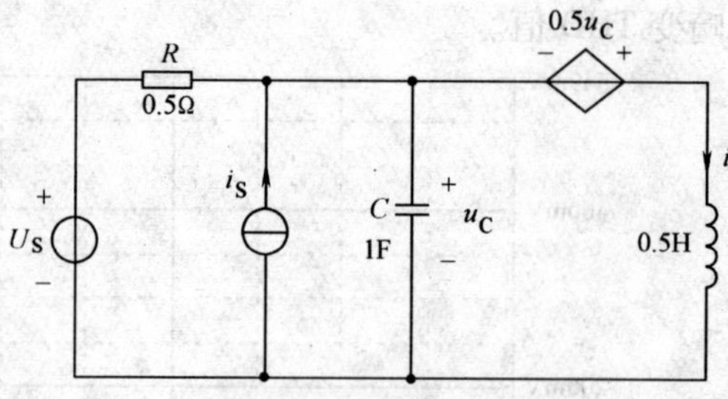

图 4.62　实验内容 3）图

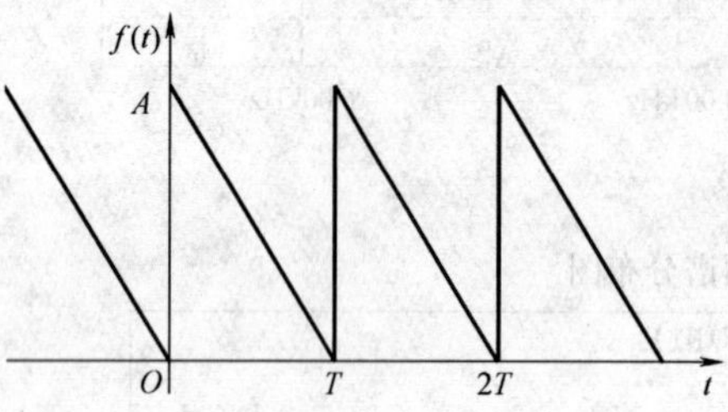

图 4.63　实验内容 4）图

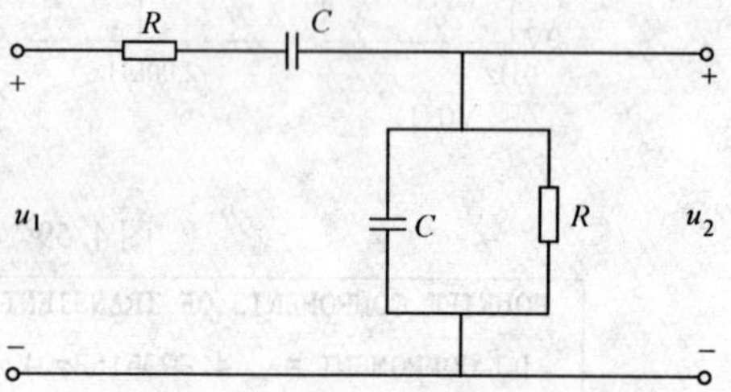

图 4.64　实验内容 5）图

6. 实验报告要求

1）保存仿真实验电路图及仿真输出波形结果或数据结果，并对仿真结果进行分析总结。

2）总结运用 PSpice 软件观测分析周期信号振幅频谱的方法。

4.4　频率特性及谐振现象

1. 实验目的

1）掌握利用 PSpice 软件分析电路频率特性的方法。

2）巩固有关谐振的概念，掌握谐振电路的计算方法。

3）了解耦合电路的特殊规律。

2. 预习要求

1）熟悉本次实验利用 PSpice 进行电路仿真分析的基本过程。

2）熟悉对电路幅频特性和相频特性进行仿真分析的方法及扫描类型的设置。

3. 理论知识回顾及分析方法说明

1）网络函数的模和幅角随频率而变动的规律分别称为网络的幅频特性和相频特性，总称为频率特性。

2）耦合谐振电路如图 4.65 所示。它比简单的 *RLC* 串联电路具有更宽的通频带。因此，在某些电路中被广泛采用。由于这种电路的解析式十分复杂，常借助计算机分析其频率特性。

3）滤波器是一种对不同频率的信号具有选择性的二端口网络。图 4.66 为双 T 形 *RC* 无源带阻滤波器。

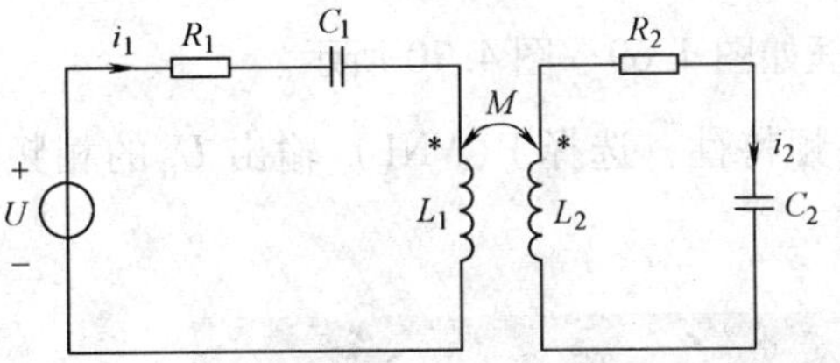

图 4.65　耦合谐振电路

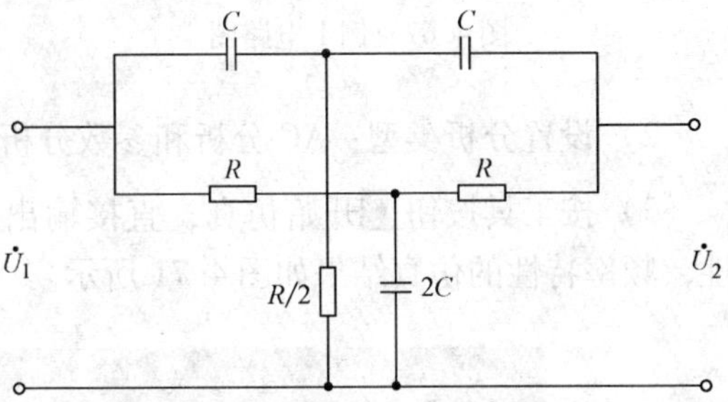

图 4.66　双 T 形 *RC* 无源带阻滤波器

它的网络函数为

$$H(\mathrm{j}\omega)=\frac{\dot{U}_2}{\dot{U}_1}=\frac{1}{1+\mathrm{j}\dfrac{4\omega RC}{1-(\omega RC)^2}}$$

其幅频特性为

$$|H(\mathrm{j}\omega)|=\frac{U_2}{U_1}=\frac{1}{\sqrt{1+\left(\dfrac{4\omega RC}{1-(\omega RC)^2}\right)^2}}$$

当信号源角频率 $\omega=\omega_0=\dfrac{1}{RC}$时，有$|H(\mathrm{j}\omega_0)|=0$。即该滤波器可滤掉角频率为 $\omega=\omega_0$ 的信号。$\omega_0=\dfrac{1}{RC}$称为中心角频率。工程上，常应用带阻滤波器来滤掉某频率的信号。如设计滤波器的中心频率为$f_0=50\text{Hz}$，就可用它滤掉 50Hz 电源频率引起的交流声。

4）求电路的幅频特性和相频特性可用 AC 分析方法。扫描类型的设置常用对数方式。

5）测量电压或电流可在电路图中放置电压或电流探针。

4. 实例解析

例 1：电路如图 4.67 所示，$\dot{I}_S = 1\angle 0°$ A，R_1 分别为 100Ω、500Ω、1kΩ。利用 PSpice 求频率从 1 ~ 100kHz 的 $\dot{U}_R$ 和电路阻抗的频率特性。

仿真步骤：

1）绘制电路图：Orcad /Capture 绘制的例 1 仿真电路图如图 4.68 所示，并放置电压探针于 N1 点。因为 R_1 不是固定值，需将 R_1 设置为 Global 参数。

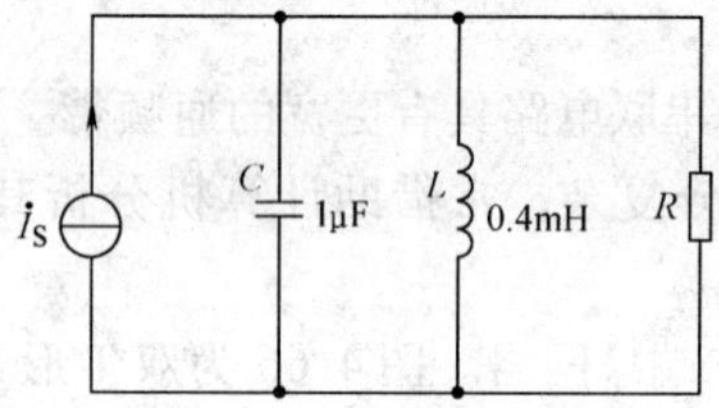

图 4.67　例 1 电路图

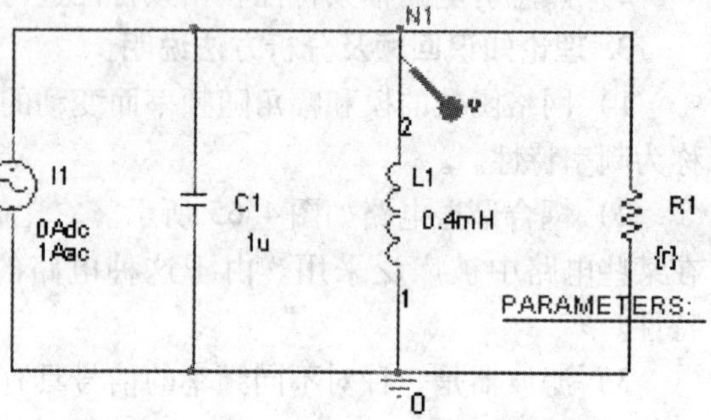

图 4.68　例 1 仿真电路图

2）设置分析类型：AC 分析和参数分析设置框如图 4.69、图 4.70 所示。

3）按工具按钮开始仿真，直接输出 $\dot{U}_R$ 幅频特性，选择 P(VN1) 输出 $\dot{U}_R$ 的相频特性，频率特性的仿真结果如图 4.71 所示。

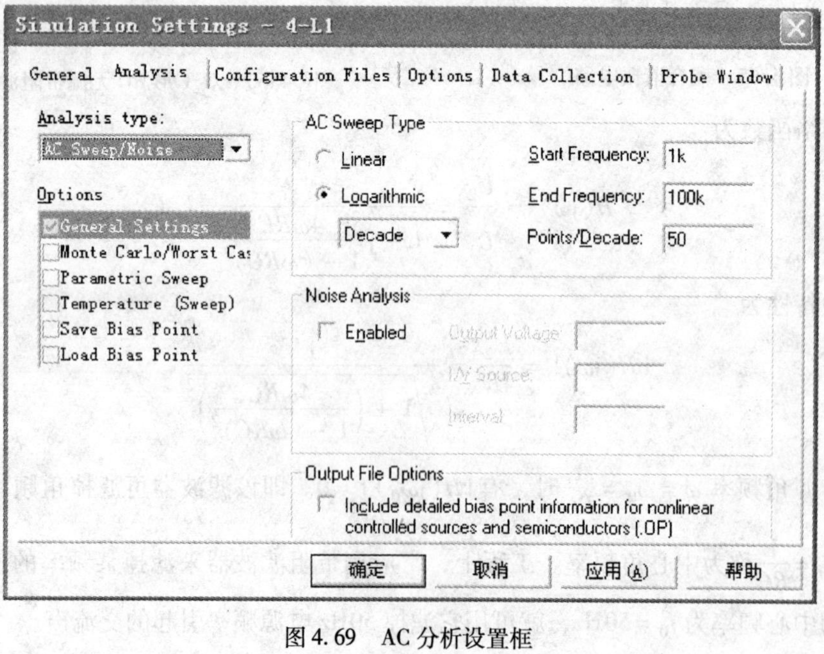

图 4.69　AC 分析设置框

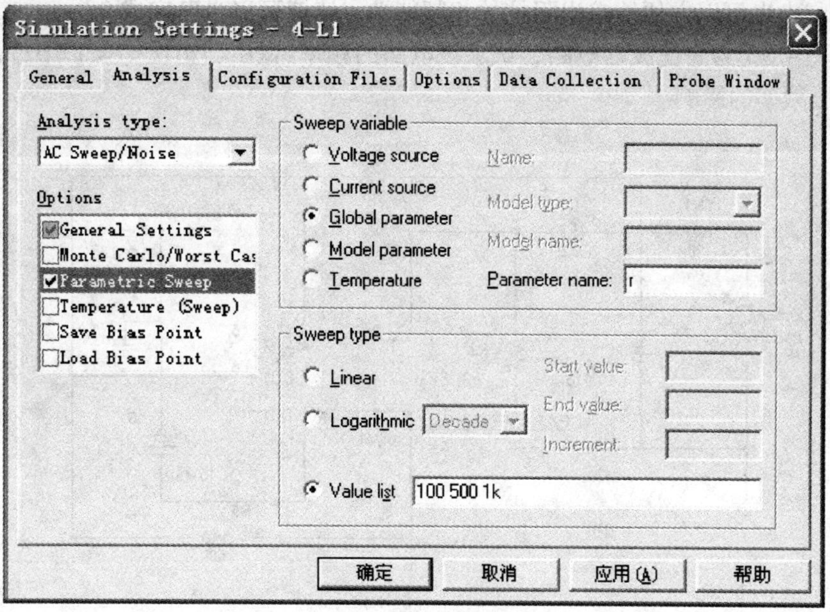

图 4.70　参数分析设置框

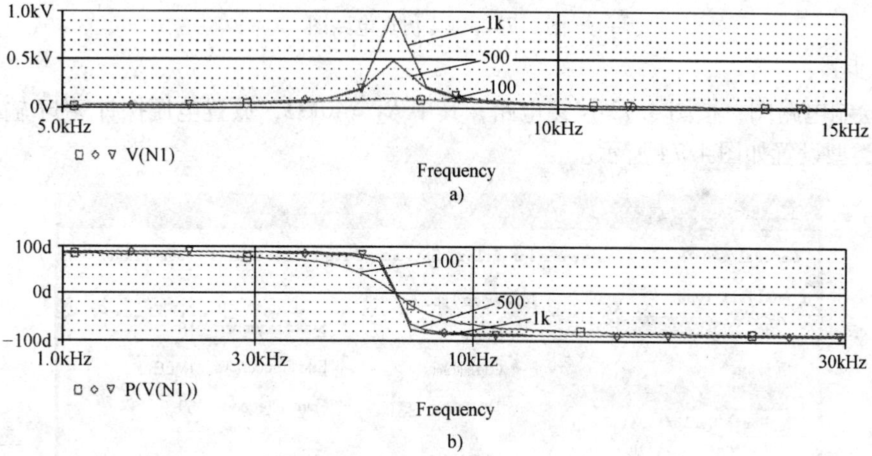

图 4.71　频率特性的仿真结果

a）幅频特性曲线　b）相频特性曲线

4）在 Probe 的输出列表中键入 V(N1)/I(I1)，得到不同品质因数下电路阻抗模的幅频特性曲线如图 4.72 所示。

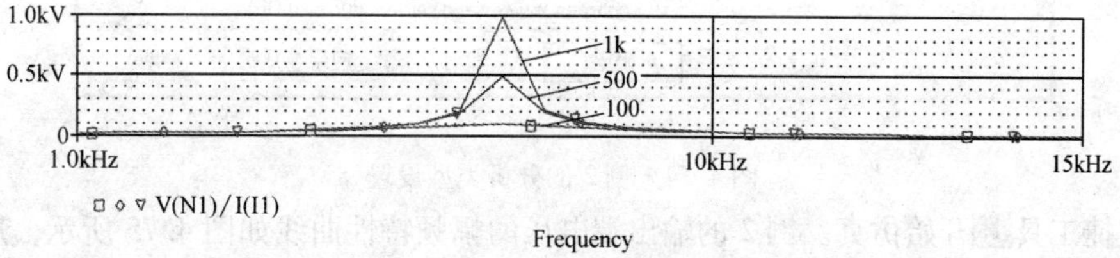

图 4.72　电路阻抗模的幅频特性曲线

在 Probe 中也可以方便地求出阻抗的相频特性，读者可以自己完成。

例 2：图 4.73 为一滤波器电路，试求该电路的频率特性（10Hz < f < 1MHz），并分析电阻 R_2 对中心频率的影响。

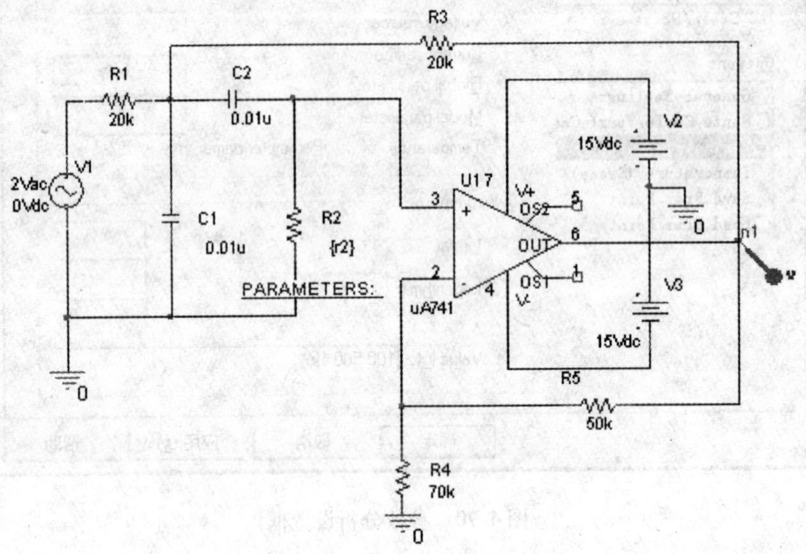

图 4.73　例 2 仿真电路图

仿真步骤：

1）绘制电路图：按图 4.73 连接电路，其中 $R_2 = 40\text{k}\Omega$，放置电压探针于输出端。例 2 的分析类型设置如图 4.74 所示。

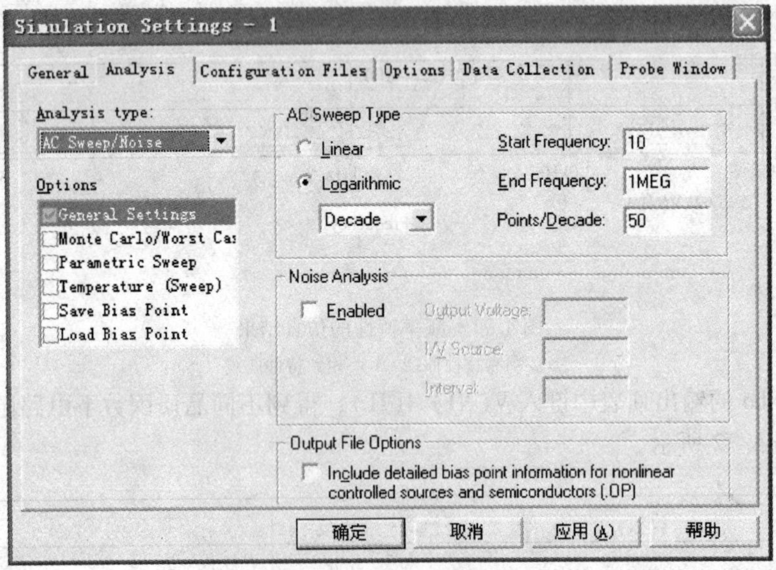

图 4.74　例 2 的分析类型设置

按快捷工具开始仿真。例 2 的输出端电压的幅频特性曲线如图 4.75 所示，启动标尺可测出电路的中心频率为 794Hz，此滤波器是一带通滤波器。

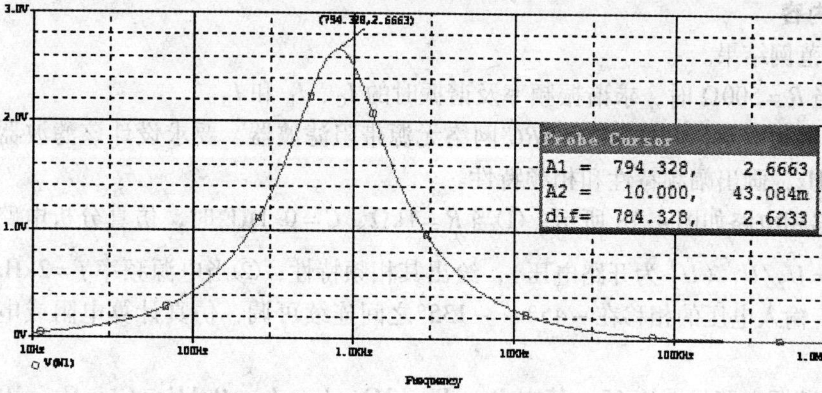

图4.75　例2的输出端电压的幅频特性曲线

2）将电阻 R_2 设置为Global参数，变化范围为30～120kΩ，如图4.76所示，然后进行参数分析。例2的参数分析的幅频特性曲线如图4.77所示。

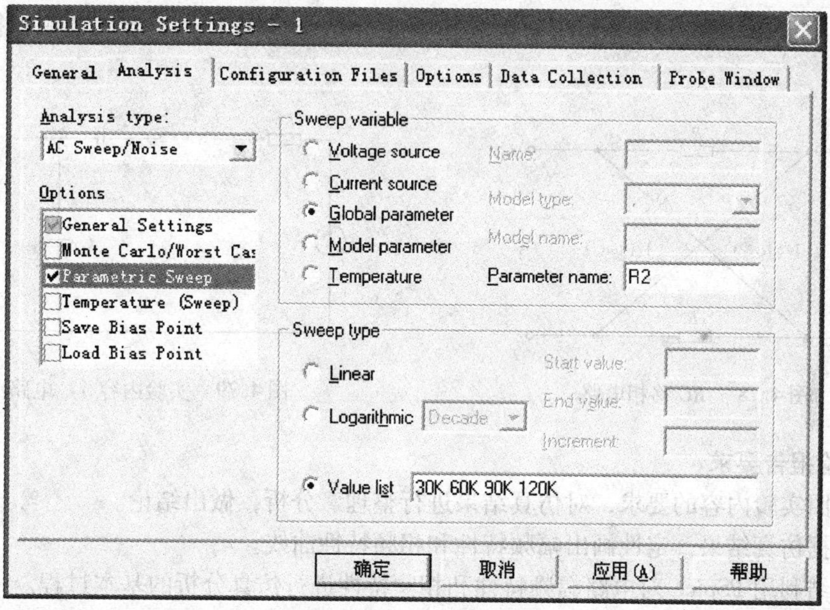

图4.76　参数设置

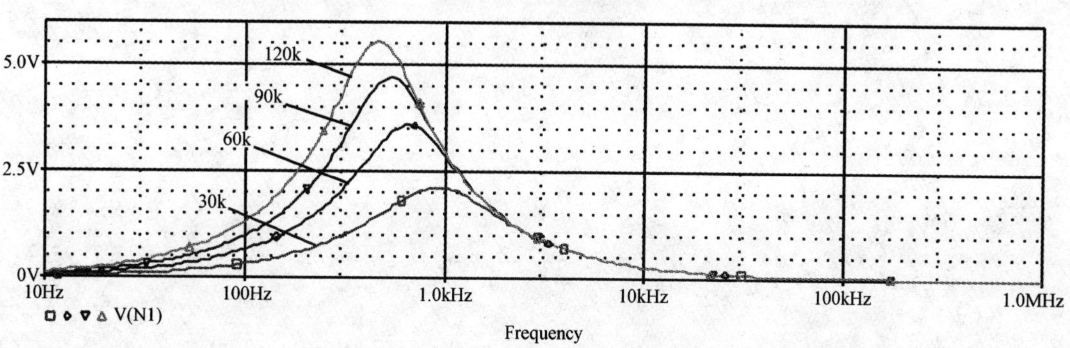

图4.77　例2的参数分析的幅频特性曲线

5. 实验内容

1）验证范例结果。

例 1 中当 $R=500\Omega$ 时，求谐振频率及谐振时的 I_C、I_L 和 I_R。

2）自拟实验电路，制成双 T 形 *RC* 网络无源带阻滤波器。要求设计该滤波器的中心频率为 $f_0=500\text{Hz}$，画出幅频特性和相频特性。

3）*RC* 移相电路如图 4.78 所示。①当 $R=1\text{k}\Omega$、$C=0.1\mu\text{F}$ 时，仿真分析电路的转移电压比 $H(\text{j}\omega)=\dot{U}_2/\dot{U}_1$（$\dot{U}_2$ 为开路电压），绘出其相频特性；②当电源频率 $f=2\text{kHz}$，若使输出电压相对于输入电压的相移在 $-45°\sim-135°$之间连续可调，仿真计算电阻或电容的取值范围。

4）耦合谐振电路见图 4.65，其中 $R_1=R_2=2\Omega$，$L_1=L_2=0.1\text{H}$，$C_1=C_2=10\mu\text{F}$，$u_S=14.14\sin\omega t$，试着改变 M，记录对应不同 M 值 I_1、I_2 的频率特性曲线及通带宽度，从而总结耦合谐振电路的规律。并分析为什么 M 越小，I_1 和 I_2 越接近简单 *RLC* 串联谐振曲线。

5）如图 4.79 所示，$R_1=40\Omega$，$R_2=4\Omega$，$C_1=0.2\mu\text{F}$，$C_2=2\mu\text{F}$，$L_1=1.24\text{mH}$，$L_2=0.124\text{mH}$，电压源幅值为1V，初相角0°，仿真分析 $\dot{U}_o$ 的频率特性，绘制幅频和相频特性曲线。

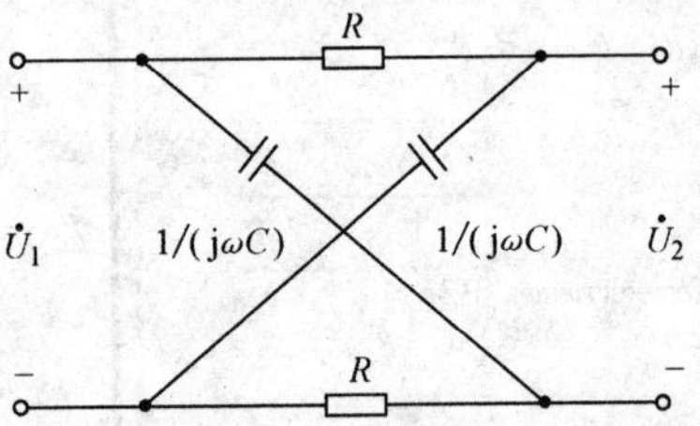

图 4.78　*RC* 移相电路

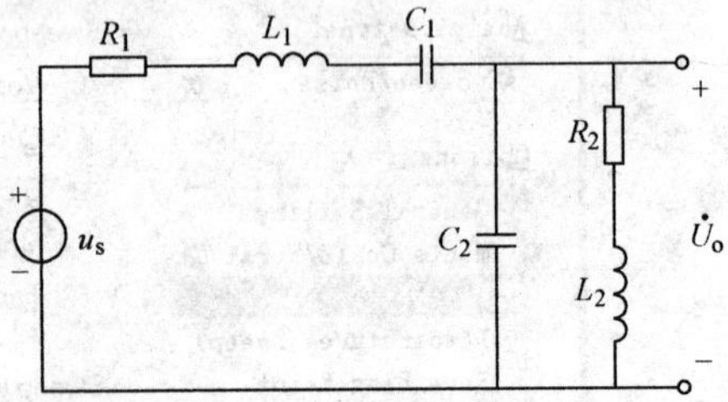

图 4.79　实验内容 5）电路图

6. 实验报告要求

1）按照实验内容的要求，对仿真结果进行整理、分析，做出结论。

2）根据仿真结果，定性画出幅频特性和相频特性曲线。

3）总结利用 PSpice 对电路幅频特性和相频特性进行仿真分析的基本过程。

4.5　动态电路的时域分析

1. 实验目的

1）研究一阶电路在不同电源激励下响应的变化规律和特点。

2）观察电路参数对电路瞬态响应的影响。

3）掌握 PSpice 分析动态电路的方法。

4）加深理解状态平面、状态轨迹的概念。

2. 预习要求

1）熟悉本次实验利用 PSpice 进行电路仿真分析的基本过程。

2）熟悉对动态电路进行时域分析的方法及扫描类型的设置。

3. 理论知识回顾及 PSpice 分析方法说明

1）在电路理论中，电容电压 $u_C(t)$ 和电感电流 $i_L(t)$ 称为电路的状态变量。对 *RLC* 二阶电路，状态变量 $u_C(t)$、$i_L(t)$ 看作是 $u-i$ 平面上的坐标点，这种平面就称为状态平面，其中 t 作为参变量。由状态变量在状态平面上所确定的点的集合，叫做状态轨迹。

2）利用 PSpice 观察状态轨迹，可采用 Probe 提供的改变坐标轴变量设置的方法，使 X 轴、Y 轴坐标变量分别为电容电压和流过电感电流。

4. 实例解析

例 1：电路图如图 4.80 所示，$R_1=2\text{k}\Omega$，C_1 在 0.1 ~ 1μF 之间变化。①当电源为如图 4.81 所示波形时，观察电容的充放电过程；②当电源为如图 4.82 所示波形时，再次观察电容的充放电过程。

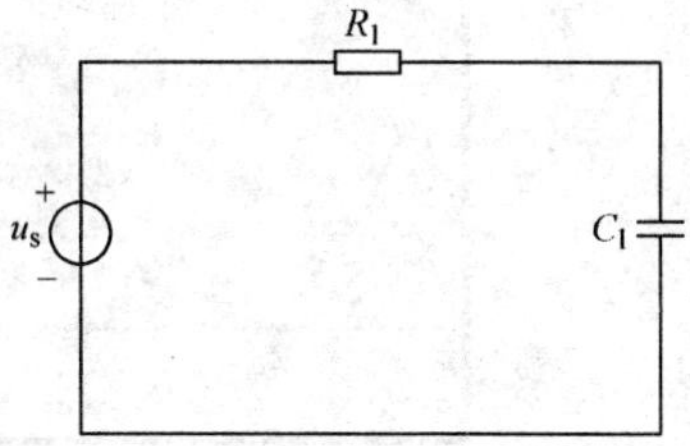

图 4.80　例 1 电路图

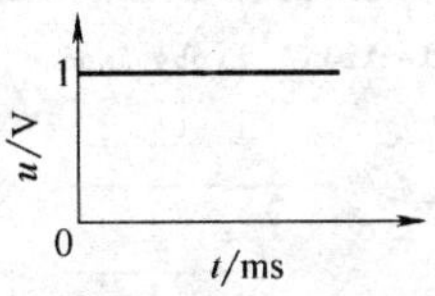

图 4.81　例 1① 电源波形

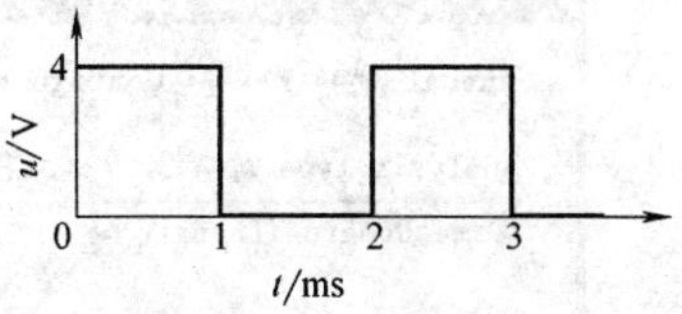

图 4.82　例 1② 电源波形

仿真步骤：

1）当电源为如图 4.81 所示波形时，可以把电源视为分段线性源。

① 绘制的例 1 仿真电路图如图 4.83 所示。

电源选用分段线性源 VPWL，电源参数设置如图 4.84 所示。图中将 C1 设为 Global 参数，运用参数分析可观察不同电容值对应的响应波形。

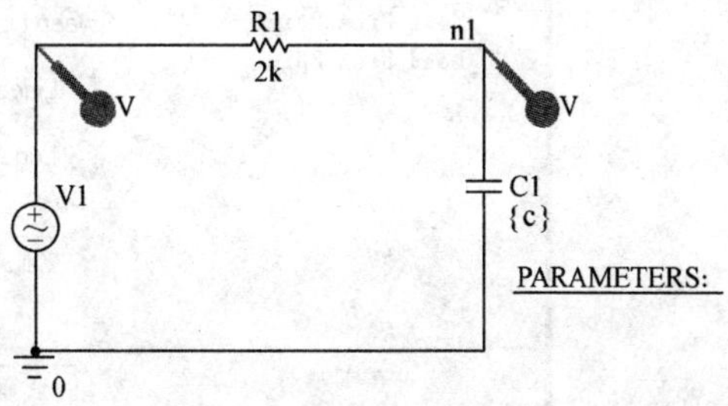

图 4.83　例 1 仿真电路图

	Source Part	T1	T2	T3	T4	T5	T6	T7	T8	V1	V2	V3	V4
SCHEMATIC1 : PAGE1 : V1	VPWL.Normal	0	1n							0	1		

图 4.84　电源参数设置

② 在图中节点 1、2 两点放置电压探针，以便执行 Probe 后，直接显示该处波形。

③ 瞬态分析类型及参数设置如图 4.85、图 4.86 所示。

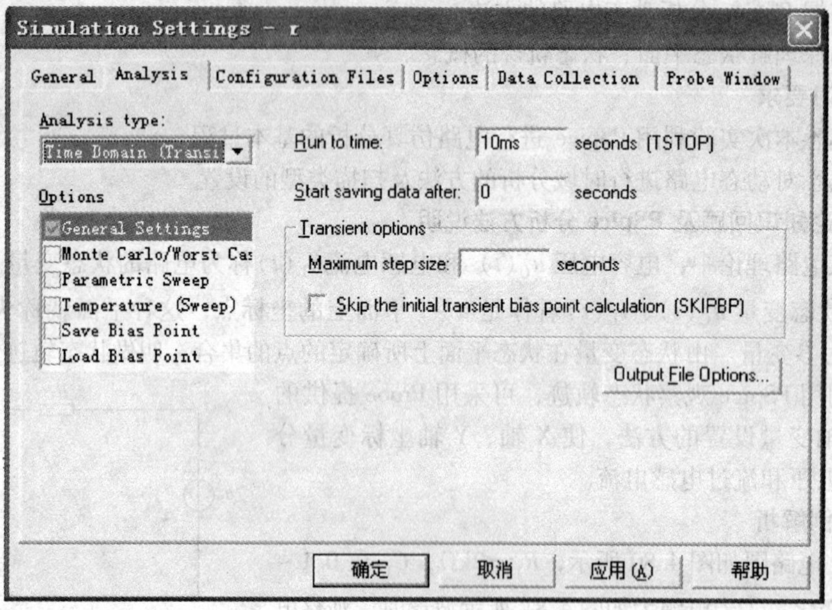

图 4.85　瞬态分析类型及参数设置 1

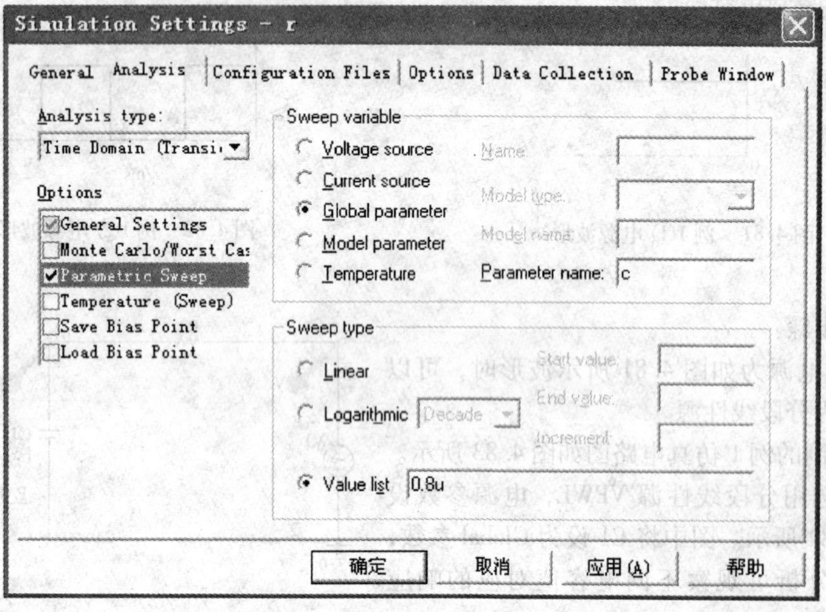

图 4.86　瞬态分析类型及参数设置 2

④ 当 $C_1 = 0.8\mu F$ 时，其输入及输出波形如图 4.87 所示。

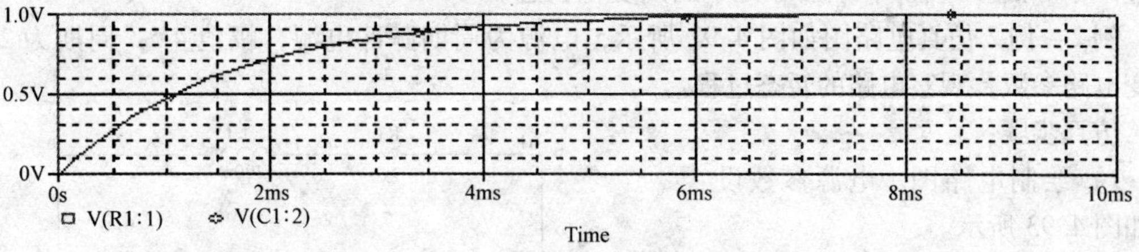

图 4.87　例 1 的输入及输出波形

2）当电源为如图 4.82 所示波形时，可以把电源视为脉冲源。

① 例 1 仿真电路图如图 4.88 所示。

电源选用脉冲源 VPULSE，电源参数设置如图 4.89 所示，其他步骤同 1)。

② 当 $C_1 = 0.1\mu F$ 时，其输入及输出波形如图 4.90 所示。

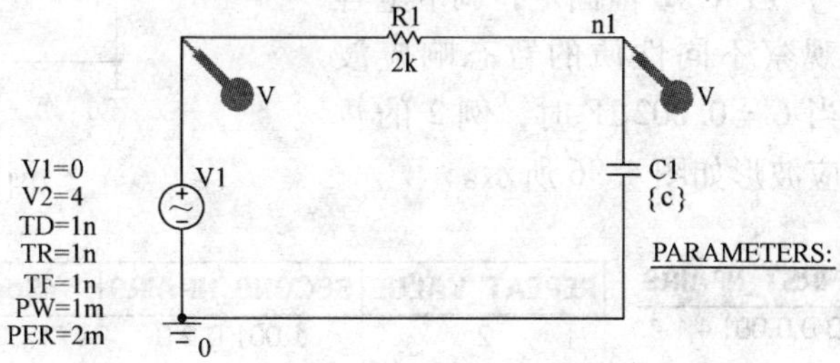

图 4.88　例 1 仿真电路图

		PER	PW	Source Part	TD	TF	TR	V1	V2
1	⊞ SCHEMATIC1 : PAGE1 : V1	2m	1m	VPULSE.Normal	1n	1n	1n	0	4

图 4.89　电源参数设置

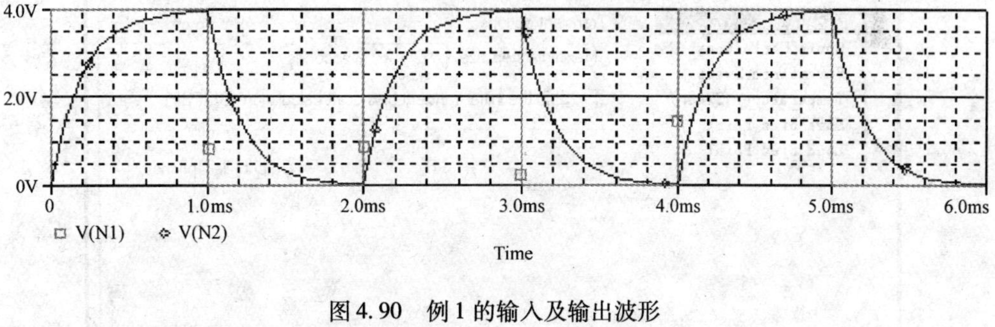

图 4.90　例 1 的输入及输出波形

③ 当 $C_1 = 1\mu F$ 时，其输入及输出波形如图 4.91 所示。

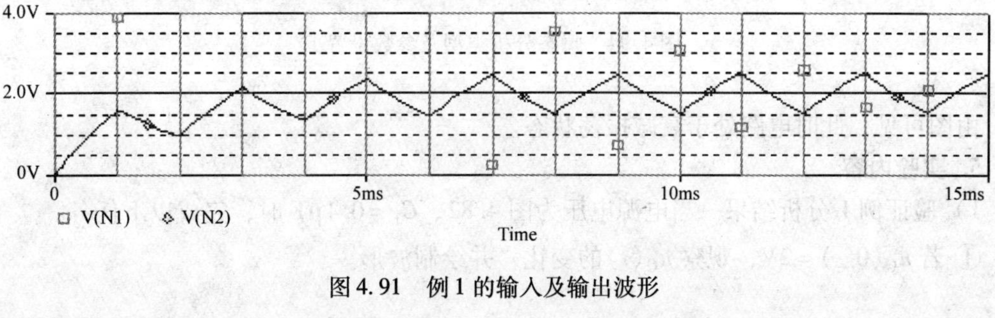

图 4.91　例 1 的输入及输出波形

从图 4. 91 可以看到，当电源为周期脉冲电压且脉冲周期与时间常数接近时，电容电压经过一个“爬坡过程”，然后才处于周期变化状态。

例 2：例 2 仿真电路图如图 4. 92 所示，电源为周期脉冲电源，幅值 4V，周期为 2ms，改变电路参数，观察电路的暂态过程。

仿真步骤：

1）绘制电路图。电源参数设置如图 4. 93 所示。

2）瞬态分析类型及参数设置如图 4. 94、图 4. 95 所示。

3）当 R、L 值固定，调节电容值可观察不同性质的暂态响应波形，当 $C = 0.002\mu F$ 时，例 2 的暂态响应波形如图 4. 96 所示。

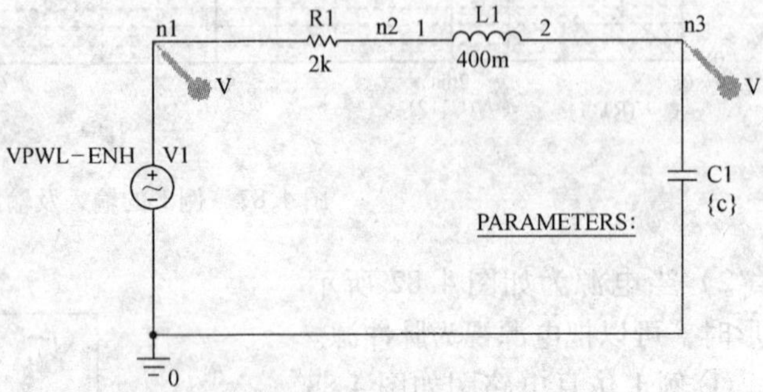

图 4. 92　例 2 仿真电路图

FIRST_NPAIRS	REPEAT_VALUE	SECOND_NPAIRS	Source Part	THIRD_NPAIRS	TSF	VSF
0 0,0.001 4,1 4	2	1.001 0,2 0	VPWL_ENH.Normal		1m	1v

图 4. 93　电源参数设置

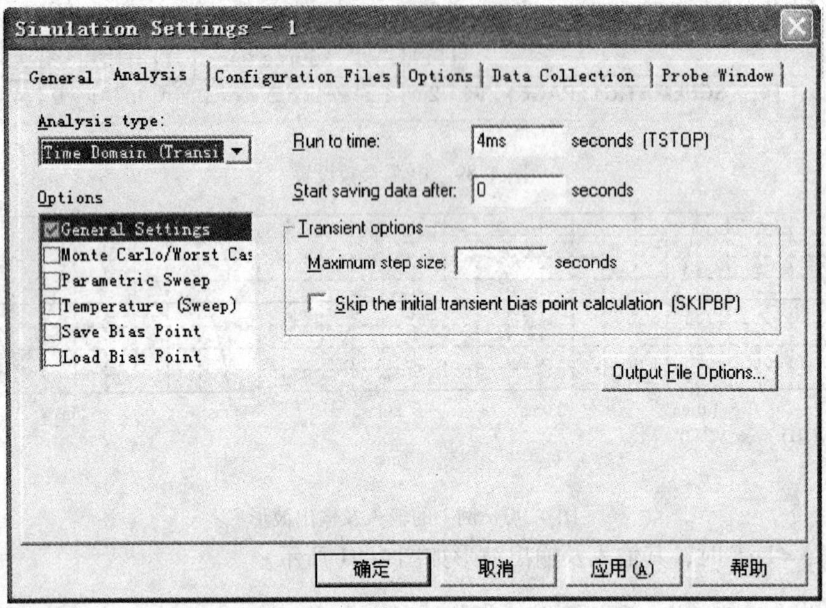

图 4. 94　瞬态分析类型及参数设置 1

由图可见，此时电路处于衰减振荡状态。

5. 实验内容

1）验证例 1 分析结果。当电源电压为图 4. 82、$C_1 = 0.1\mu F$ 时，完成以下任务：

① 若 $u_C(0_-) = 2V$，观察 $u_C(t)$ 的变化，并绘制波形。

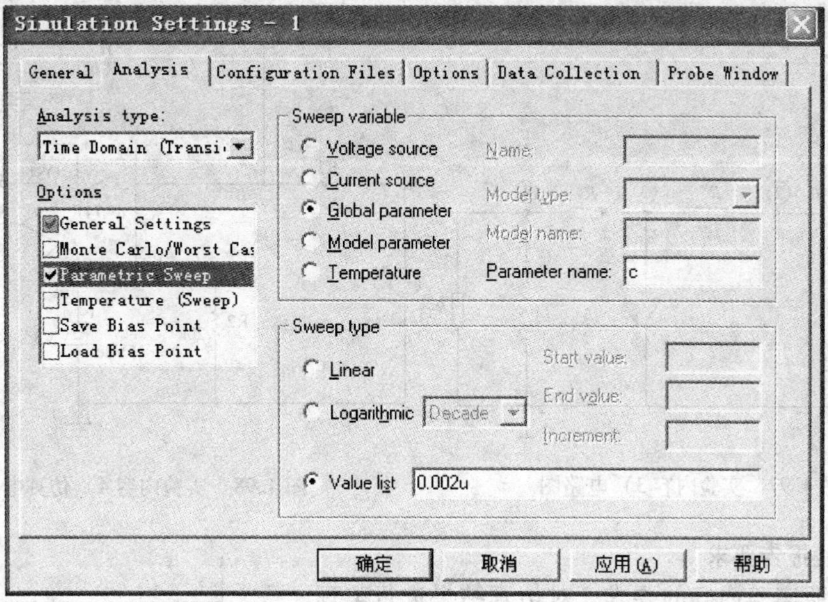

图4.95　瞬态分析类型及参数设置2

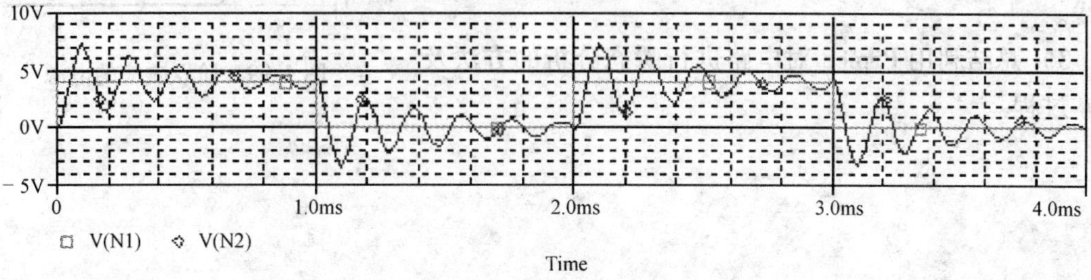

图4.96　例2的暂态响应波形

② 利用PSpice参数分析方法，改变R及C的值，观察$u_C(t)$和$i_R(t)$的变化，分析各电路的特点或功能，选择两种时间常数记录波形。

2）验证例2分析结果，记录峰值电压。观察电阻、电感的暂态过程波形。分析当RCL串联电路处于非振荡情况时，若减小回路电阻，i_L衰减到零的时间变短还是变长？电路处于振荡情况下，若增加回路电阻，振荡幅度衰减变快还是变慢？并观察振荡、非振荡情况下的状态轨迹。

3）电路如图4.97所示，$R_1=R_2=R_3=10\Omega$，$L=1\text{H}$，$U_S=10\text{V}$。初始条件：S_1闭合，S_2断开；$t=0$时拉开S_1，$t=0.1\text{s}$时闭合S_2。试观察电路的时间响应$u_4(t)$。

4）试仿真分析图4.98所示电路的阶跃响应和正弦激励响应，总结电路的特点。阶跃响应的电源如图4.99所示；正弦电源设置为：$f=100\text{Hz}$，幅值为1V。

5）图4.80所示电路中，若$R_1=10\text{k}\Omega$，$C_1=1\mu\text{F}$，电源为$u_S=10\cos(2\pi ft+\varphi)\text{V}$、$f=50\text{Hz}$的正弦电源，调节电源初相角，观察$u_C(t)$波形，找出电路中不产生过渡过程及出现最大值时的初相角，并记录这两种情况下$u_C(t)$的波形。

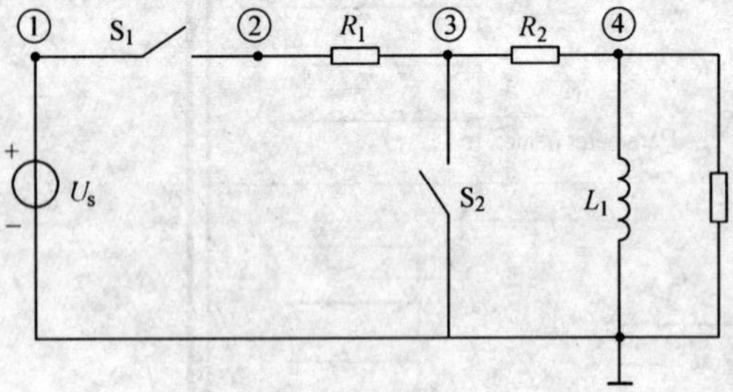

图 4.97 实验内容 3）电路图

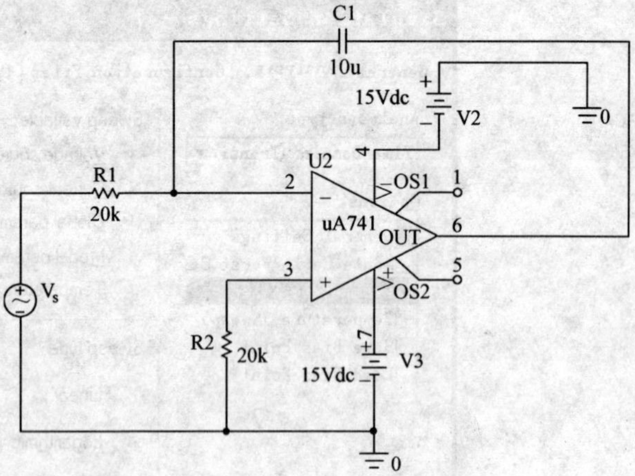

图 4.98 实验内容 4）仿真电路图

6. 实验报告要求

1）按照实验内容的要求，对仿真结果进行整理、分析，做出结论。

2）根据仿真结果，定性画出各实验内容的波形曲线。

3）总结利用 PSpice 对电路进行瞬态分析的方法及基本过程。

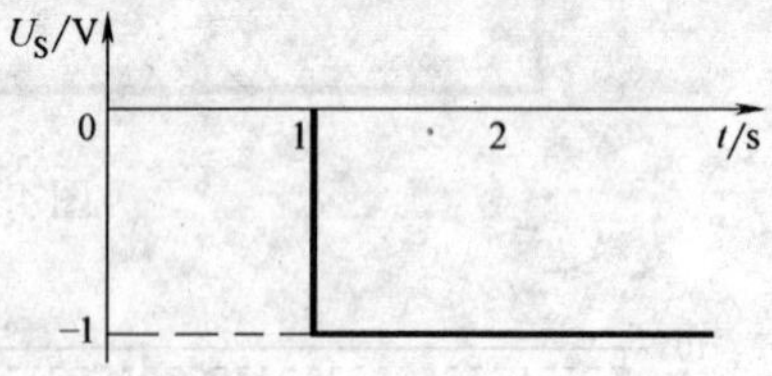

图 4.99 阶跃响应的电源

4.6　非线性电路分析

1. 实验目的

1）巩固非线性电路元件的特性。

2）了解非线性动态电路中出现的特殊现象。

3）掌握使用 PSpice 分析非线性电路的方法。

2. 预习要求

1）熟悉本次实验利用 PSpice 进行电路仿真分析的基本过程。

2）了解对非线性电路进行仿真分析的方法及非线性电路元件的参数设置。

3. PSpice 分析方法说明

1）非线性电阻元件的特性用端口电压和端口电流的关系并通过函数、曲线或表格来表征。通常分为压控、流控和单调 3 种形式。在近似分析时，非线性电阻的伏安特性可用折线逼近，即在一定的工作区段里，分别用线性电路近似等效，称为分段线性化法。在 PSpice 软件中，非线性电阻元件可以用受控源来表示。

PSpice 允许被分析的电路包含 4 种方程所表征的非线性受控源，它们是 $i=f(u)$、$u=f(u)$、$i=f(i)$、$u=f(i)$。这里所列各函数必须是多项式函数，用关键字 POLY 说明。假设多项式函数是一维的，则函数值 f 与自变量 x 的函数关系由下式给出：

$$f=p_0+p_1x+p_2x^2+p_3x^3+p_4x^4+\cdots$$

假设受控源端口电流与电压关系方程式为

$$i=10^{-3}u+1.5\times10^{-3}u^2$$

即该受控源模拟了一个非线性电阻。

2）状态平面法是分析二阶自治非线性电路的一种有效方法。对于不同的初始值和电路参数，在状态平面上将描述出不同的状态轨迹。用经典的图解法求状态轨迹相当繁琐，而用 PSpice 仿真分析，可迅速、准确地绘出状态轨迹。通过对这些轨迹的几何性质的研究，可定性了解电路的某些特性。

4. 实例解析

例 1：如图 4.100 所示非线性电阻电路，已知电流与电压关系方程式为：$I_3=0.3U_3+0.04U_3^2$，$R_1=2\text{k}\Omega$，$R_2=10\text{k}\Omega$，$U_S=84\text{V}$。试求节点② 的电压。

仿真步骤：

1）绘制电路图：如图 4.101 所示，图中非线性电阻用受控源表示。

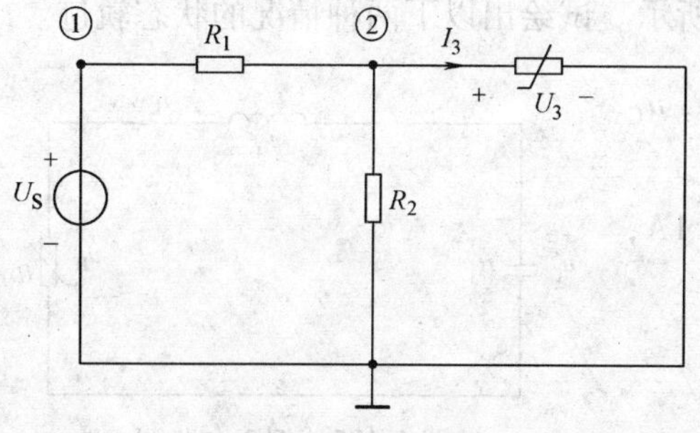

图 4.100　例 1 电路

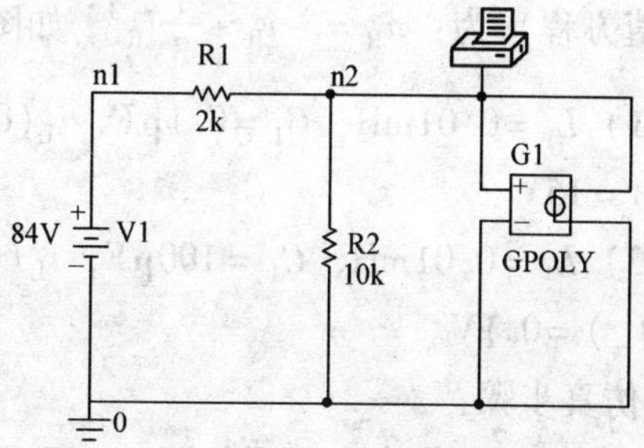

图 4.101　例 1 仿真电路图

受控源符号放置后，双击该符号，将属性编辑器“COEFF”框中的 1 改为 0. 3　0. 04，如图 4. 102 所示。

		PSpiceOnly	Reference	Value	c	COEFF	Locati
1	⊞ SCHEMATIC1 : PAGE1 : G1	TRUE	G1	GPOLY		0.3 0.04	

图 4. 102　例 1 的受控源设置

2）例 1 的分析类型及参数设置如图 4. 103 所示。

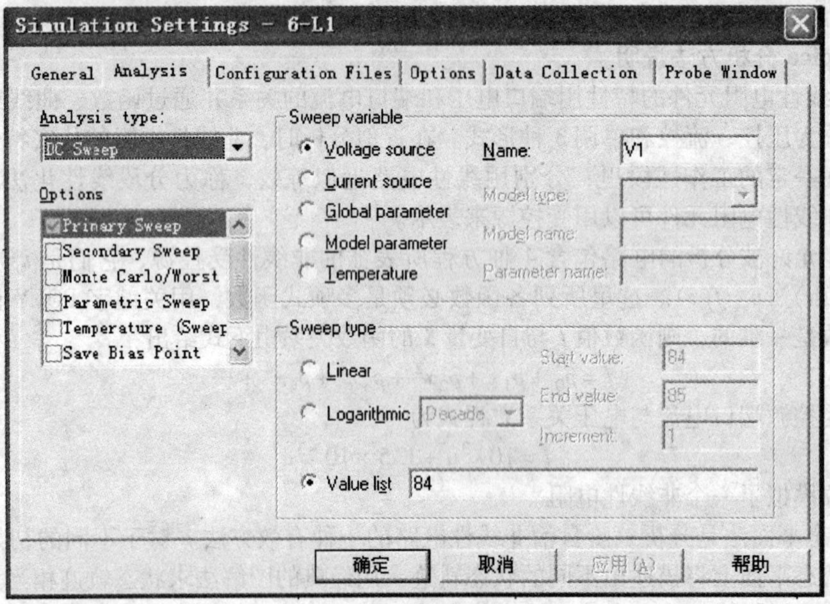

图 4. 103　例 1 的分析类型及参数设置

3）执行 PSpice 程序：选择 PSpice/Run。例 1 的仿真结果如图 4. 104 所示。由输出结果可知，当电源电压为 84V 时，节点② 的电压是 137. 2mV。

```
  V_V1            V(N2)

8.400E+01       1.372E-01
```

图 4. 104　例 1 仿真结果

例 2：例 2 的电路如图 4. 105 所示，非线性电阻伏安特性（数值方程）为：$u_R = -i_R + \frac{1}{3}i_R^{\,3}$，如图 4. 106 所示。试绘出以下两种情况的状态轨迹。

1）$L_1 = 0.01\text{mH}$，$C_1 = 0.1\mu\text{F}$，$i_L(0_-) = 0\text{A}$，$u_C(0_-) = 15\text{V}$。

2）$L_1 = 0.01\text{mH}$，$C_1 = 100\mu\text{F}$，$i_L(0_-) = 0.1\text{A}$，$u_C(0_-) = 0.1\text{V}$。

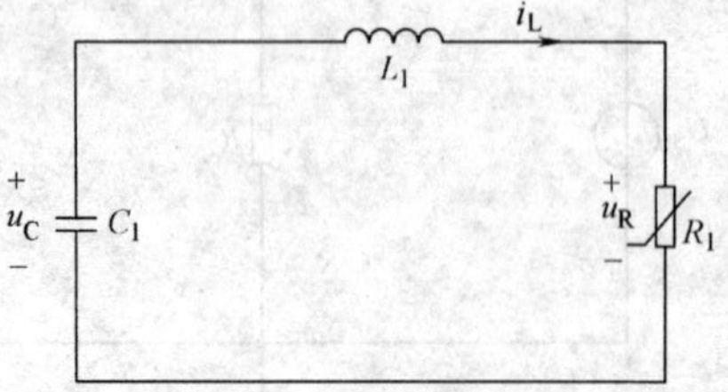

图 4. 105　例 2 电路图

仿真步骤：

1）例 2 的仿真电路图如图 4. 107 所示。

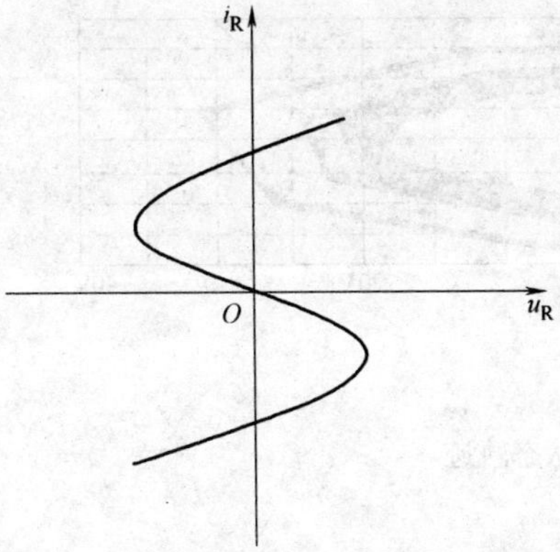

图 4.106　非线性电阻伏安特性曲线

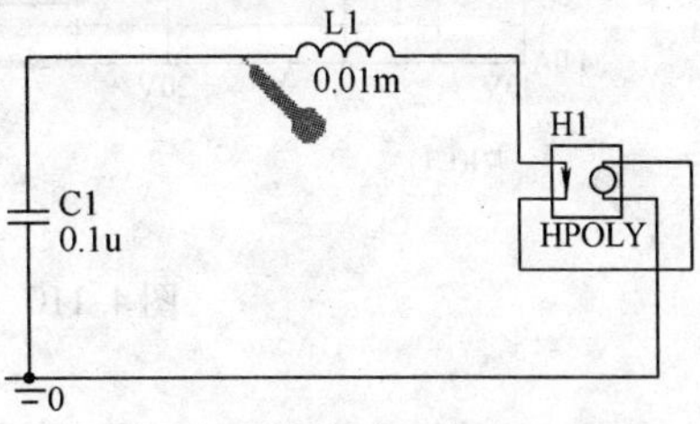

图 4.107　例 2 仿真电路图

受控源符号放置后，双击该符号，将属性编辑器“COEFF”框中的 1 改为 0　－1　0　0.33，如图 4.108 所示。

		PSpiceOnly	Reference	Value	c	BiasValue Power	COEFF
1	⊟ SCHEMATIC1 : PAGE1 : H1	TRUE	H1	HPOLY		-9.967mW	0 -1 0 0.333

图 4.108　例 2 的受控源设置

2）例 2 的分析类型及参数设置如图 4.109 所示。

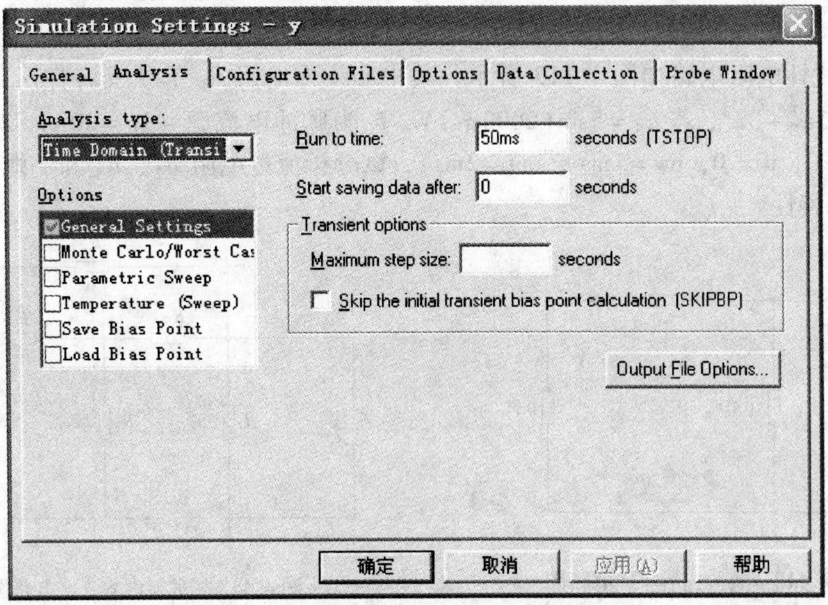

图 4.109　例 2 的分析类型及参数设置

3）执行 PSpice 程序：选择 PSpice/Run。在 Probe 中执行 Axis Settings 命令，将 X 轴坐标变量改为电容电压。例 2 的状态轨迹分别如图 4.110、图 4.111 所示。

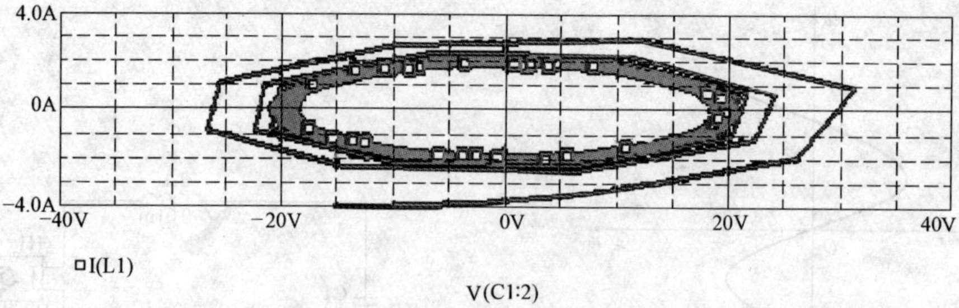

图 4.110　仿真步骤 1)的状态轨迹

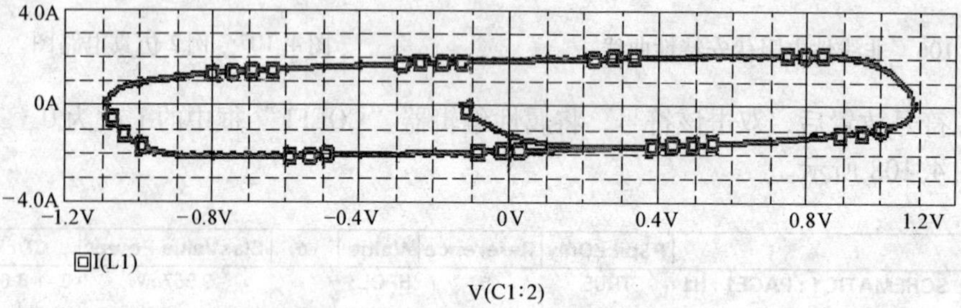

图 4.111　仿真步骤 2)的状态轨迹

5. 实验内容

1）验证范例结果。范例 2 中改变 C_1 或 L_1 值，观察状态轨迹变化情况。

2）图 4.112 所示电路，已知数值方程 $U = I^2 + 2I$。试求电压 U。

3）非线性电阻电路如图 4.113 所示，其中非线性电阻 R_5 的伏安特性（数值方程）为：$i = u + 2u^2 + 3u^3$，若 $u_S = 5\sin(2000\pi t)$ V，i_S 为脉冲电流源（I1 = 20A，I2 = -20A，td = 0，tr = 0，tf = 0，pw = 1ms ，per = 2ms），试分析流过电阻 R_2、R_3 和非线性电阻 R_5 的电流瞬态特性。

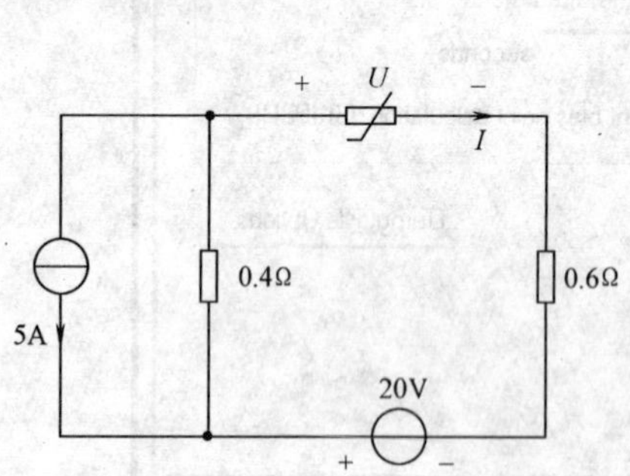

图 4.112　实验内容 2）电路图

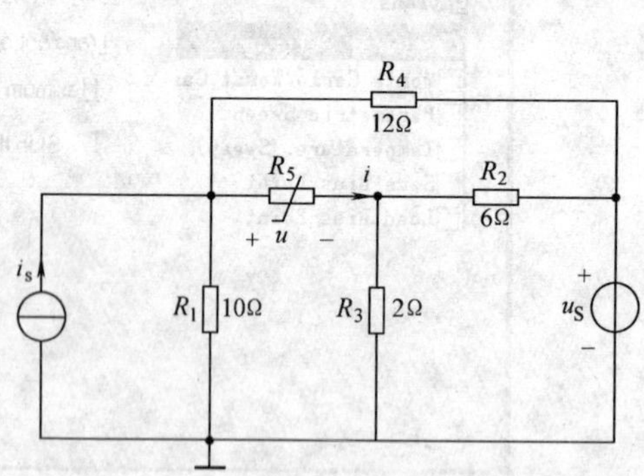

图 4.113　实验内容 3）电路图

4）图 4.114 所示为由两个二极管组成的全波整流电路，图 4.115 所示为由 4 个二极管组成的桥式整流滤波电路，电压源 $u_S = 20\sqrt{2}\cos 314t$ V，电感 $L = 0.2$mH，电容 $C = 2000\mu$F，电阻 $R = 1$kΩ，观察并分析电阻上的电压波形。

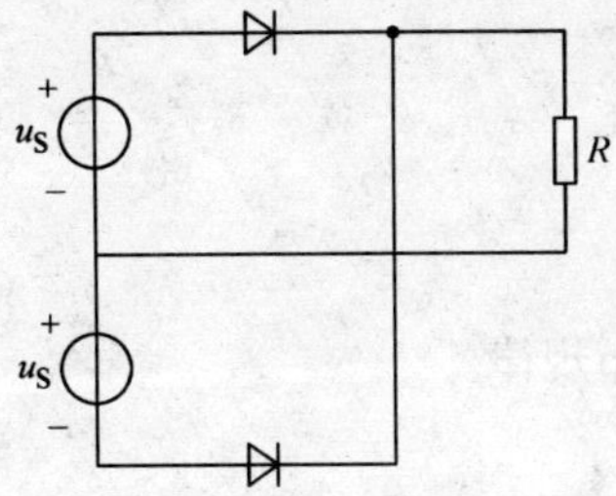

图4.114　实验内容4）电路图1

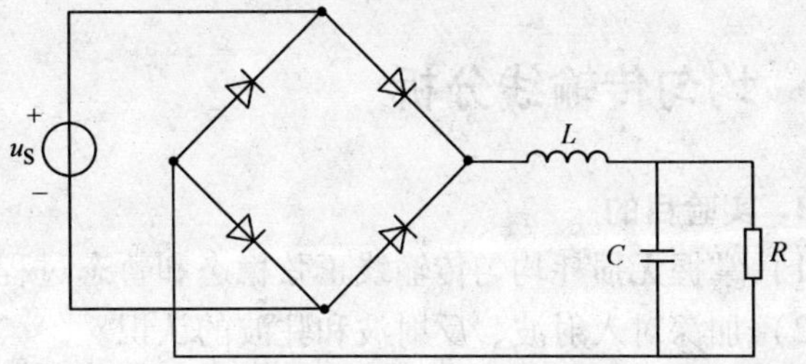

图4.115　实验内容4）电路图2

5）图4.116所示电路中，已知 $R=20\Omega$，$C_1=C_2=10\mu F$，$u_S=10V$，非线性电阻的伏安特性（数值方程）为：$i=\frac{1}{2}u+\frac{1}{6}u^2$，若 $t=0$ 时开关闭合，求 $t>0$ 时的零状态响应 $u(t)$。

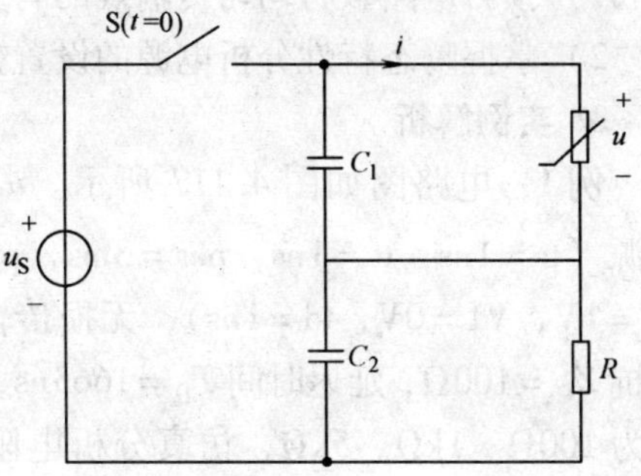

图4.116　实验内容5）电路图

6. 实验报告要求

1）按照实验内容的要求，对仿真结果进行整理、分析，做出结论。

2）根据仿真结果，定性画出波形曲线。

3）总结本次实验的收获和体会。

4.7 均匀传输线分析

1. 实验目的

1）掌握无损耗均匀传输线正弦稳态和暂态过程的电压分布规律。

2）加深对入射波、反射波和驻波的认识。

3）学习用 PSpice 分析无损线的方法。

2. 预习要求

1）预习电路教材均匀传输线的有关内容。

2）掌握瞬态特性分析电源的设置方法。

3. 实例解析

例 1：电路图如图 4.117 所示。u_S 为脉冲电源（tr = 1ns，tf = 1ns，per = 3ms，pw = 1ms，V2 = 1V，V1 = 0V，td = 1ns），无损传输线的波阻抗 $Z_C = 100\Omega$，延迟时间 $T_D = 1665$ns，当 R 分别为 100Ω、1kΩ、5kΩ，仿真分析电阻 R 两端电压波形。

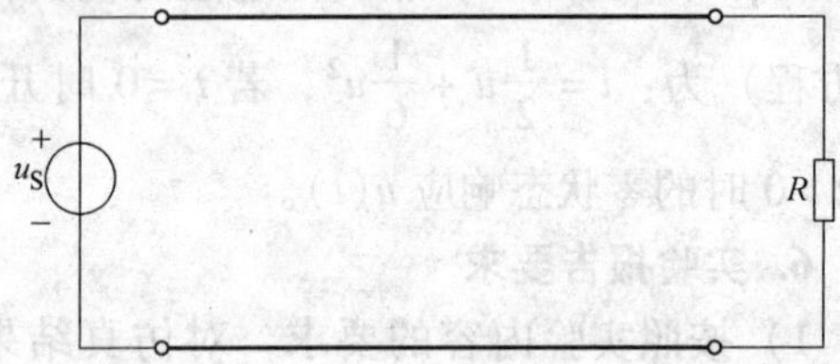

图 4.117 例 1 电路图

仿真步骤：

1）绘制电路图

① 按开始按钮，选择"所有程序/OrCAD 15.7 Demo"，单击"OrCAD Capture CIS Demo"，或在桌面双击图标，进入 Capture 电路图编辑界面。

② 在 ANALOG 库中提取 R、T，在 SOURCE 库中提取脉冲源 VPULSE。

③ 连线，放置节点、接地符号。

④ 按图 4.117 设置元器件和电源参数。其中，无损传输线的属性编辑设置如图 4.118 所示，脉冲源 VPULSE 的属性编辑设置如图 4.119 所示。

		PSpiceOnly	Reference	Value	BiasValue	F	Locatio	Locati	NL	Source Part	TD	Z0
1	SCHEMATIC1 : PAGE1 : T1	TRUE	T1	T	0W		370	180		T.Normal	1665n	100

图 4.118 无损传输线的属性编辑设置

		PSpiceOnly	Reference	Value	BiasValue Power	Loca	Loc	PER	PW	Source Part	TD	TF	TR	V1	V2
1	SCHEMATIC1 : PAGE1 : V1	TRUE	V1	VPULSE	0W	260	250	3m	1m	VPULSE.Normal	1n	1n	1n	0	1

图 4.119 脉冲源 VPULSE 的属性编辑设置

PSpice 仿真电路图如图 4.120 所示。

2）设置电路特性分析类型及参数：选择 PSpice/New Simulation Profile（或单击工具按钮），在 New Simulation 对话框中键入项目名称，按"Create"按钮，进入瞬态特性分析参数设置框，其参数设置如图 4.121 所示。设置完毕，单击"确定"按钮。

3）运行 PSpice 程序进行电路仿真：选择 PSpice/Run（或单击工具按钮），调用 PSpice A/D 对该电路进行仿真计算。

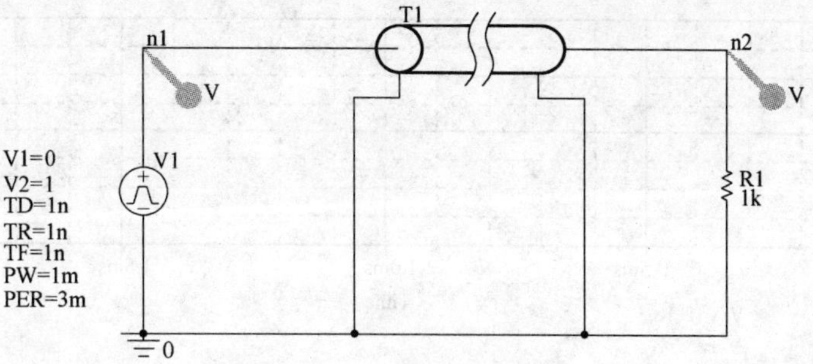

图 4.120　例 1 仿真电路图

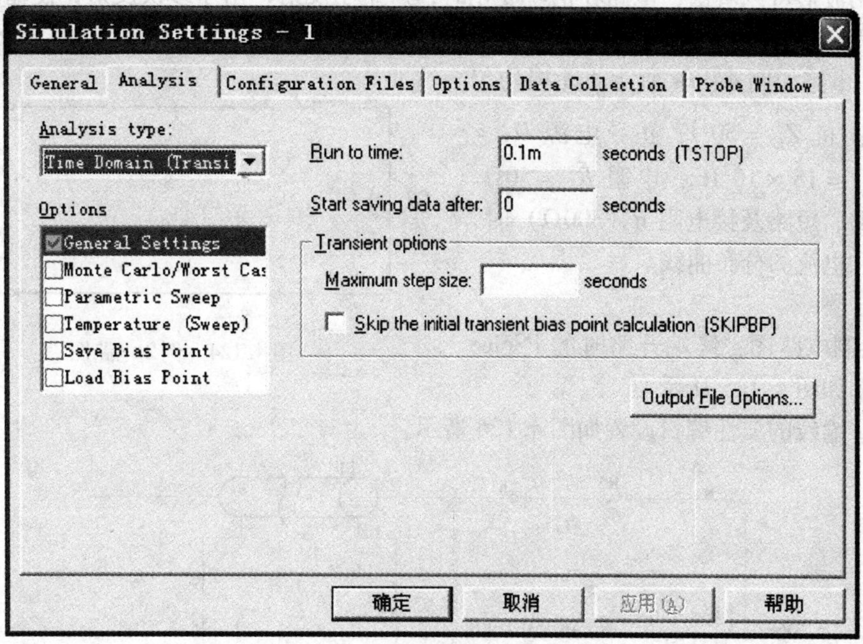

图 4.121　瞬态特性分析参数设置

4）电路仿真分析结果的输出：仿真完成后，PSpice 会自动显示放置电压探针处的电压波形，$R=1\text{k}\Omega$、$t=0.1\text{ms}$ 时的瞬态分析输出波形如图 4.122 所示。

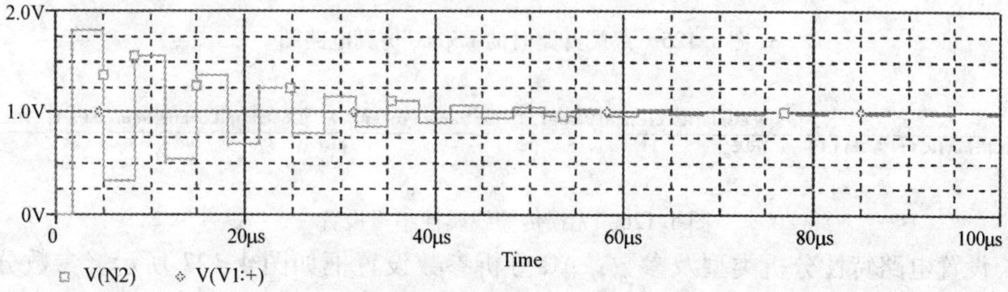

图 4.122　$R=1\text{k}\Omega$、$t=0.1\text{ms}$ 时的瞬态分析输出波形

$R=1\text{k}\Omega$、$t=2\text{ms}$ 时的瞬态分析输出波形如图 4.123 所示。

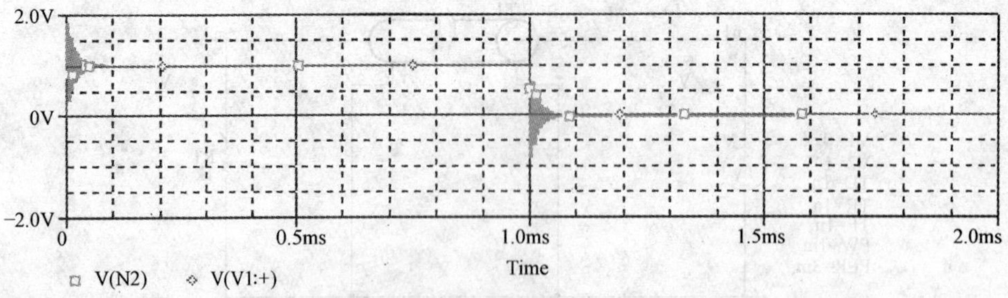

图 4.123　$R=1\text{k}\Omega$、$t=2\text{ms}$ 时的瞬态分析输出波形

由输出波形可以看出，电路在信号变化时，产生了反射，由于多次反射，使输出电压出现振荡过程。

例 2：电路如图 4.124 所示。无损均匀传输线波阻抗 $Z_C=50\Omega$，正弦电源 $\dot{U}_S=3\text{V}$，频率 $f=18\times10^3\text{Hz}$，电阻 $R_1=50\Omega$。求终端开路、短路及接电阻 $R_2(300\Omega)$ 时，沿线电压和电流的分布曲线。

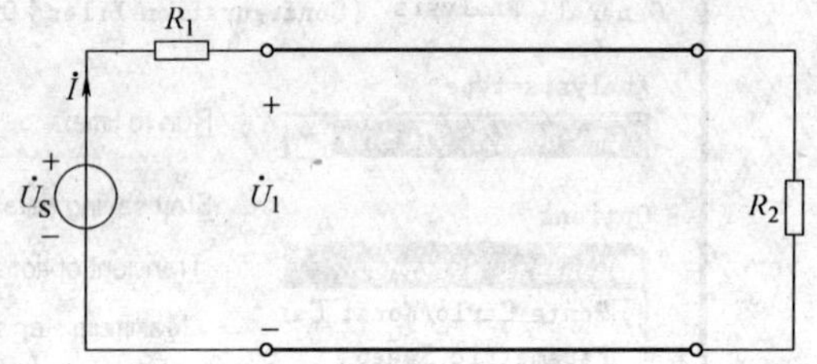

图 4.124　例 2 电路图

仿真步骤：

1）绘制电路图：终端开路时的 PSpice 仿真电路图如图 4.125 所示。

无损传输线的属性编辑设置如图 4.126 所示。

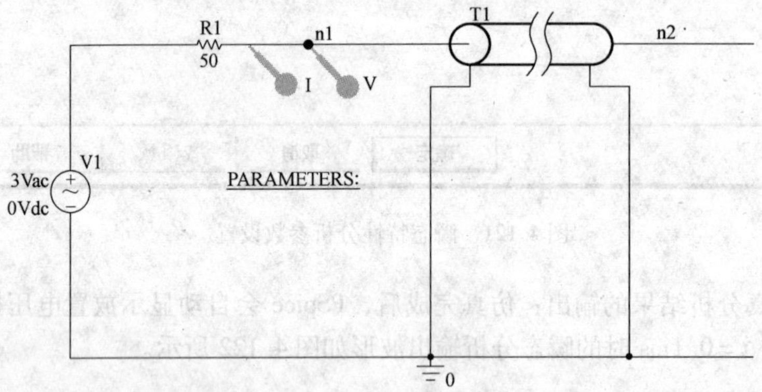

图 4.125　终端开路时的 PSpice 仿真电路图

		PSpiceOnly	Reference	Value	nl	Bias Value Power	F	Location	Locatio	Source Part	TD	Z0
1	⊞ SCHEMATIC1 : PAGE1 : T1	TRUE	T1	T	{nl}	0W	18k	400	140	T.Normal		50

图 4.126　无损传输线属性编辑设置

2）设置电路特性分析类型及参数：AC 分析参数设置框如图 4.127 所示。参数分析设置框如图 4.128 所示。

3）运行 PSpice 程序进行电路仿真：单选 PSpice/Run（或单击工具按钮 ▶），调用 PSpice A/D 对该电路进行仿真计算。

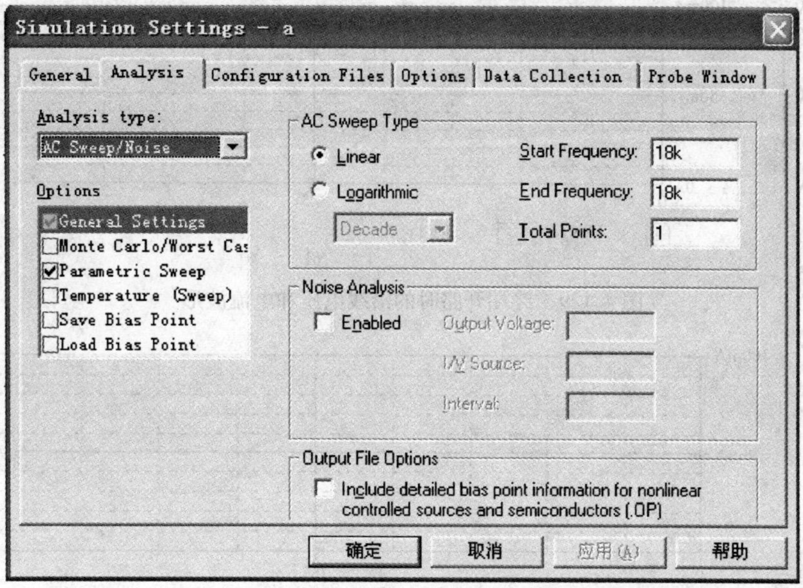

图 4.127　AC 分析参数设置框

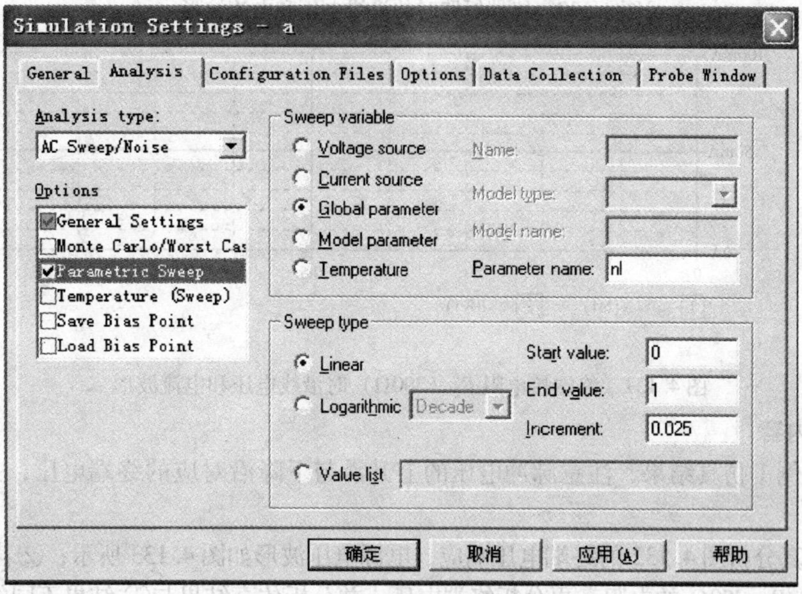

图 4.128　参数分析设置框

4）电路仿真分析结果的输出：仿真完成后，PSpice 会自动显示放置电压探针处的电压波形，终端开路时的沿线电压和电流波形如图 4.129 所示（*nl* 为线长与波长之比）。从图中可观测和分析驻波的特点。

同理可得终端短路时的沿线电压和电流波形，如图 4.130 所示。终端接电阻 R_2（300Ω）时的沿线电压和电流波形如图 4.131 所示。

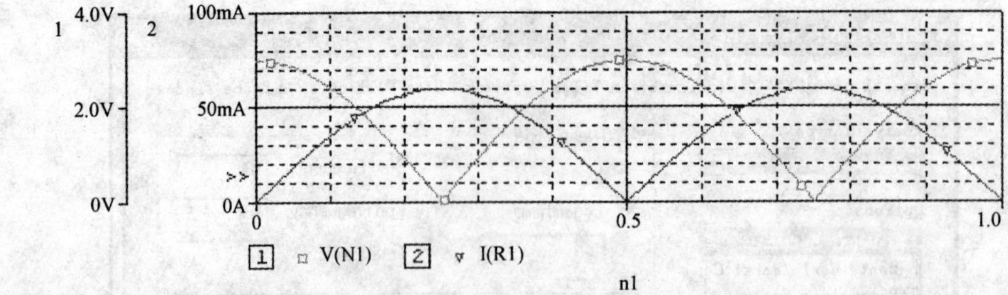

图 4.129　终端开路时的沿线电压和电流波形

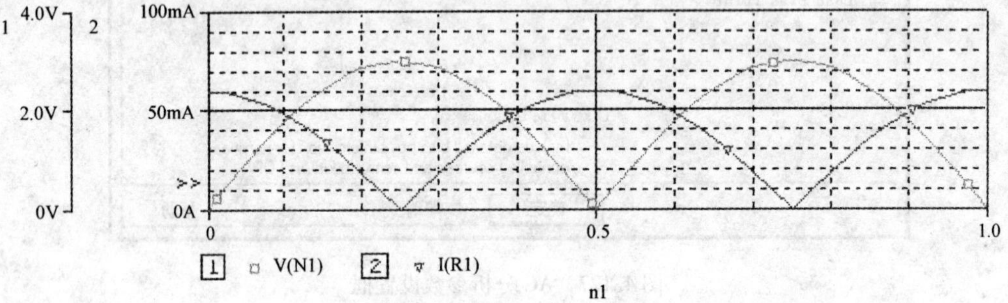

图 4.130　终端短路时的沿线电压和电流波形

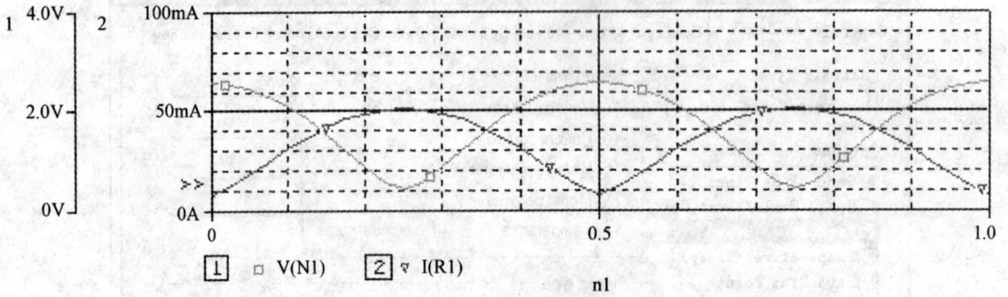

图 4.131　终端接电阻 R_2（300Ω）时沿线电压和电流波形

4. 实验内容

1）验证例 1 仿真结果，注意脉冲电压的上升沿与下降沿对应的终端电压，并分析其差异的原因。

2）①仿真分析图 4.132 的终端电压响应，电源电压波形如图 4.133 所示；②若在图 4.132 的输入端串入 $R=300\Omega$ 的电阻，再分析终端电压，并分析仿真结果与① 结果不同的原因。

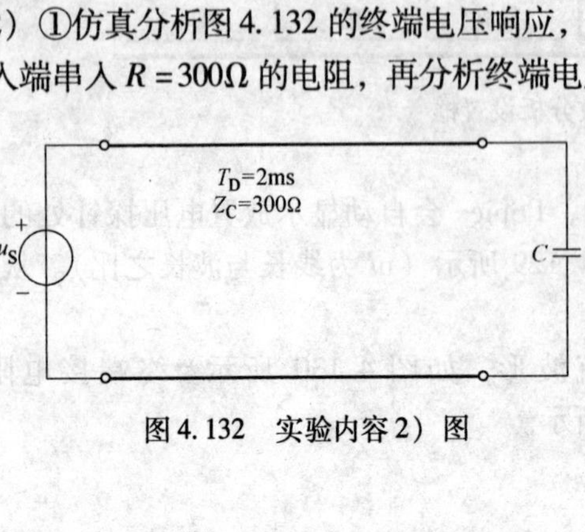

图 4.132　实验内容 2）图

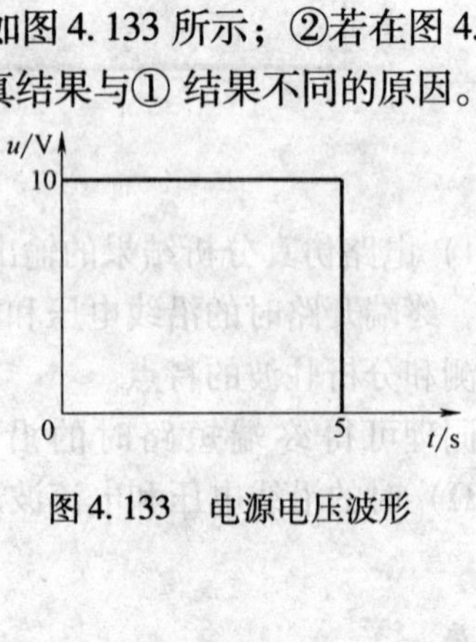

图 4.133　电源电压波形

3）如图 4.134 所示。无损均匀传输线线长 $l=37.5\text{m}$，波阻抗 $Z_C=600\Omega$，波速 $v=3\times10^8\text{m/s}$，正弦电源 $\dot{U}_S=10\text{V}$，频率 $f=6\times10^6\text{Hz}$，电阻 $R_2=4R_1=400\Omega$。求始端电压 $\dot{U}_1$ 和电流 $\dot{I}$。

4）图 4.135 为 5 段等长的无损线，两个正弦电压源分别用来产生正向行波和反向行波，电压为 3V，$f=5\times10^5\text{Hz}$。无损线 $Z_C=100\Omega$，希望在无损线的连接处产生电压波节或波腹，因此选择每一段的延迟时间为 $T_D=T/4=0.5\mu\text{s}$，u_{S2} 较 u_{S1} 滞后 90°。依次在 1、2、3、4、5、6 处放置电压测试探针，观察电压的变化情况。若使电压波节与波腹交换位置，应该怎样改变 u_{S2} 的初相？仿真计算此时的电压分布。

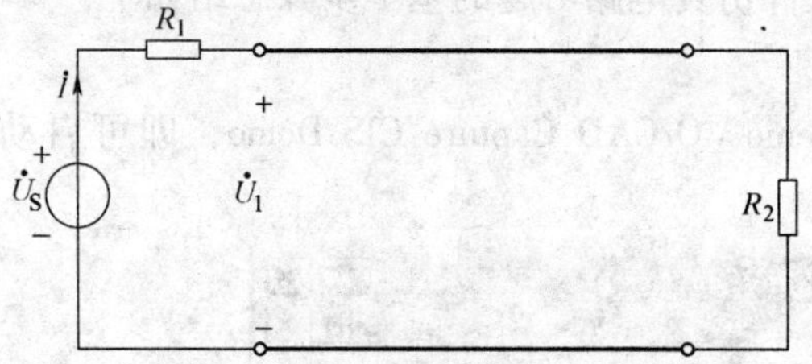

图 4.134　实验内容 3）图

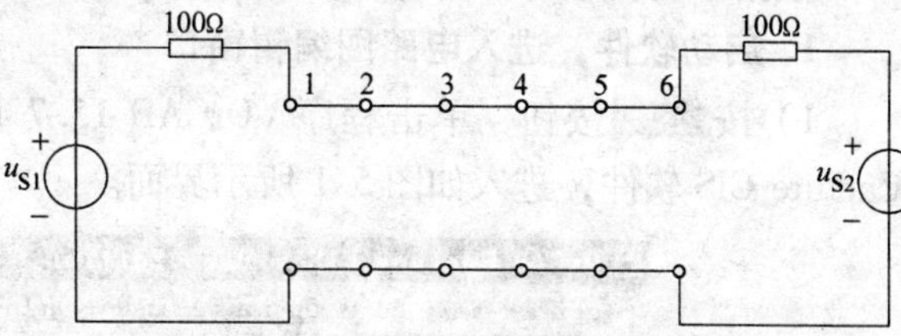

图 4.135　实验内容 4）图

5）电路如图 4.136 所示，电源电压波形见图 4.133。仿真分析 i_L 和 u_C。

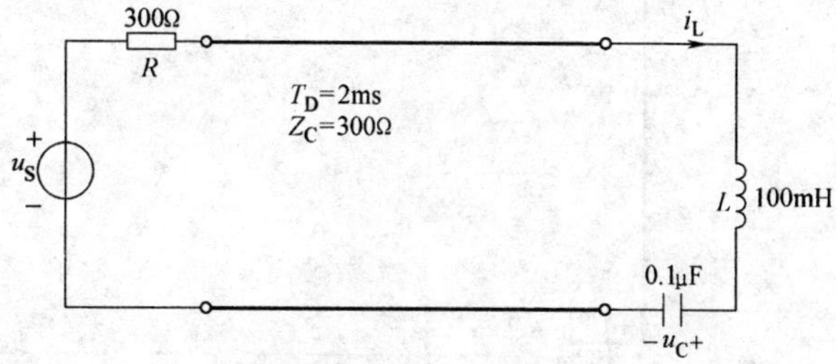

图 4.136　实验内容 5）图

5. 实验报告要求

1）保存仿真实验电路图及仿真输出波形结果或数据结果，并对仿真结果进行分析总结。

2）总结运用 PSpice 软件求解均匀传输线的方法。

第5章　电工学仿真实验

利用 OrCAD 15.7 软件在计算机的模拟实验平台上绘制电路图，并运行 PSpice 软件，对该电路进行仿真分析，从而得到与硬件实验一致的实验数据及实验曲线。运用软件仿真电路大大提高了实验效率。

根据本教程第1章内容，使用 OrCAD 15.7 软件仿真电路习题的基本步骤总结如下：

1. 启动软件，进入电路图编辑窗口

1）按开始按钮，单击程序 \ OrCAD 15.7 Demo \ OrCAD Capture CIS Demo，即可启动 Capture CIS 软件，进入如图5.1所示界面。

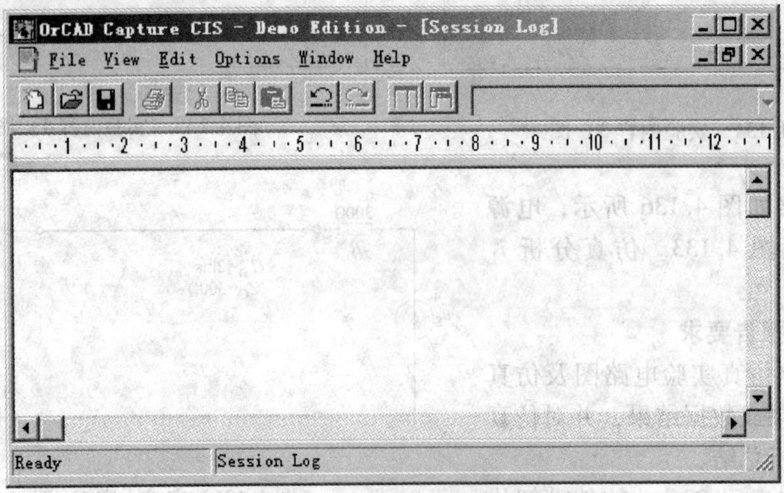

图5.1　Capture CIS 主界面

2）在 Capture 主界面下，选择菜单命令 File/New/Project，屏幕显示 New Project 对话框，如图5.2所示。

3）在 New Project 对话框中输入如下信息：

① Name 文本框中里填入设计项目名。

② 选择“Analog or Mixed A/D”。

③ 单击“Browse”按钮，选择路径“E:\orcad”。

按“OK”按钮，进入如图5.3所示的创建设计项目对话框。

4）选中“Create a blank project”（创建一个新的设计项目）。单击“OK”按钮，进入电路图编辑窗口，如图5.4所示。

2. 绘制电路图

1）选取元器件符号：执行 Place/Part 命令，或单击专用绘图工具中的按钮。

2）调用接地符号：执行 Place/Ground 命令，或单击专用绘图工具中的按钮。

3）连接电路：执行 Place/Wire 命令，或单击专用绘图工具中的按钮。

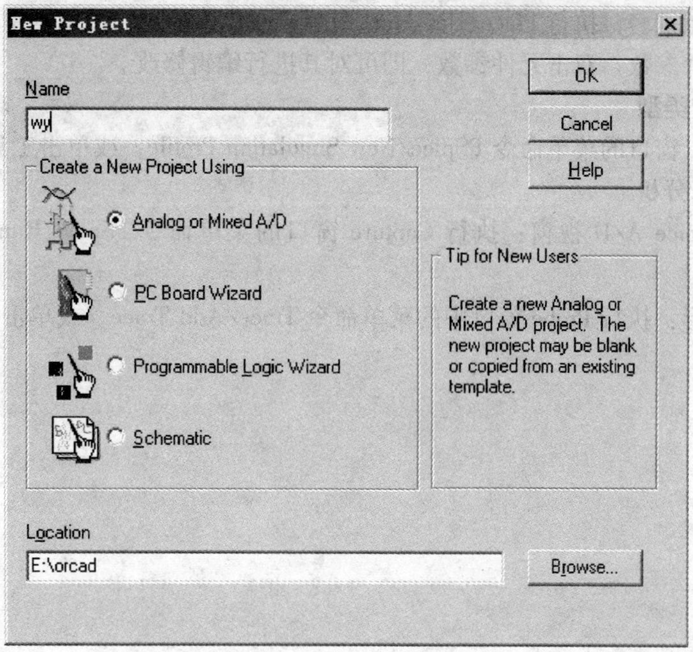

图5.2　New Project 对话框

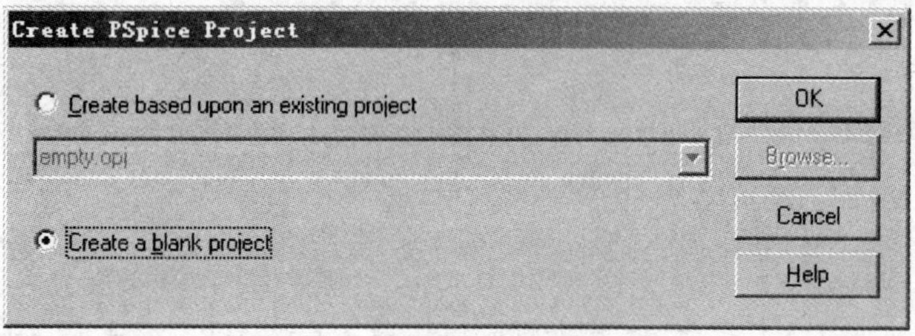

图5.3　创建设计项目对话框

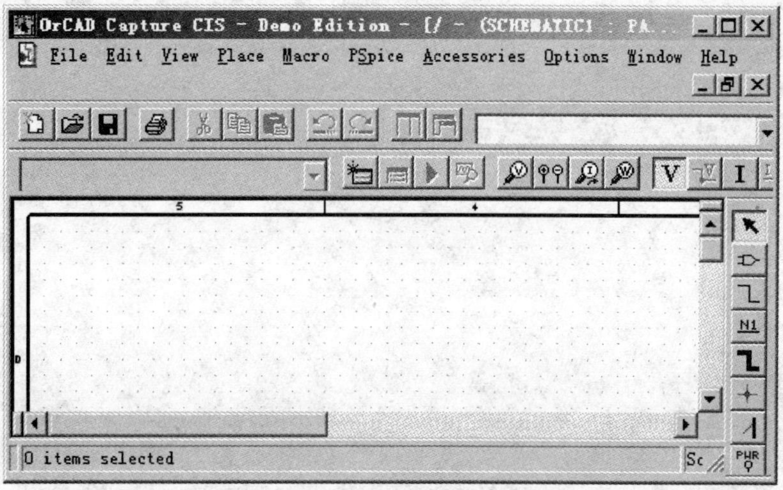

图5.4　电路图编辑窗口

4）设置节点别名：执行 Place/Net Alias 命令，或单击专用绘图工具中的按钮。

5）编辑元件参数：双击元件参数，即可对其进行编辑修改。

3. 确定分析类型

执行 Capture 窗口的菜单命令 PSpice/New Simulation Profile，或单击工具按钮。

4. 进行仿真分析

1）启动 PSpice A/D 视窗：执行 Capture 窗口的菜单命令 PSpice/Run，或单击工具按钮。

2）显示波形：执行 Probe 窗口中的菜单命令 Trace/Add Trace，或单击工具按钮。

5.1 直流电路的仿真分析

1. 实验目的

1）掌握 OrCAD Capture 软件设计绘制电路原理图的方法。

2）运用 OrCAD PSpice 软件对直流电路进行仿真分析。

2. 预习要求

1）复习直流电路理论知识。

2）学习本教程第 1 章内容，了解 OrCAD 15.7 软件的绘图及仿真方法。

3）预习本节例题，了解 PSpice 直流工作点分析及直流扫描分析的设置方法。

3. 实例解析

OrCAD PSpice A/D 包括 4 种基本分析类型，分别为直流工作点分析（Bias Point）、直流扫描分析（DC Sweep）、交流扫描分析（AC Sweep）和瞬态分析（Time Domain）。下面通过具体实例介绍直流工作点及直流扫描的分析方法：

例 1：已知电路如图 5.5 所示，试求各节点电位、各支路电流和电阻消耗的功率。

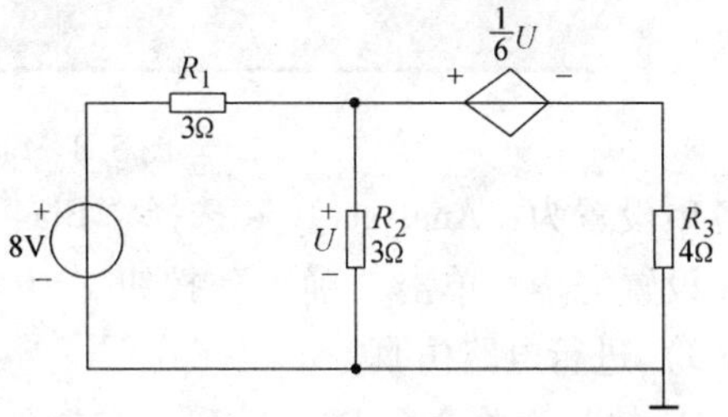

图 5.5 例 1 电路图

解题步骤：

1）绘图

① 按开始按钮，单击程序 \ OrCAD 15.7 Demo \ OrCAD Capture CIS Demo，进入 Capture 电路图编辑界面。

② 在 SOURCE 库中调用直流电压源 VDC，在 ANALOG 库中调用电阻 *R* 及受控源 E。

③ 放置接地符号：执行 Place/Ground 命令，或单击专用绘图工具中的按钮，屏幕上弹出 Place Ground 对话框。在 SOURCE 库中选取“0”符号。

④ 连接线路。

⑤ 设置元器件参数值。其中受控源 E1 的设置方法为：双击 E1，屏幕弹出受控源的属性编辑器，如图 5.6 所示，在“GAIN”栏输入 0.166。

		Reference	Value	BiasValue Power	GAIN	Source Part
1	SCHEMATIC1 : PAGE1 : E1	E1	E		0.166	E.Normal

图 5.6 受控源属性编辑器

例 1 的 Capture 软件绘制图如图 5.7 所示。

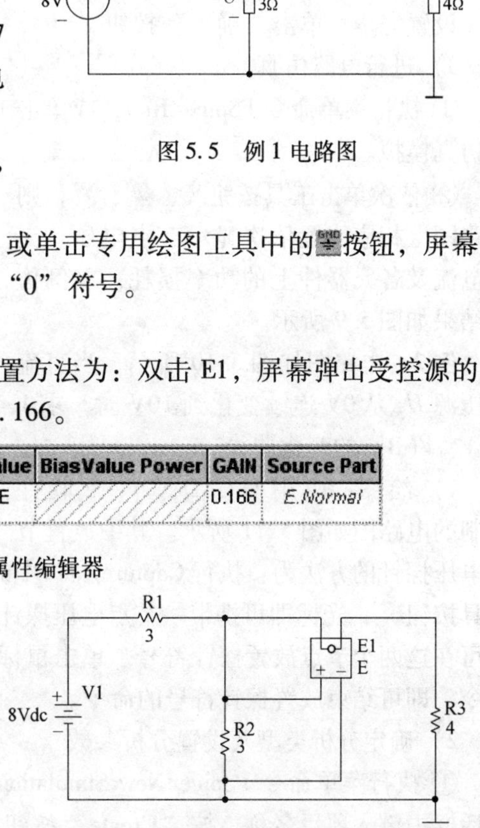

图 5.7 例 1Capture 软件绘制图

2）确定分析类型及设置分析参数

① 执行菜单命令 PSpice/New Simulation Profile，或单击工具按钮，在 New Simulation 对话框中键入项目名称，按“Create”按钮，进入 Simulation Settings 对话框，如图 5.8 所示。

② Simulation Settings 中的 Analysis 选项卡

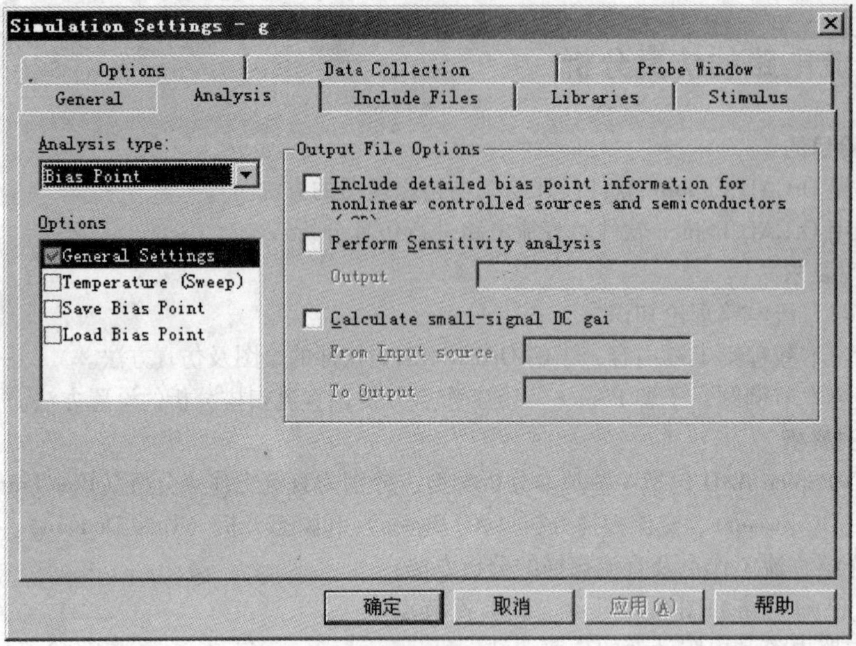

图 5.8 Simulation Settings 对话框

中各项设置为：Analysis type 选择“Bias Point”；Option 选择“General Settings”；

设置完毕，单击“确定”按钮。

3）进行电路仿真

① 执行菜单命令 PSpice/Run，或单击工具按钮，调用 PSpice A/D 软件对该电路图进行仿真模拟。

② 依次单击工具按钮V、I、W，则电路图上相应位置依次显示节点电压、支路电流及各元器件上的功率损耗，本例仿真结果如图 5.9 所示。

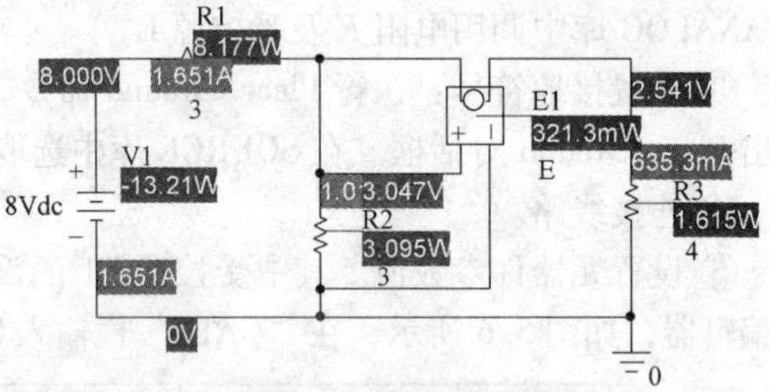

图 5.9 例 1 仿真结果

例 2：电路图如图 5.10 所示，当直流电压源 U_S 从 0V 连续变化到 10V 时，求 V(A)、V(B) 的变化曲线。

1）绘图：应用 OrCAD/Capture 软件绘制的电路图如图 5.11 所示。其中放置节点电压探针的方法为：执行 Capture 窗口中的菜单命令 PSpice/Markers/Voltage Level，或单击工具按钮，光标即可携带一节点电压探针符号。在节点 A 和节点 B 上分别单击鼠标左键，即可在这两个节点放置探针符号。单击鼠标右键，在弹出的快捷菜单中选择执行 End Mode 命令，即可结束放置探针符号的命令。

2）确定分析类型及设置分析参数

① 执行菜单命令 PSpice/New Simulation Profile，或单击工具按钮，在 New Simulation 对话框中键入项目名称，按“Create”按钮，进入 Simulation Settings 对话框，打开 Analysis 选项卡，如图 5.12 所示。

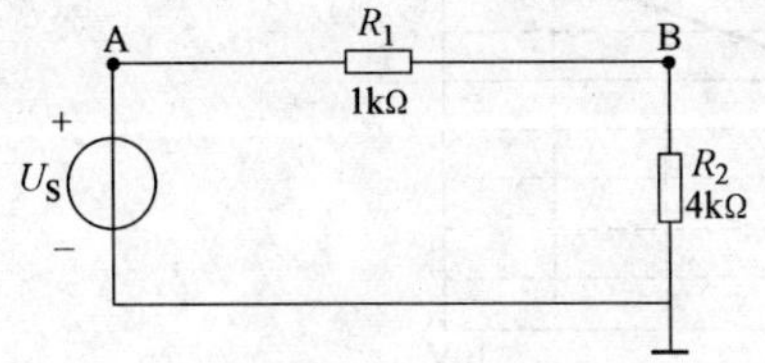

图5.10　例2的电路图

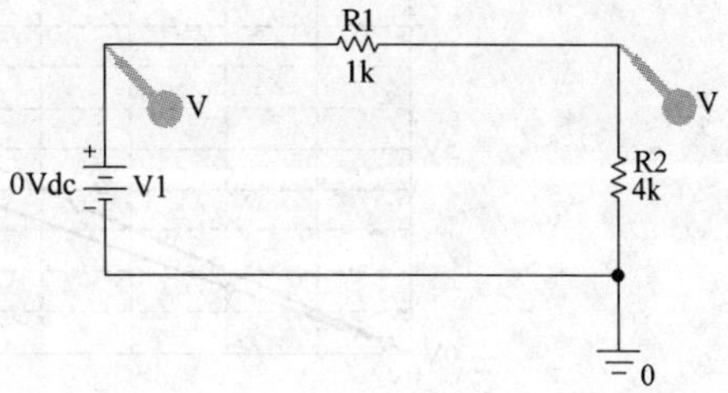

图5.11　应用OrCAD/Capture软件绘制的电路图

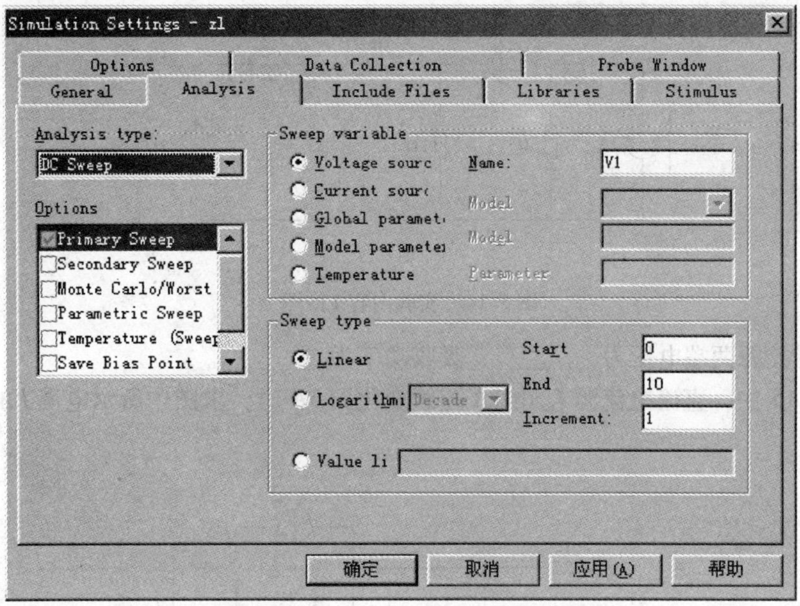

图5.12　Simulation Settings对话框

② 图5.10所示直流分压电路的仿真类型及参数设置为（见图5.12）：在Analysis type下拉框中选中“DC Sweep”；Options下拉框中选中“Primary Sweep”；Sweep variable项选中“Voltage source”，并在Name文本框中输入“V1”；Sweep type项选中“Linear”，并在Start文本框中输入“0”、End文本框中输入“10”及Increment文本框中输入“1”。

以上各项填完之后，按“确定”按钮，即可完成仿真分析类型及分析参数的设置。

另外，如果要修改电路的分析类型或分析参数，可执行菜单命令PSpice/Edit Simulation Profile，或单击工具按钮▭，在弹出的对话框中作相应修改。

3）电路的模拟仿真：执行Capture窗口中的菜单命令PSpice/Run，或单击工具按钮▶，即可在启动的PSpice A/D视窗中自动显示探针符号放置处的电压波形，仿真结果如图5.13所示。

4. 实验内容

1）图5.14所示电路中直流电流源为1A，直流电压源为1.5V。求受控源两端的电压及吸收功率。

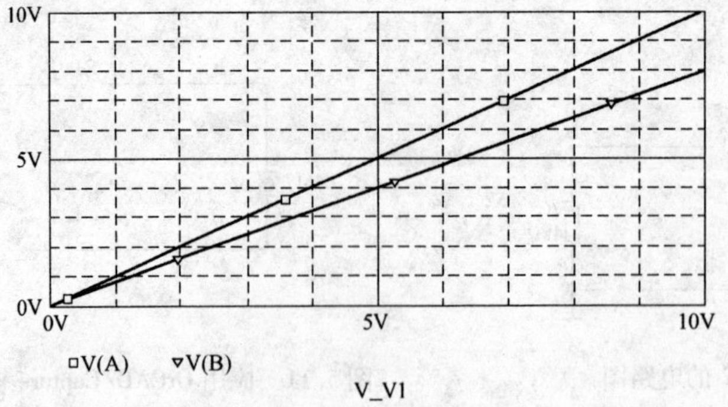

图 5.13 例 2 仿真结果

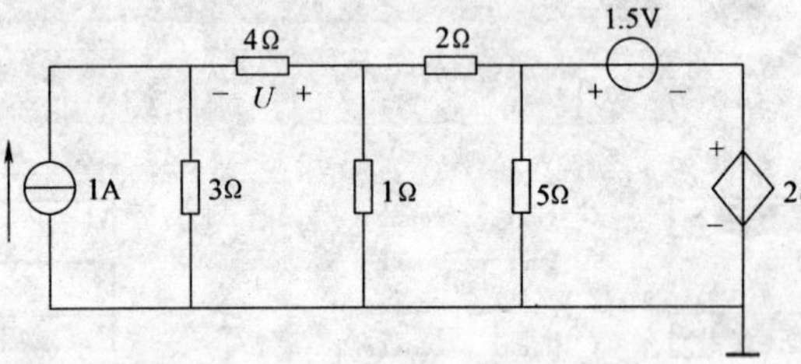

图 5.14 实验内容 1）图

结论：受控源两端电压为________，吸收功率为________。

2）图 5.15 中，直流电流源 I_S 由 1A 连续变化到 3A 时，求图中所示电流 I 的变化曲线。

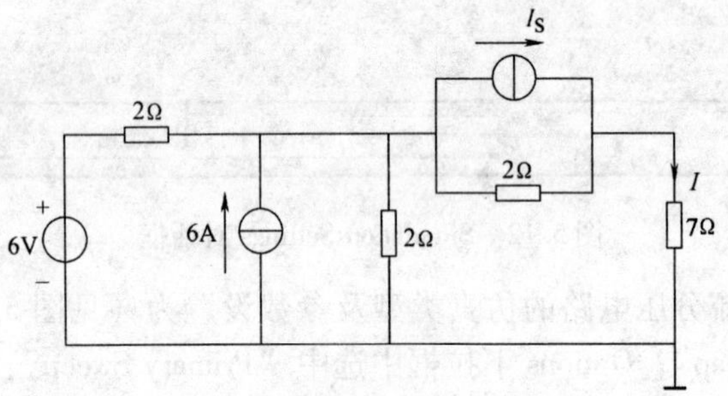

图 5.15 实验内容 2）图

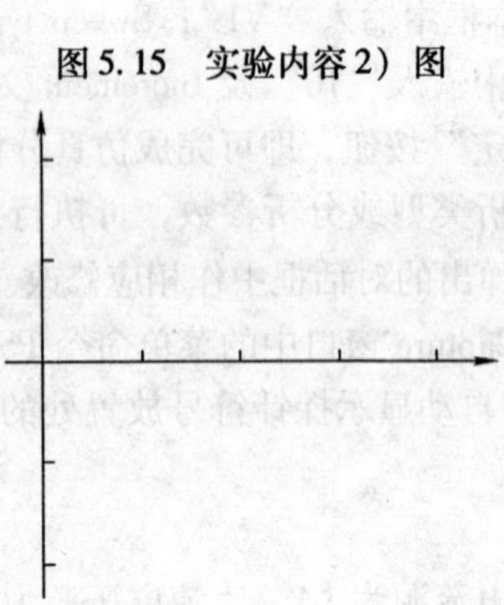

提示：支路电流探针应放置在元器件的引脚上。

3）电路如图 5.16 所示，对直流电压源 U_S 在 −10 ~ 10V 范围内进行连续扫描，求 $V(a)$ 的变化曲线。

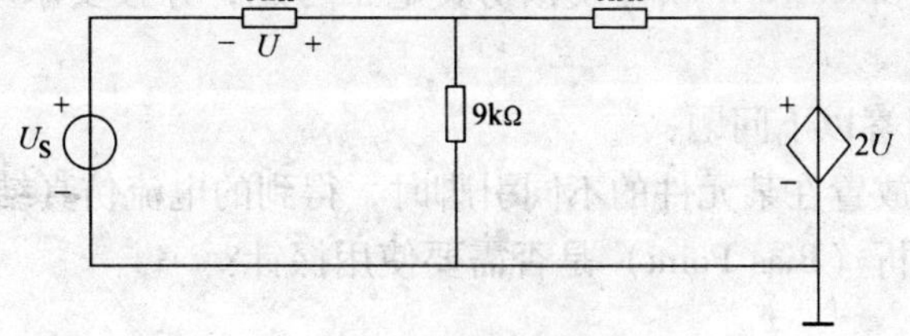

图 5.16　实验内容 3）图

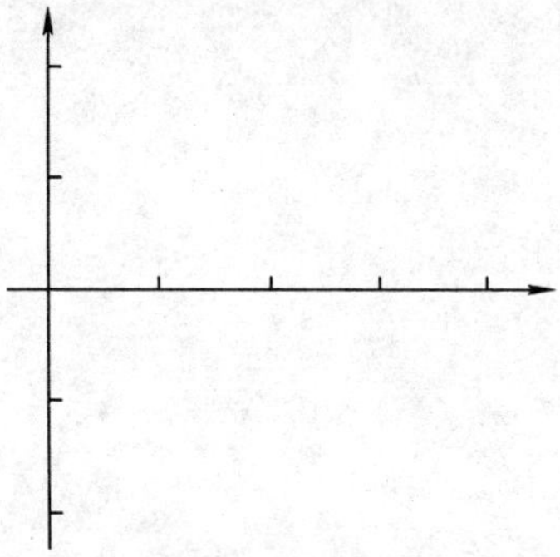

4）直流电路如图 5.17 所示，a、b 为有源二端网络的输出端，应用适当的仿真分析方法，求其戴维南等效电路，并用文字简述求解过程（利用何种方法得到开路电压及等效内阻）。

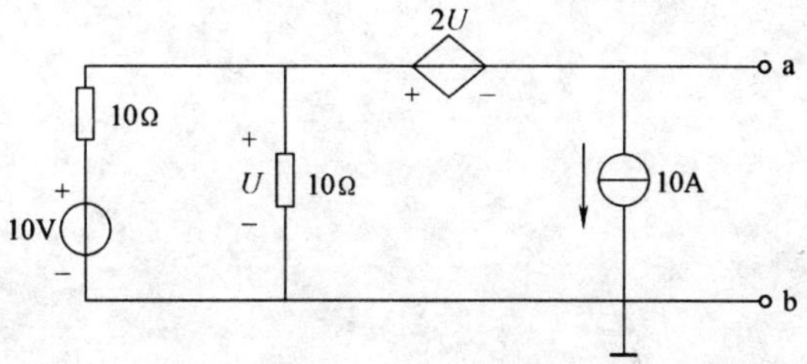

图 5.17　直流电路

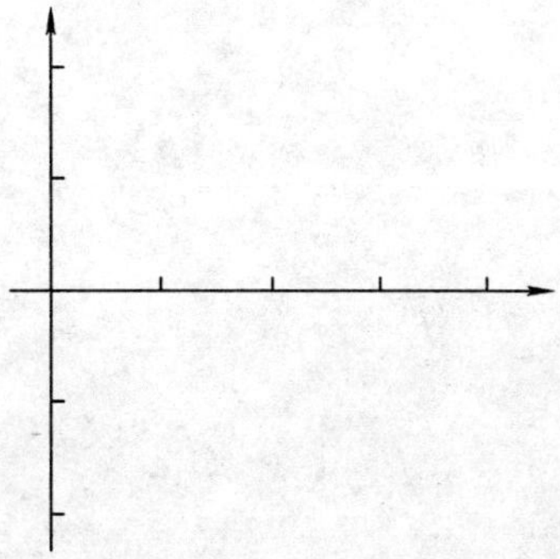

结论：开路电压 U_{OC} 为________，等效内阻 R_o 为________。

5. 实验报告要求

1）运用 OrCAD PSpice A/D 软件模拟仿真电工习题，并按要求填好数据结果、绘制仿真波形。

2）总结实验，回答以下问题：

① 支路电流探针放置在某元件的不同引脚时，得到的电流仿真结果是否相同？

② 直流工作点分析（Bias Point）是否需要使用探针？

5.2　交流电路的仿真分析

1. 实验目的

1）掌握 OrCAD Capture 软件设计绘制电路原理图的方法。

2）运用 OrCAD PSpice 软件对交流电路进行仿真分析。

2. 预习要求

1）复习交流电路理论知识。

2）预习本节例题，了解 PSpice 交流扫描分析及瞬态分析的设置方法。

3. 实例解析

通过以下具体实例介绍交流扫描分析及瞬态分析：

例 1：已知电路图如图 5.18 所示，$R_1=50\Omega$，$R_2=100\Omega$，$L=0.4\text{H}$，$C=5\mu\text{F}$，电压源 $u_S=220\sin 500t$ V，求电感支路电流 i_L 的时间变化规律。

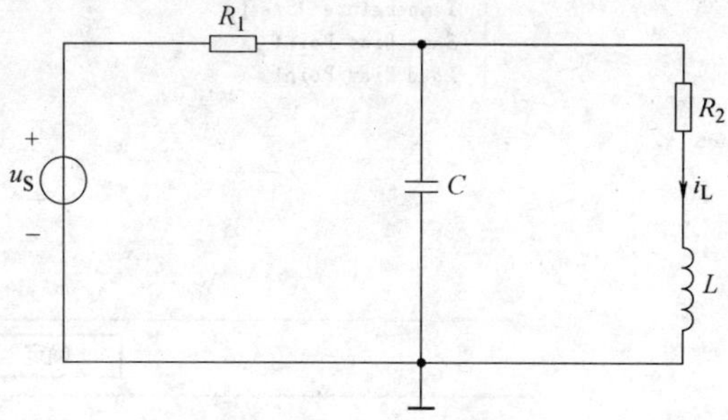

图 5.18　例 1 电路图

解题步骤：

1）绘图

① 选取元器件：执行 Place/Part 命令，或单击专用绘图工具中的按钮。在 SOURCE 库中调用正弦电压源 VSIN，在 ANALOG 库中调用电阻 R、电容 C 及电感 L。

② 放置接地符号：执行 Place/Ground 命令，或单击专用绘图工具中的按钮，屏幕上弹出 Place Ground 对话框。在 SOURCE 库中选取“0”符号。

③ 连接电路。

④ 修改参数：双击正弦电压源 VSIN，在屏幕弹出的 VSIN 属性编辑器中，设置以下 4 项参数：VAMPL（振幅）= 220，VOFF（直流偏移电压）= 0，FREQ（频率）= 79.577，PHASE（初始相位）=0（角度）。其余元器件参数按题意设定。

⑤ 添加支路电流探针。

绘制好的电路图如图 5.19 所示。

2）确定分析类型及设置分析参数：Simulation Settings 对话框的 Analysis 选项卡中的各项设置如图 5.20 所示，其中 Analysis type 选择“Time Domain（Transient）”；Options 选择“General Settings”；在 Run to 文本框中输入选择“30ms”，Start saving data 文本框中输入“0”。设置完毕，单击“确定”按钮。

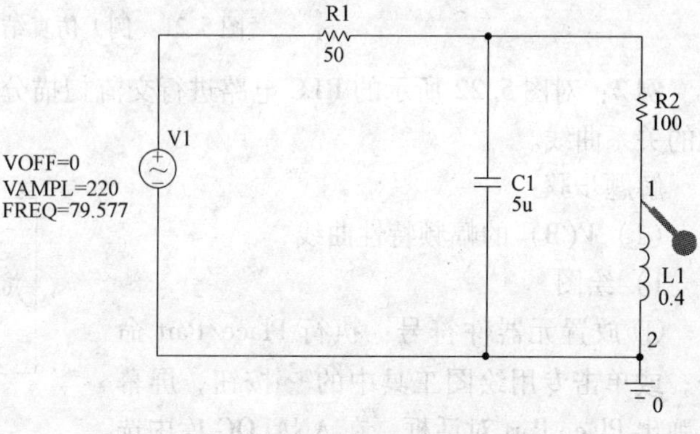

图 5.19　绘制好的电路图

3）进行电路仿真：执行 Capture 窗口中的菜单命令 PSpice/Run，或单击工具按钮，即可在启动的 PSpice A/D 视窗中自动显示探针符号放置处的电流波形，如图 5.21 所示。

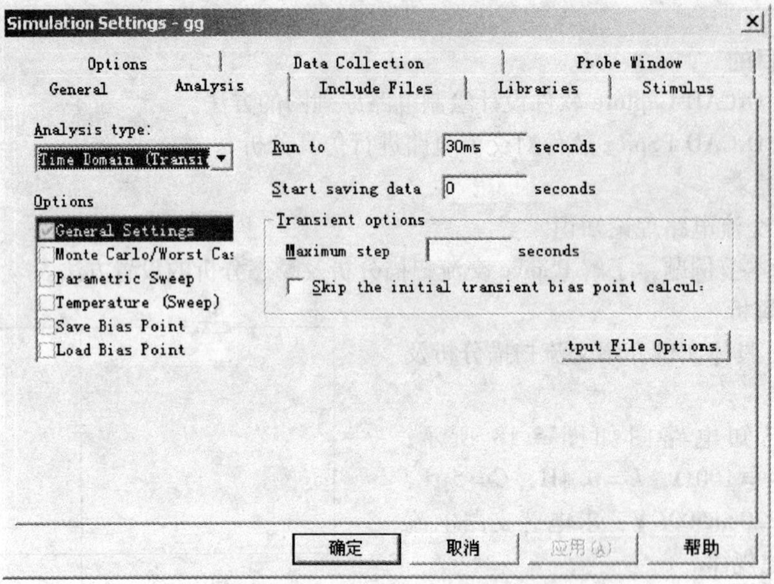

图 5.20　Simulation Settings 中的各项设置

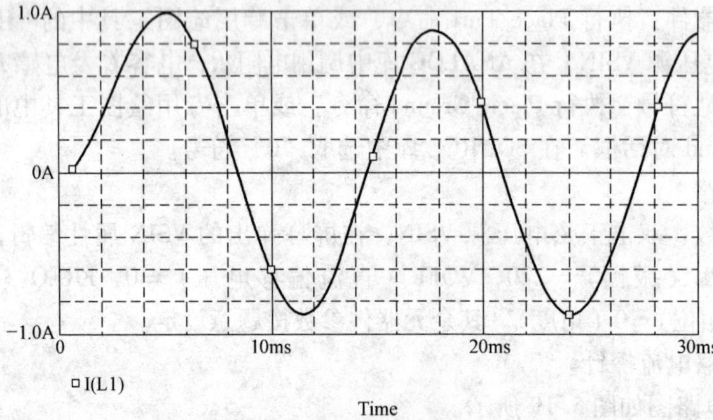

图 5.21　例 1 仿真结果

例 2：对图 5.22 所示的 RLC 电路进行交流扫描分析，求 $V(B)$ 的幅值及相位随频率变化的关系曲线。

解题步骤：

（1）$V(B)$ 的幅频特性曲线

1）绘图

① 放置元器件符号：执行 Place/Part 命令，或单击专用绘图工具中的按钮，屏幕上弹出 Place Part 对话框。在 ANALOG 库中选取电容 C、电感 L、电阻 R 符号；在 SOURCE

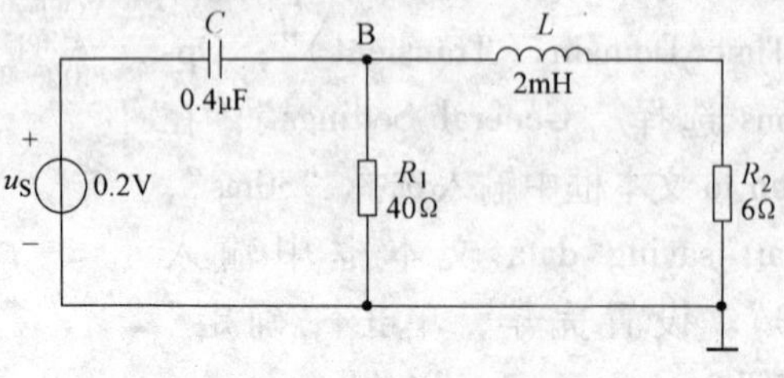

图 5.22　例 2 电路图

库中选取交流电压源 VAC 符号。

② 放置接地符号：执行 Place/Ground 命令，或单击专用绘图工具中的按钮，屏幕上弹出 Place Ground 对话框。在 SOURCE 库中选取“0”符号。

③ 连接电路。

④ 修改参数。

⑤ 添加节点电压探针。

绘制好的电路图如图 5.23 所示。

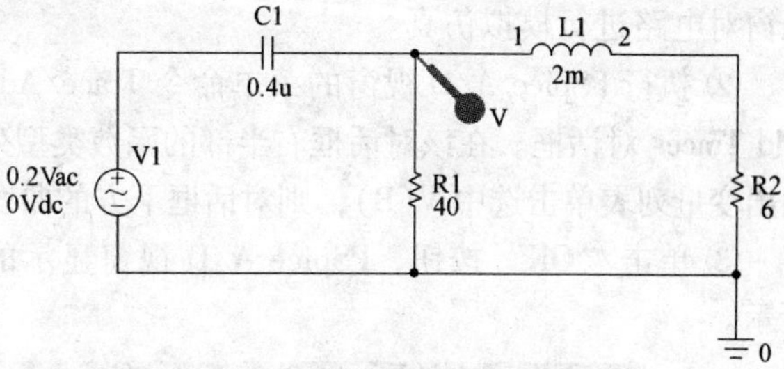

图 5.23　绘制好的电路图

2）确定分析类型及设置分析参数：例 4 电路的仿真类型及参数设置为：Analysis type 下拉框中选“AC Sweep”；Options 下拉框中选择“General Settings”；AC Sweep type 项选中“Logarithmic/Decade”，并在 Start 文本框中输入“1k”、End 文本框中输入“100k”及 Points/Decade 文本框中输入“10”（表示交流扫描的频率按对数关系变化，变化范围为从 1～100kHz，每 10 倍频程取点数为 10）。

3）进行电路仿真：执行 Capture 窗口中的菜单命令 PSpice/Run，或单击工具按钮，即可在启动的 PSpice A/D 视窗中自动显示探针符号放置处的电压波形，如图 5.24 所示。

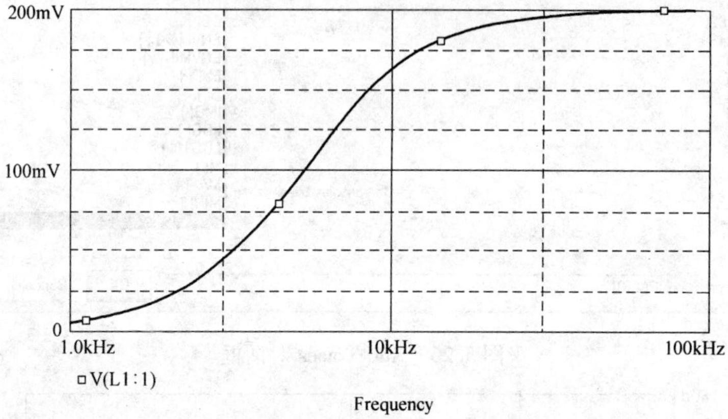

图 5.24　例 2 幅频特性曲线仿真结果

（2）V(B）的相频特性曲线

1）绘图：在图 5.23 上进行修改。

① 删除节点电压探针。

② 设置节点别名：执行 Place/Net Alias 命令，或单击专用绘图工具中的按钮，屏幕弹出 Place Net Alias 对话框。在 Alias 文本框中输入节点名 B，移动光标至目标节点处，单击鼠标左键，则该处显示新设置的节点别名。

求取相频特性曲线图如图 5.25 所示。

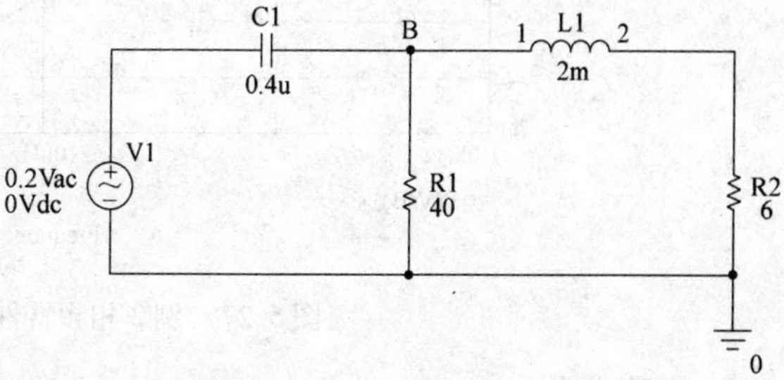

图 5.25　求取相频特性曲线图

2）确定分析类型及设置分析参数：分析类型及参数设置与 1）相同，不必修改。

3）进行电路仿真

① 执行 Capture 窗口中的菜单命令 PSpice/Run，或单击工具按钮▶，启动 PSpice A/D 视窗对电路进行模拟仿真。

② 执行 PSpice A/D 视窗的菜单命令 Trace/Add Trace，或单击工具按钮，屏幕上弹出 Add Traces 对话框。在该对话框右半部的函数类型列表单击选中相位函数 P( )，再在左半部的输出变量列表单击选中 V(B)，则对话框下方的曲线表达式为 P(V(B))，如图 5.26 所示。

③ 单击“OK”按钮，PSpice A/D 视窗显示的曲线即为 V(B) 的相频曲线，如图 5.27 所示。

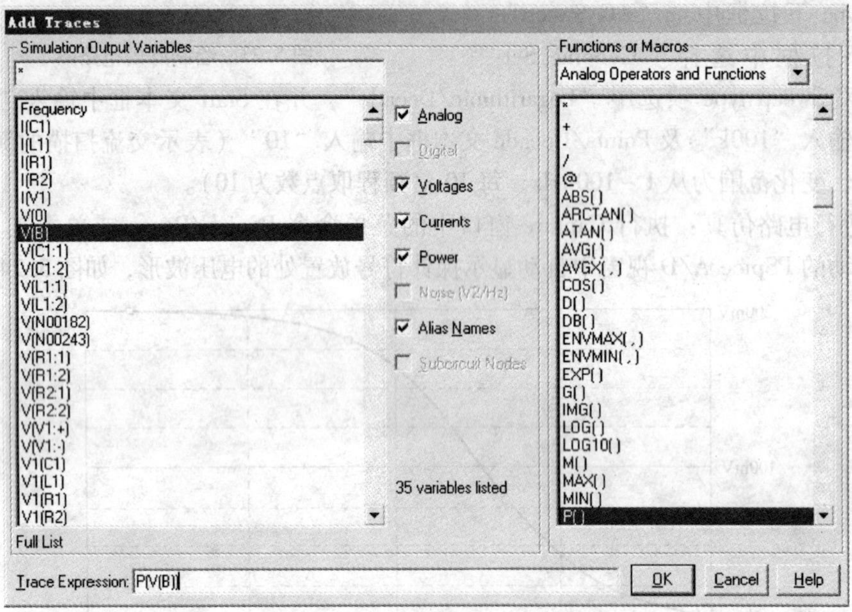

图 5.26　Add Traces 对话框

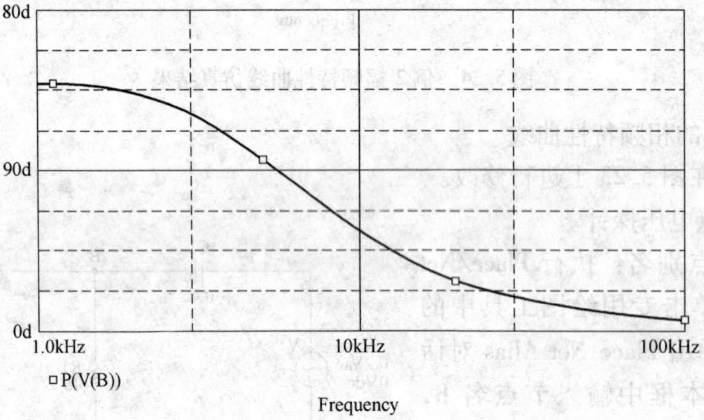

图 5.27　例 2 相频特性曲线仿真结果

4. 实验内容

1）电路图如图 5.28 所示，已知 $R_1 = R_2 = 0.707\Omega$，$L = 0.0796\text{mH}$，$C_1 = C_2 = 93.3\mu\text{F}$，

$u_1(t)=5.66\sin 6280t$ V，$i_1(t)=8\sin(6280t+\pi/4)$ A，求电流 i_{C1} 及 i_L 随时间变化的波形曲线，并绘制下来。

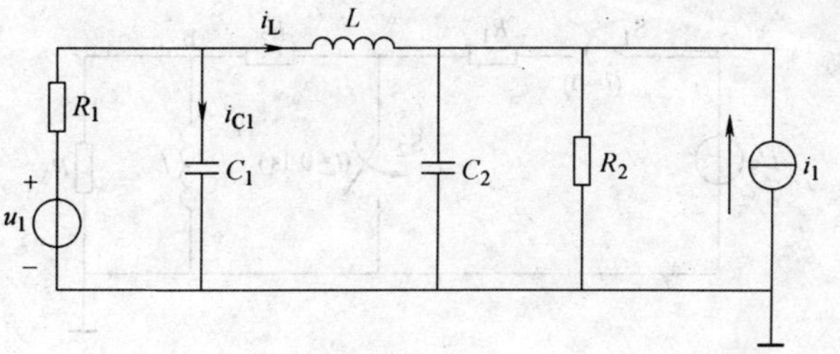

图5.28　电路图

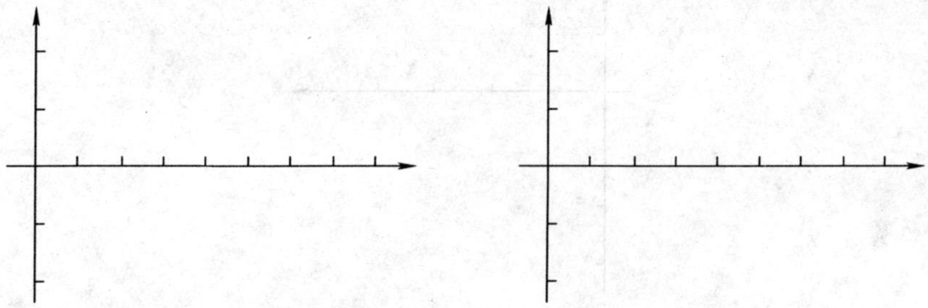

2）如图5.29所示的电路中，直流电压源 $U_S=6$V，直流电流源 $I_S=1$A。开关S闭合前电路已达稳态，求S闭合后电感电流 i_L 随时间的变化规律，并绘制仿真波形。

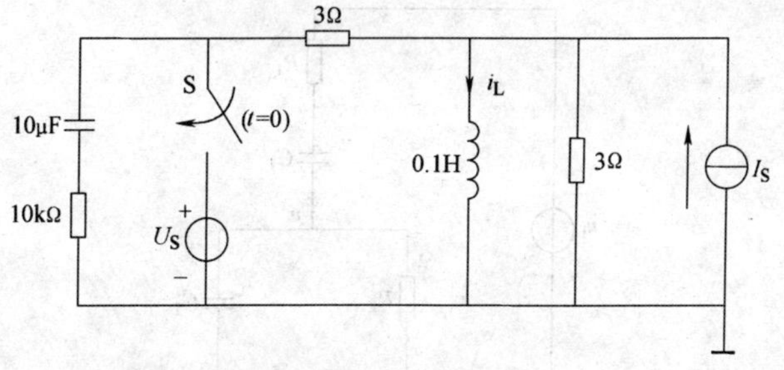

图5.29　实验内容2）图

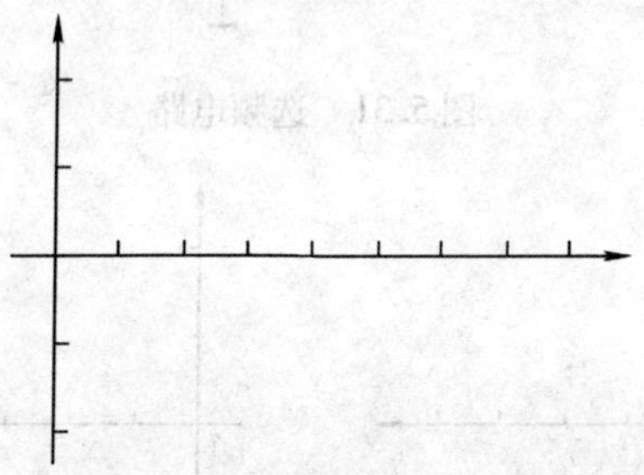

提示：选取开关可执行Place/Part命令，或单击专用绘图工具中的▭按钮，在EVAL库中选取“Sw_tClose”、“Sw_tOpen”符号。

3）电路如图5.30所示，$R_1=R_2=R_3=10\Omega$，$L=1$H，直流源 $U_S=10$V。初始条件：S_1

闭合，S_2 断开；$t=0s$ 时断开 S_1，$t=0.1s$ 时闭合 S_2。求节点 b 的电压随时间变化的仿真曲线，并绘制下来。

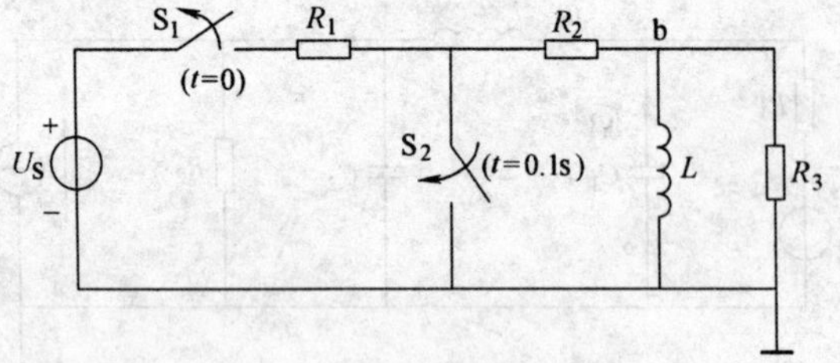

图 5.30　实验内容 3）图

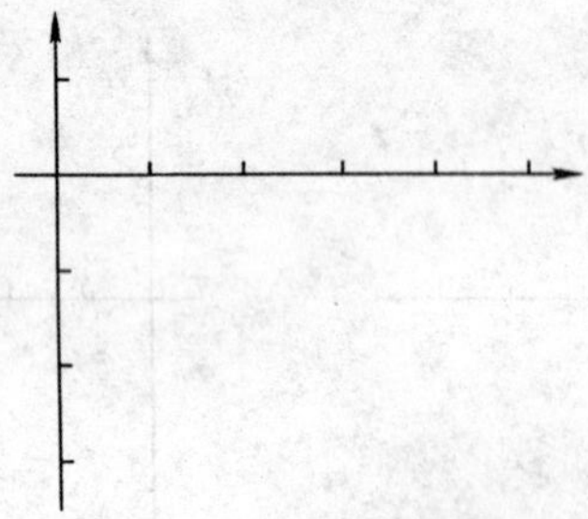

4）选频电路如图 5.31 所示，其中交流源 u_i 幅值为 3V，$R_1=R_2=1k\Omega$，$C_1=C_2=100pF$。试对该电路进行仿真分析，并绘制出 a 点电压的幅值及相位随频率变化的关系曲线。

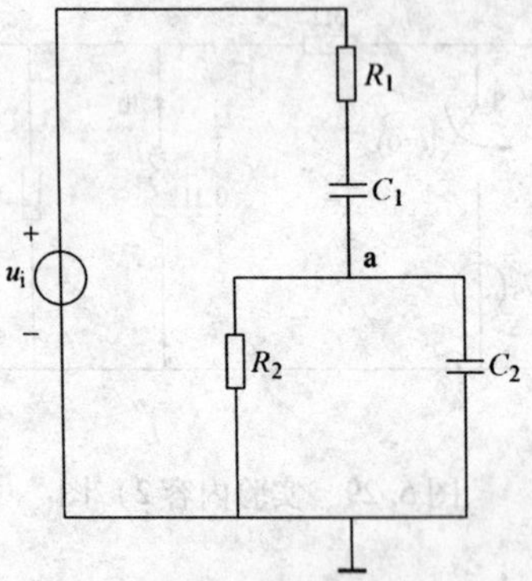

图 5.31　选频电路

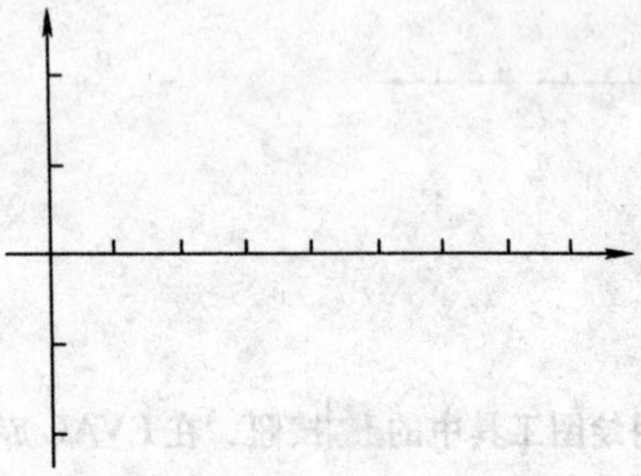

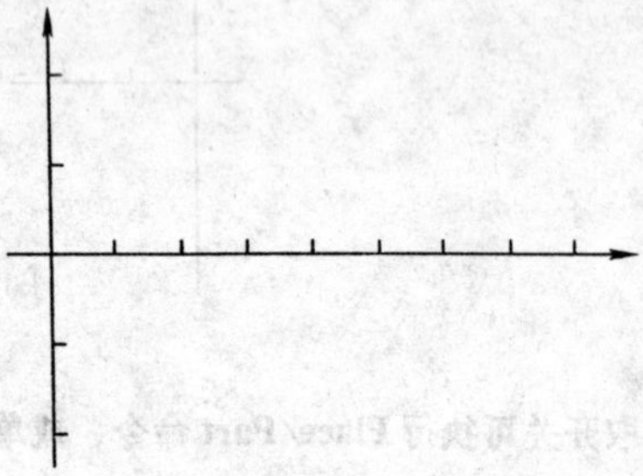

提示：频率扫描范围：1k ~ 100meg（兆）。

5. 实验报告要求

1）运用 OrCAD PSpice A/D 软件模拟仿真电工习题，并按要求填好数据结果、绘制仿真波形。

2）总结实验，回答以下问题：

① 交流扫描分析使用交流源 VAC 还是正弦源 VSIN？为什么？

② 例 2 中，可否利用添加探针的方法来显示相频特性曲线？

③ 设定电路的仿真分析参数时，如果扫描变量的扫描范围被设定过大或过小，会出现什么情况？

5.3 模拟电子电路的仿真分析

1. 实验目的

1）掌握 OrCAD Capture 软件设计绘制电路原理图的方法。

2）运用 OrCAD PSpice 软件对模拟电子电路进行仿真分析。

2. 预习要求

1）复习模拟电子电路相关理论知识。

2）通过学习例题，了解 PSpice 分析类型在模拟电子电路中的应用。

3. 实例解析

例：限幅放大器如图 5.32 所示，输入电压 u_i（直流信号源）的变化范围为 -6 ~ 6V，与 3V（直流信号源）电压共同作用于电路输入端，试求输出电压 u_o 的仿真波形。

解题步骤：

1）绘图：应用 OrCAD/Capture 软件绘制的电路图如图 5.33 所示。其中：稳压二极管 D1N750 从 EVAL 库中提取；运算放大器 uA741 从 EVAL 库中提取；uA741 的工作电压接法：引脚 7 接 +12V，引脚 4 接 -12V；注意 uA741 同相输入端及反相输入端的方向；所有电源负极接地（共地）。

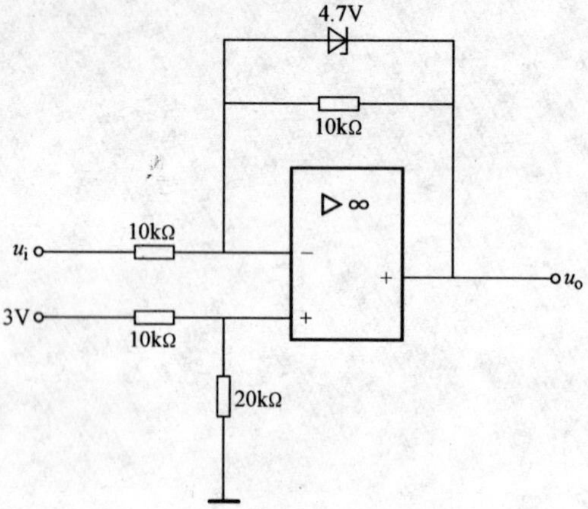

图 5.32　限幅放大器

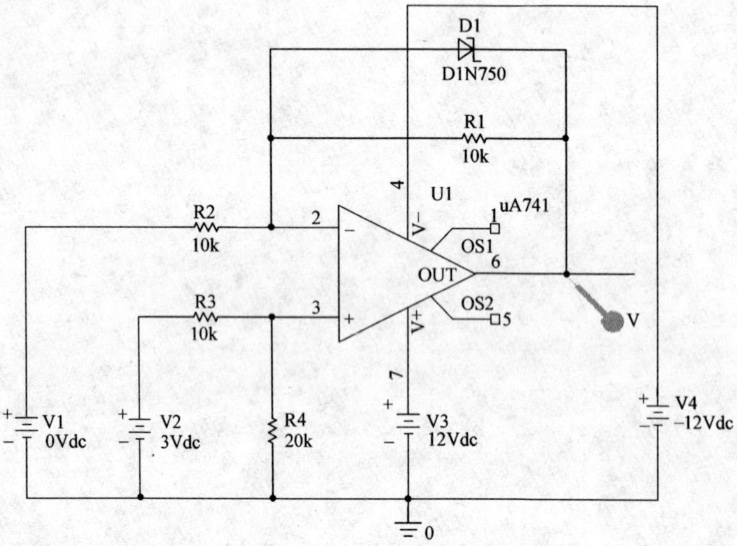

图 5.33　应用 OrCAD/Capture 绘制的电路图

2）确定分析类型及设置分析参数

① 执行菜单命令 PSpice/New Simulation Profile，或单击工具按钮，在 New Simulation 对

话框中输入项目名称，按“Create”按钮，进入 Simulation Settings 对话框，如图 5. 34 所示。

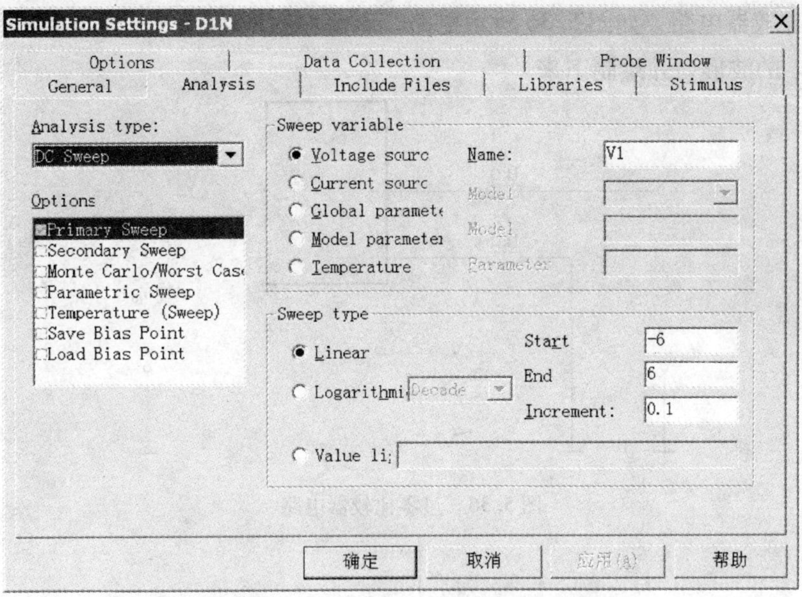

图 5. 34　Simulation Settings 对话框

② Analysis 选项卡中的仿真类型及参数设置为（见图 5. 34）：Analysis type 下拉框选中“DC Sweep”；Options 下拉框选中“Primary Sweep”；Sweep variable 项选中“Voltage source”，并在 Name 文本框中输入“V1”；Sweep type 项选中“Linear”，并在 Start 文本框中输入“-6”、End 文本框中输入“6”及 Increment 文本框中输入“0. 1”。

以上各项填完之后，按“确定”按钮，即可完成仿真分析类型及分析参数的设置。

另外，如果要修改电路的分析类型或分析参数，可执行菜单命令 PSpice/Edit Simulation Profile，或单击工具按钮▭，在弹出的对话框中作相应修改。

3）进行电路仿真：执行菜单命令 PSpice/Run，或单击工具按钮▶，打开的 PSpice A/D 视窗自动显示添加了节点电压探针的输出电压仿真波形，如图 5. 35 所示。

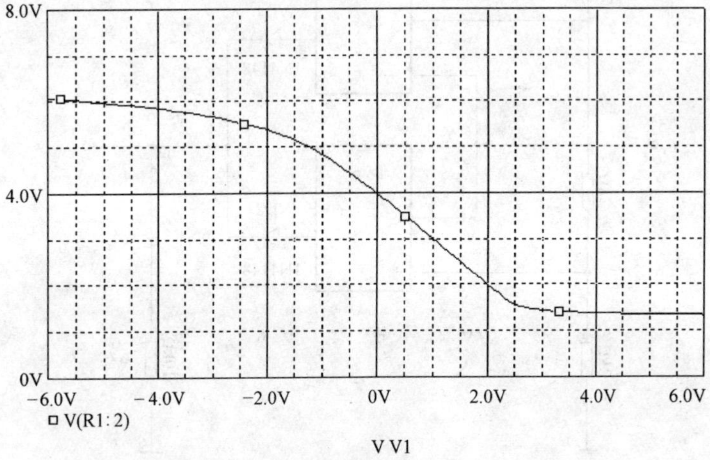

图 5. 35　实例的仿真结果

4. 实验内容

1）过零比较器电路：如图 5.36 所示电路，直流输入 u_i 在 -3 ~ 3V 的范围内变化，仿真输出电压 u_o 的波形，并绘制下来。

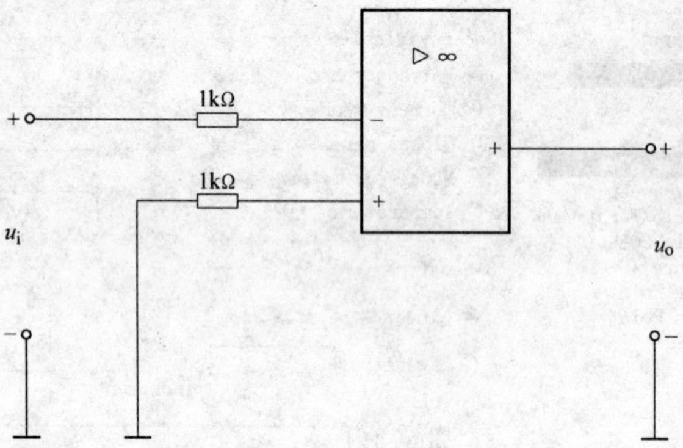

图 5.36　过零比较器电路

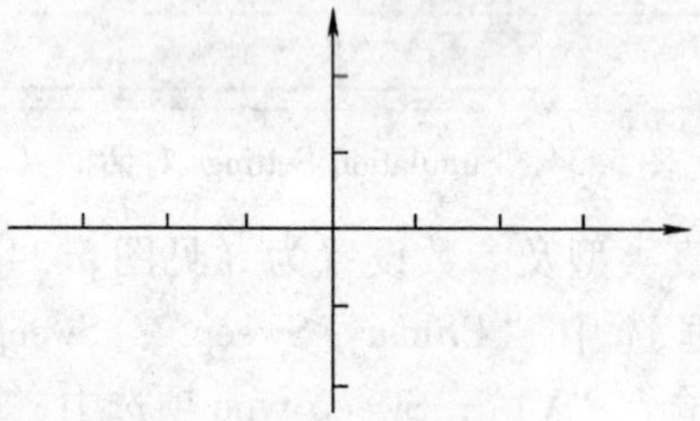

提示：① 运算放大器从 EVAL 库中提取 uA741，并将其纵向翻转，令反相输入端在上。

② 运算放大器必须设置工作电压 ±12V。（下同）

2）窗口比较器电路：如图 5.37 所示电路，将直流输入 u_i 从 0V 增大至 12V，仿真输出

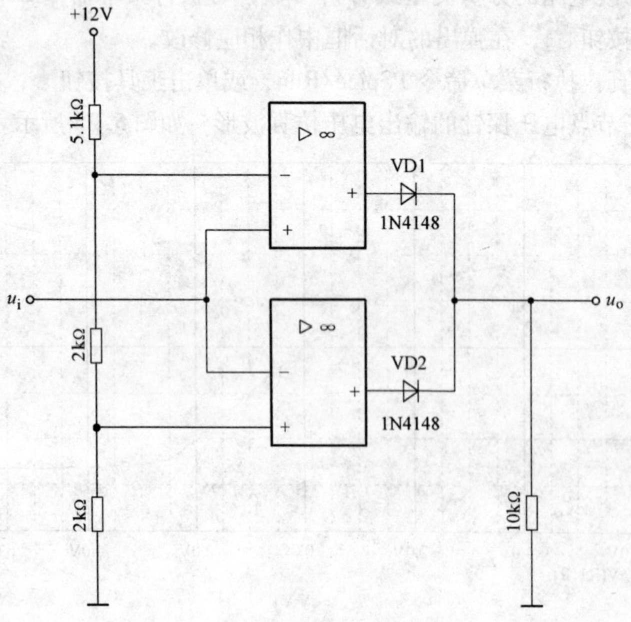

图 5.37　窗口比较器电路

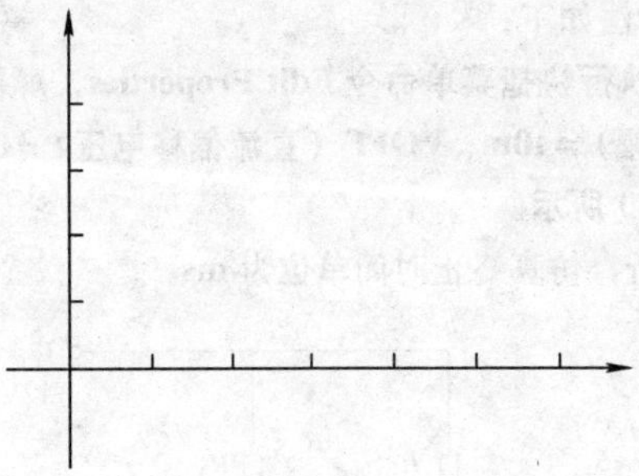

电压 u_o 的波形，并绘制下来。

提示：两个二极管在 EVAL 库中提取 D1N4148。

3）矩形波发生器电路：按图 5.38 绘制电路。仿真输出电压 u_o 的波形，并绘制下来。

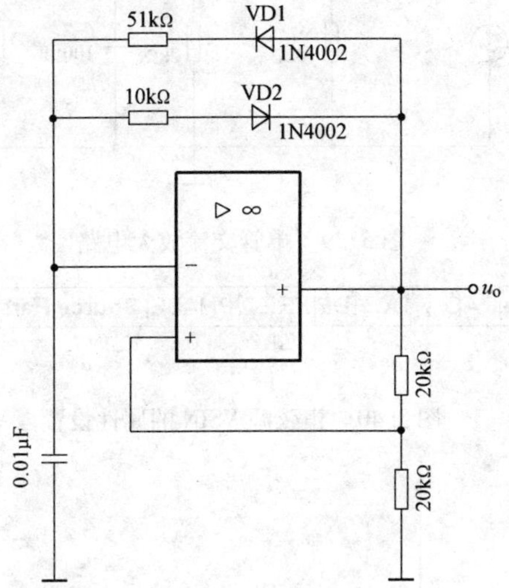

图 5.38　矩形波发生器电路

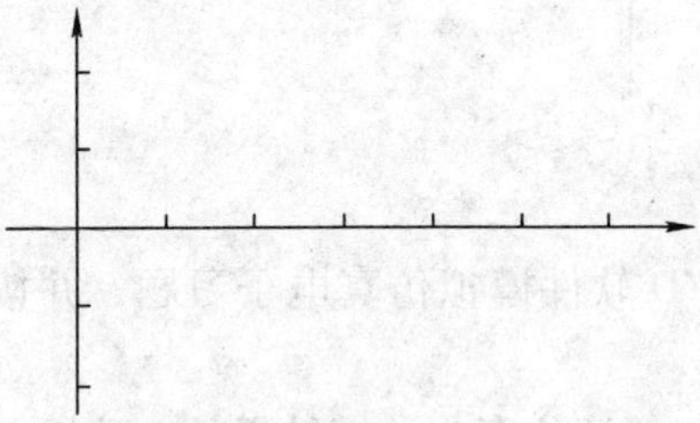

提示：① 两个二极管在 EVAL 库中提取 D1N4002。

② 仿真前，必须给电容设置初始扰动。设置方法：双击电容元器件，在打开的电容属性编辑器中，设置 IC =1。

③ 仿真类型为时域分析，仿真终止时间单位为 ms。

4）单管交流放大电路：如图 5.39 所示电路，$u_i = 10\sin6280t$ mV，试求输出端电压仿真波形，并绘制下来。

提示：① 晶体管在 EVAL 库中提取 Q2N2222。

② 正弦源 V1 在 SOURCE 提取 VSIN。

③ 设置正弦源 V1 的方法如下：

选中 VSIN，单击鼠标右键，执行快捷菜单命令 Edit Properties，屏幕弹出正弦源 VSIN 的属性编辑框；设置以下 4 项参数：VAMPL（振幅）=10m，VOFF（直流偏移电压）=0，FREQ（频率）=1kHz，PHASE（初始相位）=0（角度）。如图 5.40 所示。

④ 仿真类型为时域分析，仿真终止时间单位为 ms。

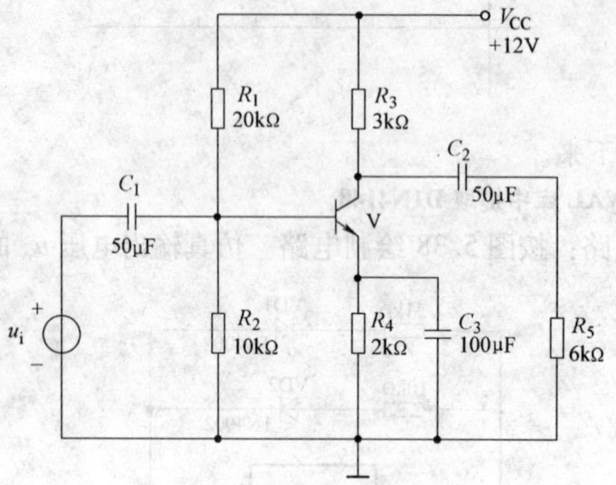

图 5.39　单管交流放大电路

Reference	Value	AC	DC	DF	FREQ	PHASE	Source Part	TD	VAMPL	VOFF
V1	VSIN			0	1k	0	VSIN.Normal	0	10m	0

图 5.40　正弦源 VSIN 的属性设置

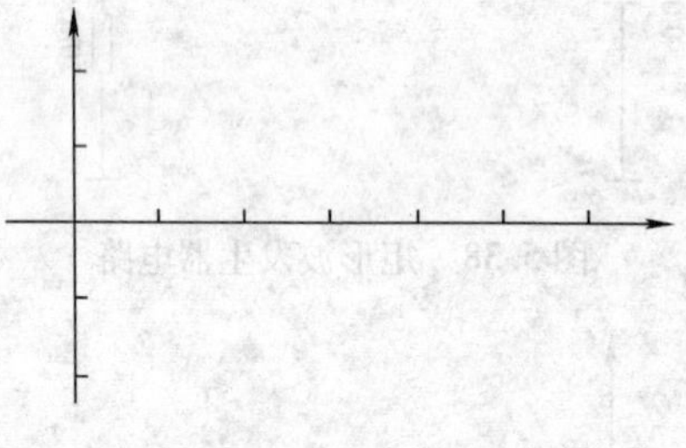

5. 实验报告要求

1）运用 OrCAD PSpice A/D 软件模拟仿真电子习题，并按要求填好数据结果、绘制仿真波形。

2）利用电工学相关知识，验证仿真与计算结果的一致性。

5.4 数字电子电路的仿真分析

1. 实验目的

1）掌握 OrCAD Capture 软件设计绘制电路原理图的方法。

2）运用 OrCAD PSpice 软件对数字电子电路进行仿真分析。

2. 预习要求

1）复习数字电路相关理论知识。

2）学习本教程 1.6 节内容，了解数字电路的仿真分析方法。

3. 实例解析

例：计数器 CT74LS161 的引脚示意图如图 5.41 所示。如按图 5.42 所示的同步置数法电路接线，通过仿真结果可知该电路实现____进制计数。

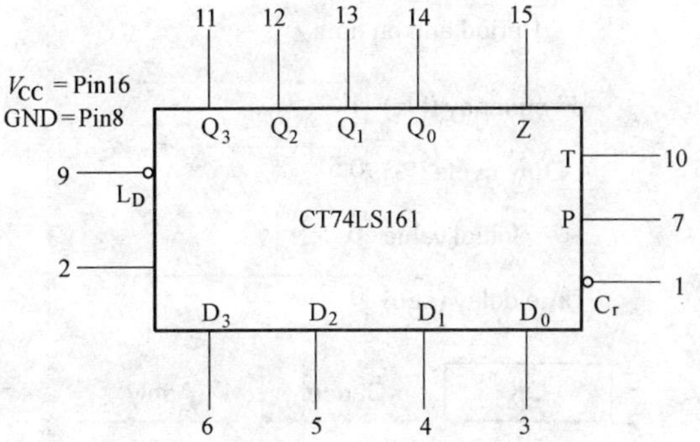

图 5.41 计数器 CT74LS161 的引脚示意图

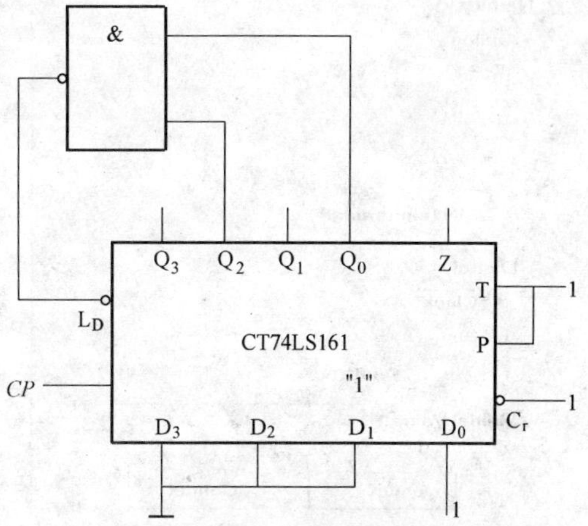

图 5.42 同步置数法电路

解题步骤：

1）绘图：用 Capture 软件绘制的电路图如图 5.43 所示。

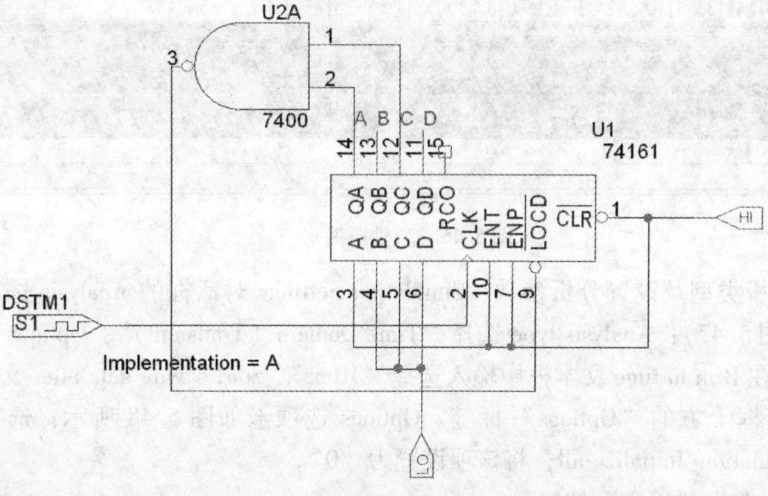

图 5.43 用 Capture 软件绘制的电路图

① 执行 Place/Part 命令，或单击专用绘图工具中的按钮。在 EVAL 库中调用计数器 74161 和与非门 7400，在 SOURCSTM 库中调用激励源 DigStim1。

② 执行 Place/Ground 命令，或单击专用绘图工具中的按钮，在 SOURCE 库中选取数字电路的高电平“$D_HI”和低电平“$D_LO”符号。

③ 计数器输出端设置节点别名 ABCD。

④ 设置激励源：以鼠标左键选中 DSTM1，单击鼠标右键，在打开的快捷菜单中选中 Edit PSpice Stimulus，屏幕弹出激励源编辑对话框。在其中键入激励源名称“A”，并选择数字时钟属性，如图 5.44 所示。单击“OK”按钮后，弹出如图 5.45 所示的时钟属性对话框，在其中设置好频率后，单击“OK”。激励源编辑视窗显示设置好的激励源波形，如图 5.46 所示。存盘后关闭该窗口。

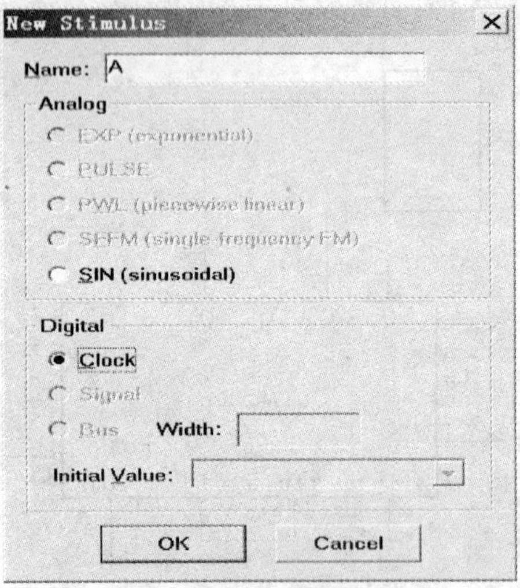

图 5.44　激励源编辑对话框

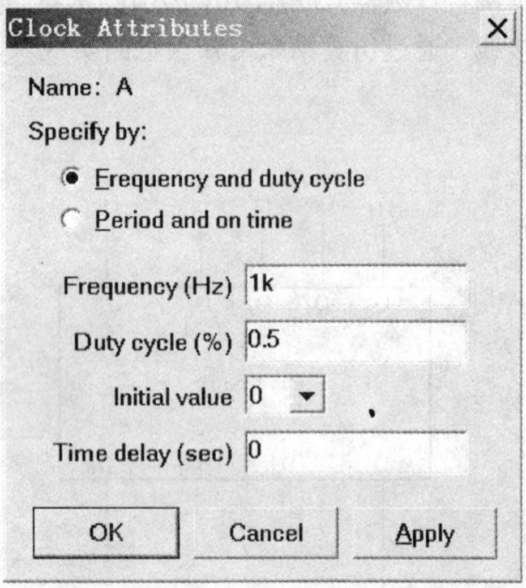

图 5.45　时钟属性对话框

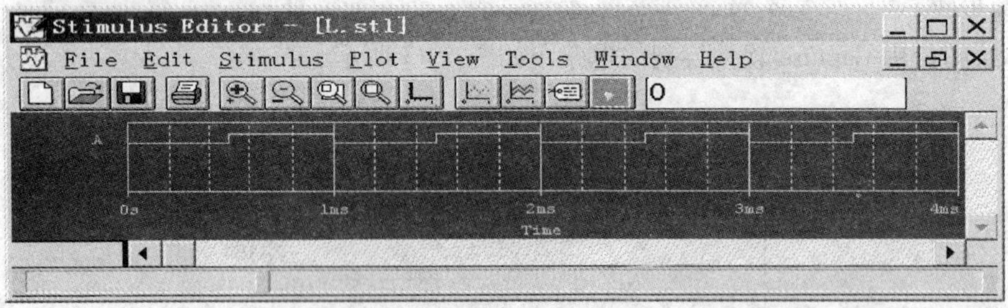

图 5.46　激励源波形

2）确定分析类型及设置分析参数：Simulation Settings 对话框的 Analysis 选项卡中的各项设置为（见图 5.47）：Analysis type 选择“Time Domain（Transient）”；Options 选择“General Settings”；在 Run to time 文本框中输入选择“10ms”，Start saving data after 文本框中输入“0”。单击对话框上方的“Options”标签。Options 选项卡如图 5.48 所示；选择 Category/Gate-level Simulation/Initialize all，将该项设置为“0”。

设置完毕，单击“确定”按钮。

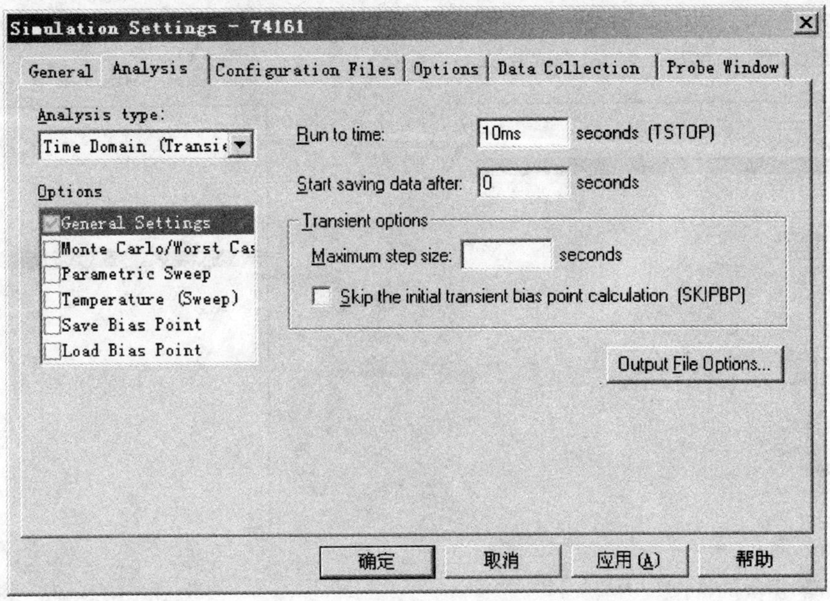

图 5.47 Simulation Settings 对话框

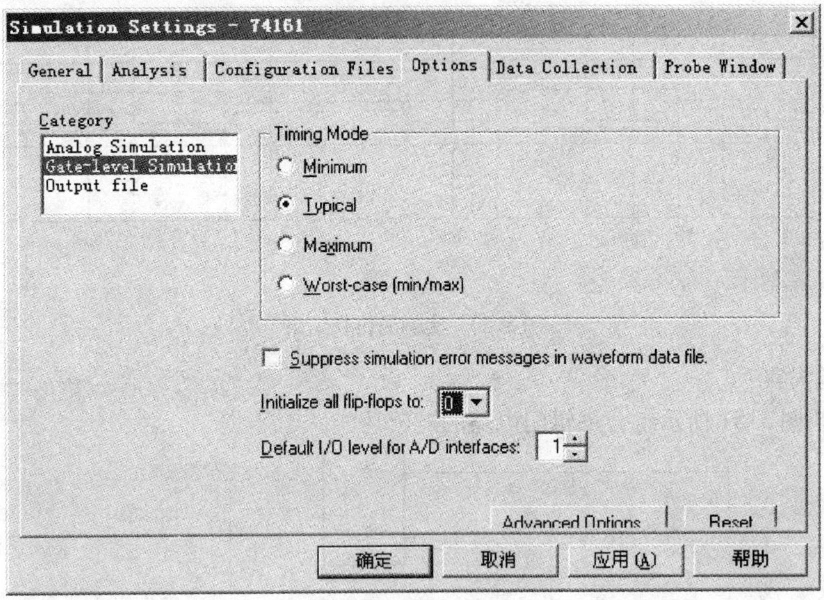

图 5.48 Options 标签页

3）进行电路仿真

① 执行 Capture 窗口的菜单命令 PSpice/Run，或单击工具按钮▶，PSpice A/D 软件对该电路图进行仿真模拟。

② 执行 PSpice A/D 视窗的菜单命令 Trace/Add Trace，或单击工具按钮，打开 Add Traces 对话框，如图 5.49 所示。在该对话框中依次选中 DCBA 及 {DCBA} 后，按“OK”按钮，屏幕显示计数器输出波形，如图 5.50 所示。根据仿真结果可知，图 5.42 所示电路可实现五进制计数功能。

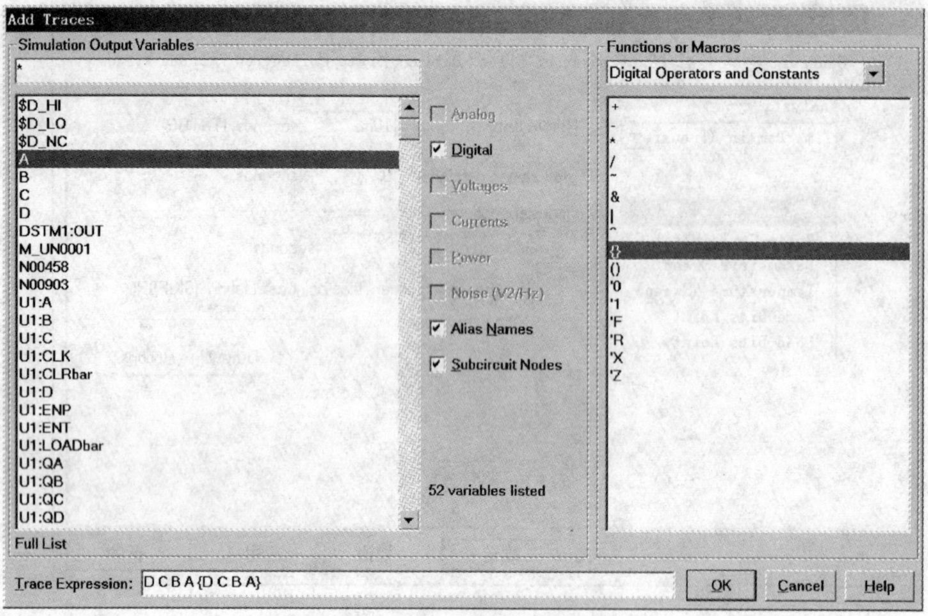

图 5.49　Add Traces 对话框

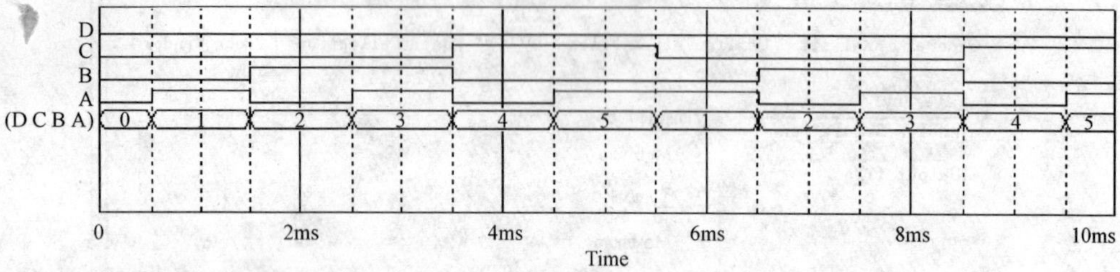

图 5.50　实例的仿真结果

4. 实验内容

1）分析图 5.51 所示组合逻辑门电路的逻辑功能。

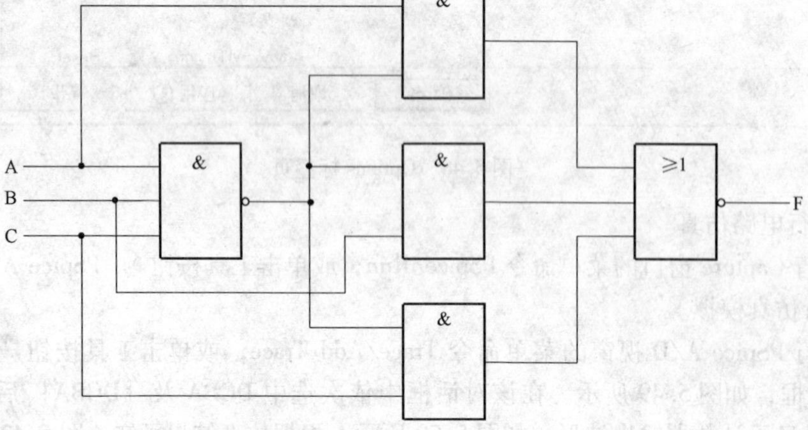

图 5.51　实验内容 1）图

① 画出输入 A、B、C 及输出 F 的仿真波形。

② 根据仿真波形列真值表，并分析其逻辑功能。

提示：四 2 输入与门 7408、三 3 输入与非门 7410、三 3 输入或非门 7427 从 EVAL 库中提取。

2）环形多谐振荡器电路如图 5.52 所示，其中 $R_1=10\Omega$ 为限流电阻，R 和 C 组成延时环节。改变 R 和 C 的数值，求相应的输出波形周期，将结果填入表 5.1 中。

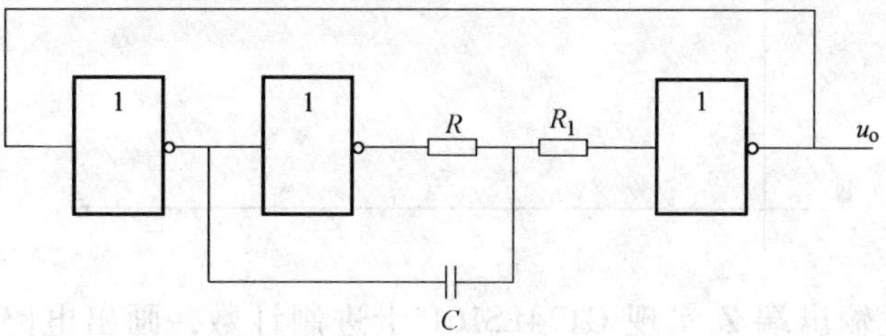

图 5.52　环形多谐振荡器电路

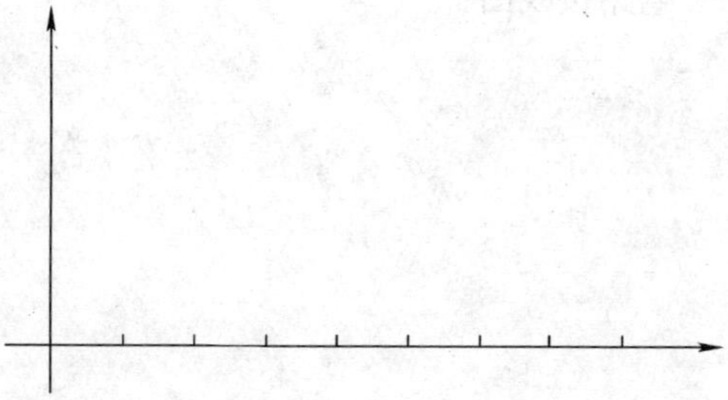

表 5.1　输出波形周期

R/Ω	$C/\mu F$	$T/\mu s$
1000	0.01	
1000	0.1	
500	0.01	
500	0.1	

提示：① 非门 7404 从 EVAL 库中提取。

② 双击电容，将其属性参数中的 IC 项设置为 0.1。

3）集成中规模同步计数器 CT74LS161 的应用：图 5.41 为 CT74LS161 的引脚示意图，试解答如下问题：

① 试用复位（异步清除）法实现 CT74LS161 十进制计数，画出电路接线图并绘制输出 $Q_3Q_2Q_1Q_0$ 的仿真波形。

电路接线图：

$Q_3Q_2Q_1Q_0$ 的仿真波形。

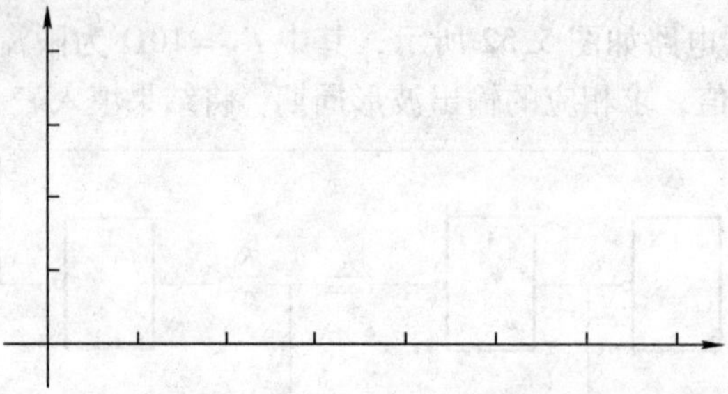

② 试利用进位输出端 Z 实现 CT74LS161 十进制计数，画出电路接线图并绘制输出 $Q_3Q_2Q_1Q_0$ 的仿真波形。

电路接线图：

$Q_3Q_2Q_1Q_0$ 的仿真波形。

提示：① CT74LS161 从 EVAL 库中提取。

② 各引脚功能：

1 引脚：异步清零端

2 引脚：脉冲输入端（接激励源）

3、4、5、6 引脚：数据输入端

7、10 引脚：计数使能端（同时为 1——记数；至少一个为 0——保持）

9 引脚：同步置数端

11、12、13、14 引脚：输出端

15 引脚：进位端

5. 实验报告要求

1）运用 OrCAD PSpice A/D 软件模拟仿真习题，并按要求填好数据结果、绘制仿真波形。

2）利用电工学相关知识，验证仿真与计算结果的一致性。

5.5　电工与电子综合分析

1. 实验目的

1）掌握 OrCAD Capture 软件设计绘制电路原理图的方法。

2）运用 OrCAD PSpice 软件对电路进行仿真分析。

2. 预习要求

1）了解本次实验内容。

2）预习本实验教程第 1 章内容，了解 PSpice 的各种分析方法。

3. 实验内容

1）图 5.53 中，直流电流源 $I_S=1A$，直流电压源 $U_S=1.5V$，电阻 $R_1=4\Omega$，$R_2=4\Omega$，$R_3=4\Omega$，$R_4=4\Omega$。求节点 a 的电位及电阻 R_1 的吸收功率。

结论：节点 a 电位为__________，R_1 吸收功率为__________。

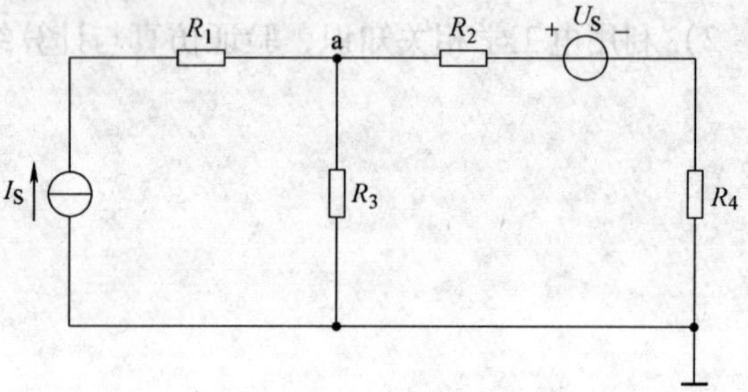

图 5.53　实验内容 1）图

2）已知电路如图 5.54 所示，当 U_S 从 0V 连续变化到 10V 时，求电位 $V(a)$ 的变化曲线。

3）电路如图 5.55 所示，$R=200\Omega$，$L=0.6H$，$C=4\mu F$，电压源 $u_S=220\sin 500t$ V，求电感电流 i_L 的时间变化规律。

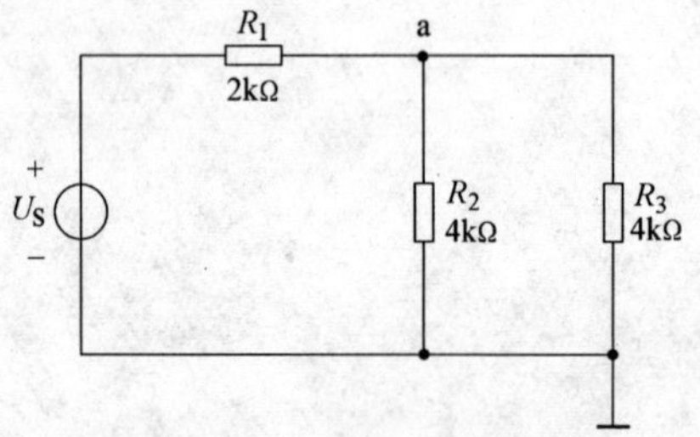

图 5.54　实验内容 2）图

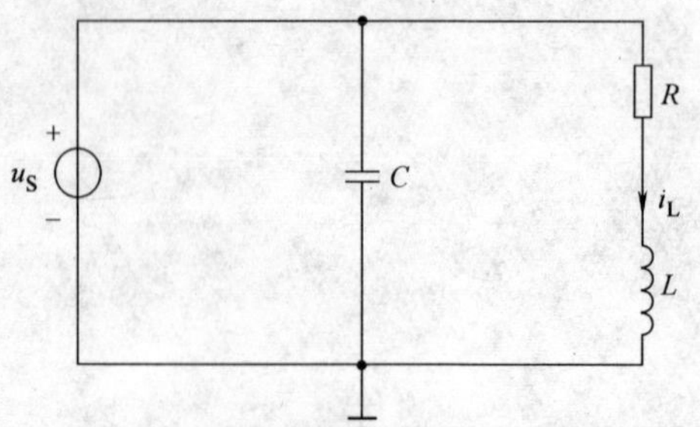

图 5.55　实验内容 3）图

4）用与非门实现的半加器电路如图5.56所示，试验证其逻辑功能，并将仿真结果填入表5.2中。

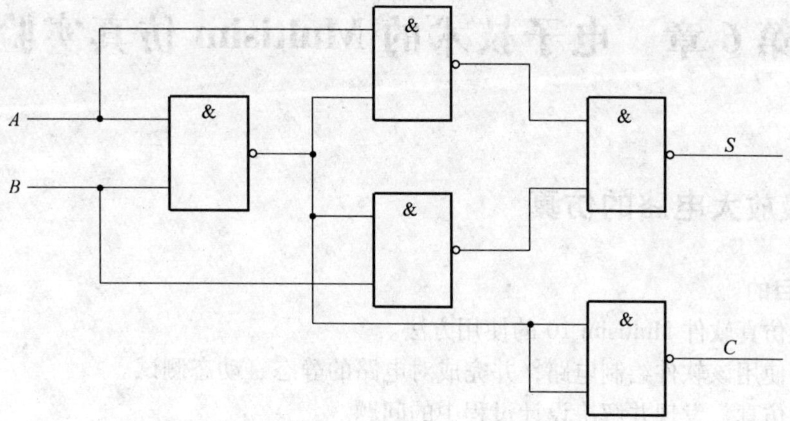

图5.56　用与非门实现的半加器电路

表5.2　习题4真值表

输　入		输　出	
A	B	S	C
0	0		
0	1		
1	0		
1	1		

提示：二输入与非门7400从EVAL库提取。

4. 实验报告要求

1）运用OrCAD PSpice A/D软件模拟仿真习题，并按要求填好数据结果、绘制仿真波形。

2）利用电工学相关知识，验证仿真与计算结果的一致性。

第 6 章　电子技术的 Multisim 仿真实验

6.1　多级放大电路的仿真

1. 实验目的

1）掌握仿真软件 Multisim 10 的使用方法。

2）学会使用该软件绘制电路，并完成对电路的静态、动态测试。

3）通过仿真，发现并解决设计过程中的问题。

2. 预习要求

1）认真阅读本书第 2 章，了解 Multisim 10 软件的使用方法。

2）完成设计任务。

3. 实验内容

1）Multisim 10 软件使用方法练习

按照本书第 2 章的内容，在计算机上进行实际练习，熟悉 Multisim 10 软件的主菜单、各种工具栏和仪表栏的使用方法，掌握电路图的绘制方法和电路仿真的基本操作。

2）两级放大电路的仿真分析

设计要求：

两级放大电路的结构如图 6.1 所示，其中，$V_{CC}=12V$，$R_L=3k\Omega$，$\beta\approx120$。自行设计电路中的各参数值，要求满足：$I_{CQ2}=3mA$，$A_u\geqslant10^3$，$R_i>2k\Omega$，$R_o\leqslant2k\Omega$。

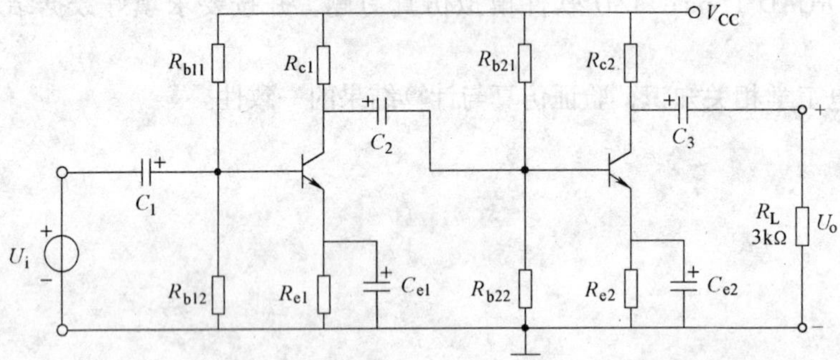

图 6.1　两级放大电路的结构

实验步骤：

1）绘制电路图。

提示：晶体管选择 NPN 型的 2N2712。

2）静态工作点测量：用万用表或者软件中的直流工作点分析的方法来监测电路的 U_{B1}、U_{C1}、U_{E1}、U_{B2}、U_{C2}、U_{E2} 的值，记录数据并与理论值比较。

3）放大倍数测试：将信号发生器或正弦波信号源接至电路的输入端，给电路加入正弦波输入信号（信号频率可调节为 1kHz），用双通道示波器同时观察输入和输出波形，合理调节输入信号的幅度，在输出波形不失真的情况下，测量输入和输出波形的幅值（或者峰峰值、有效值均可，如测量幅值和峰峰值，可用示波器直接读数，如测量有效值，则需使用万用表测量），并计算电路的放大倍数。

4）频率特性测试：将伯德图仪接入电路，其中，"IN" 侧的两端接输入，"OUT" 侧的两端接输出。将扫频范围（Horizonal，横轴）设置为 1Hz（I，起始值）到 1GHz（F，终止值），并选对数（Log）显示方式。先观察其幅频特性（Magnitude），将增益显示范围设置在 $-100 \sim 100$dB，也用对数方式（Log）显示，此时在显示区域上应能观察到该放大电路的幅频特性曲线。移动读数指针可读到任意点的值，读出中频电压增益、低频截止频率和高频截止频率。再观察其相频特性（Phase），将相位量程设定为 $-720° \sim 720°$，用线性方式（Lin）显示。

5）输入电阻和输出电阻测试：测量放大电路输入电阻的测量电路如图 6.2 所示，在测量时应选取 R_S 与输入电阻的数量级相同，数值相近，然后给定一个合适的信号 U_S（在保证输出波形不失真的情况下），测量 U_i，通过 $R_i = U_i R_S / (U_S - U_i)$ 计算得到输入电阻 R_i 的值；测量放大电路输出电阻的电路如图 6.3 所示，在测量时应选取 R_L 与输出电阻的数量级相同，然后给定一个合适的输入信号 U_i（在保证输出波形不失真的情况下），测量输出开路时的输出电压 U_o' 和带负载 R_L 时的输出电压 U_o，通过 $R_o = \left(\dfrac{U_o'}{U_o} - 1\right) R_L$ 计算得到输出电阻 R_o 的值。

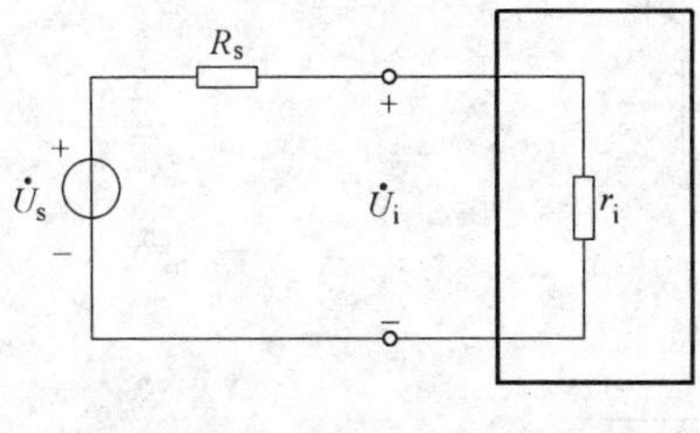

图 6.2　测量放大电路输入电阻的测量电路

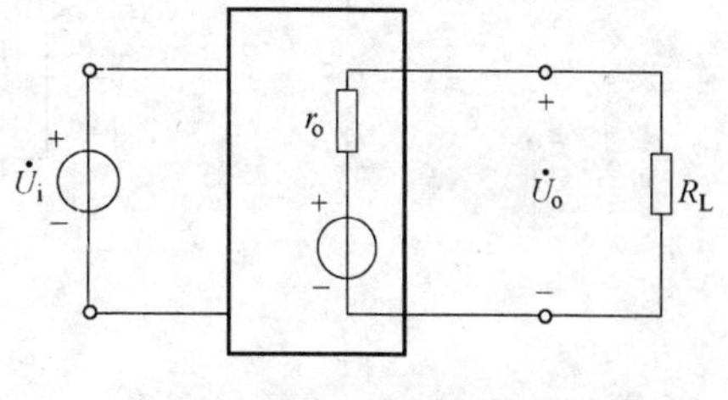

图 6.3　输出电阻测量电路

4. 实验报告要求

1）记录放大电路的设计过程。

2）详细记录实验各步骤中的波形，包括输入、输出波形、幅频、相频曲线。

3）记录仿真数据，计算放大倍数、输入及输出电阻值。

6.2 差分放大电路与互补输出级电路的仿真

1. 实验目的

1）进一步掌握仿真软件 Multisim 10 的使用方法。

2）通过对差分放大电路的仿真，理解并掌握差模、共模信号，以及共模抑制比的概念。

3）通过对差分放大电路的仿真，掌握射极跟随、交越失真、输出跟随范围等概念。

2. 预习要求

1）认真阅读本书第 2 章，了解 Multisim 10 软件的使用方法。

2）复习差分放大电路的分析方法。

3）复习互补输出级电路的构成及其性能。

3. 实验内容

（1）差分放大电路的仿真分析：差分放大电路如图 6.4 所示。

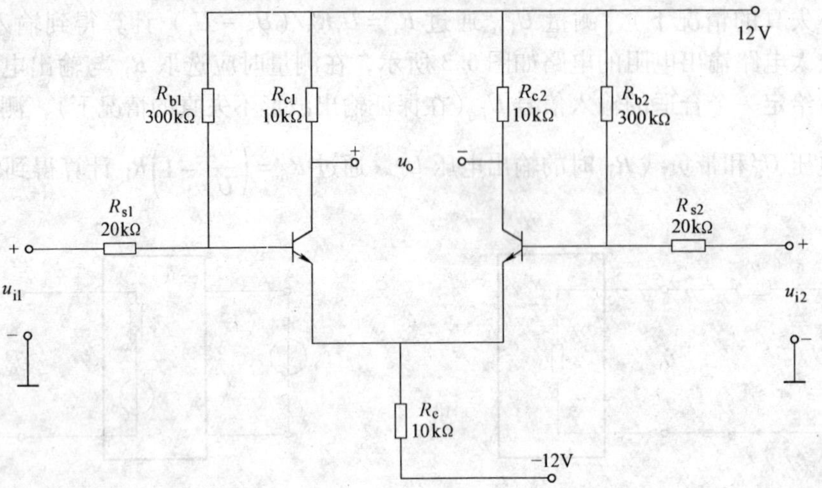

图 6.4　差分放大电路

实验步骤：

1）绘制电路图。

提示：晶体管选择 NPN 型的 2N3903。

2）静态工作点测量：测量电路中的 U_C、U_E、I_{C1}、I_{C2}、I_E，与计算值进行比较，说明产生差别的原因。

提示：选用电压表、电流表对电路中的电压和电流进行测量，也可选用万用表或者软件中的直流工作点分析的方法来测量。

3）差模放大倍数测试：在电路的两个输入端（u_{i1} 和 u_{i2}）分别加入频率为 1kHz、幅值为 30mV 的正弦波信号，注意该两端的正弦波信号的相位差为 180°。用双通道示波器同时观察 u_{i1} 和 C_1 点（左侧晶体管的集电极）的波形，读出两波形的幅值，并计算差模电压放大倍数。

4）共模放大倍数测试：在电路的两个输入端（u_{i1} 和 u_{i2}）分别加入频率为 1kHz、幅值为100mV的正弦波信号，注意该两端的正弦波信号的相位差为0。用双通道示波器同时观察 u_{i1} 和 C_1 点的波形，读出两波形的幅值，并计算共模电压放大倍数。

5）根据以上计算的差模、共模电压增益，计算该电路的共模抑制比。

（2）互补输出级电路的仿真分析

1）乙类互补输出级电路：乙类互补输出级电路如图6.5所示。绘制电路，其中晶体管选择NPN型的2N3904和PNP型的2N3905，接入正弦波信号源（频率为1kHz，幅值为1V），用双通道示波器同时观察输入和输出的波形，观察输出信号有无交越失真现象；增大输入信号幅值至输出信号出现顶部或底部失真，记录跟随范围。

2）甲乙类互补输出级电路：将电路改为如图6.6所示的甲乙类互补输出级电路，重复乙类互补输出级电路的实验过程，将实验结果加以对比，并说明原因。

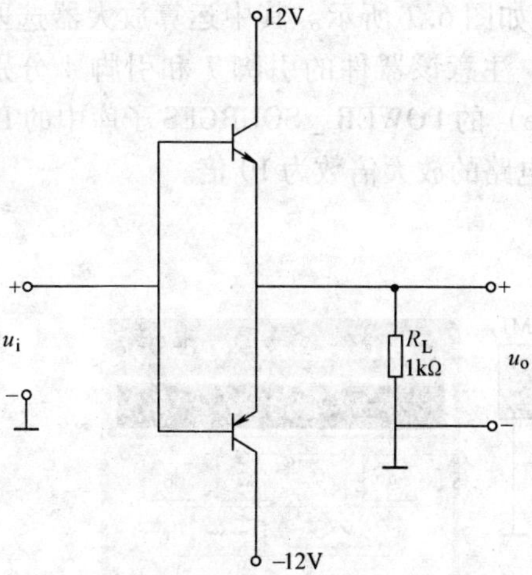

图6.5 乙类互补输出级电路

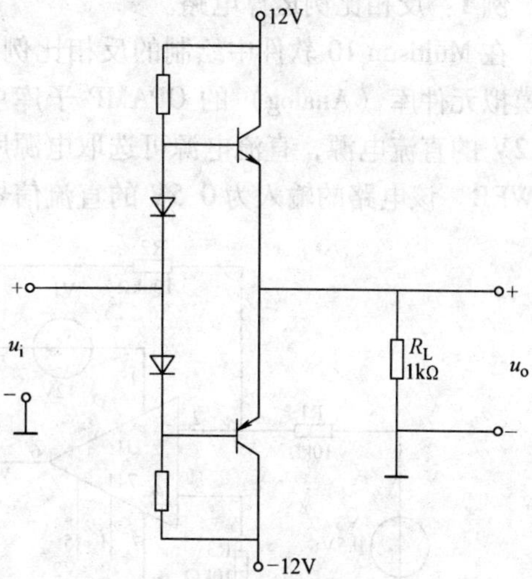

图6.6 甲乙类互补输出级电路

4. 实验报告要求

1）详细记录实验各步骤中的波形。

2）记录仿真数据，计算电路的放大倍数。

6.3 运算放大器的应用仿真

1. 实验目的

1）加深对运算放大器线性与非线性应用的了解。

2）学会利用 Multisim 10 软件进行运算放大器电路的设计。

2. 预习要求

1）复习运算放大器的相关知识。

2）认真阅读本实验的实例解析部分的内容，并完成实验电路的设计。

3. 实例解析

例 1：反相比例运算电路。

在 Multisim 10 软件中绘制的反相比例运算电路如图 6.7 所示。其中运算放大器选取的是模拟元件库（Analog）的 OPAMP 子库中的 741，注意该器件的引脚 7 和引脚 4 分别接 ±12V 的直流电源，直流电源可选取电源库（Source）的 POWER _ SOURCES 子库中的 DC _ POWER。该电路的输入为 0.5V 的直流信号，设计电路的放大倍数为 10 倍。

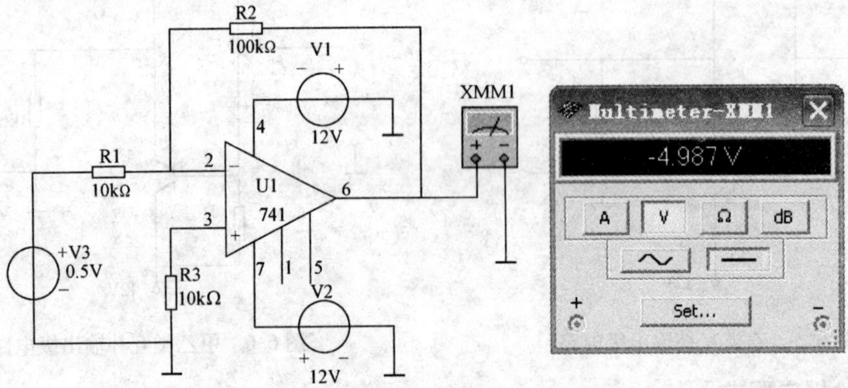

图 6.7　反相比例运算电路

例 2：同相比例运算电路。

在 Multisim 10 软件中绘制的同相比例运算电路如图 6.8 所示。该电路的输入为幅值 0.5V 的交流信号，交流信号源可选取电源库（Source）的 SIGNAL _ VOLTAGE _ SOURCES 子库中的 AC _ VOLTAGE，设计电路的放大倍数为 10 倍。图 6.9 所示为用双通道示波器观测的输入输出波形，可以看出测量值与理论计算值是吻合的。

例 3：反相输入求和电路。

在 Multisim 10 软件中绘制的反相输入求和电路如图 6.10 所示。该电路的两个输入分别为 1V 和 0.5V 的直流信号，设计电路的输出为 -7V 的直流。由万用表的示数可以看出测量值与理论计算值相吻合。

例 4：积分运算电路。

在 Multisim 10 软件中绘制的积分运算电路如图 6.11 所示。该电路的输入侧接信号发生器，输入信号为 1kHz，幅值为 2V 的方波。用双通道示波器同时观察电路的输入输出波形，如图 6.12 所示。

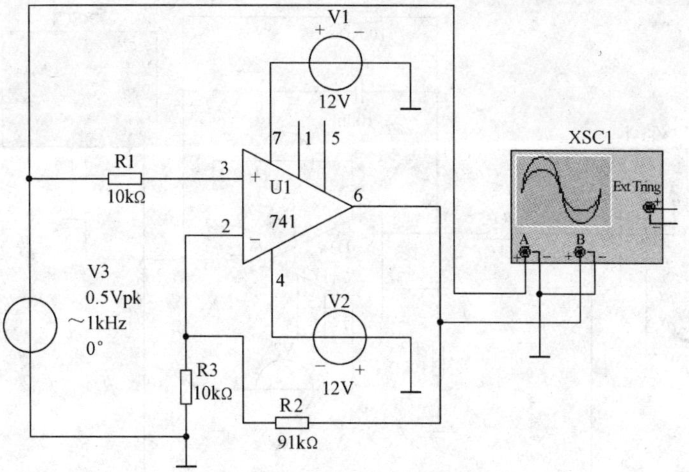

图 6.8　同相比例运算电路

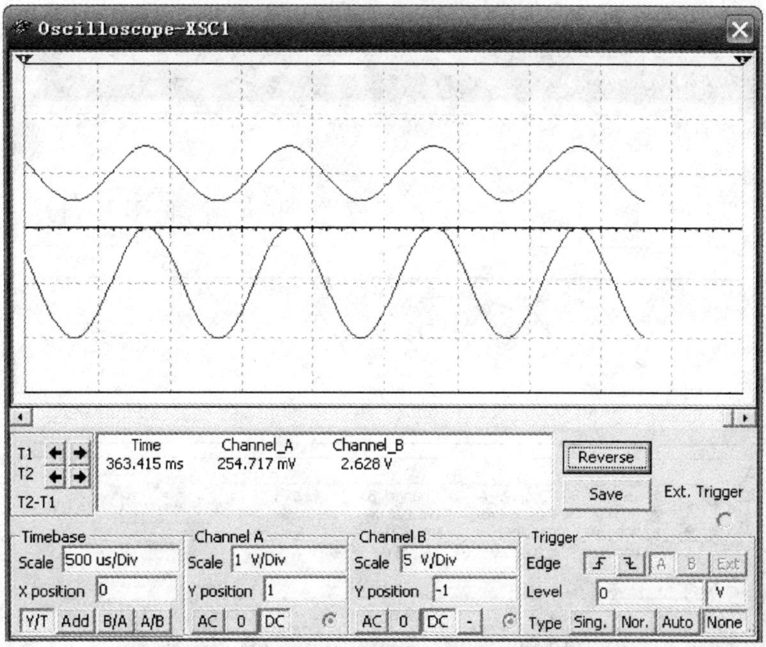

图 6.9　同相比例运算电路的输入输出波形

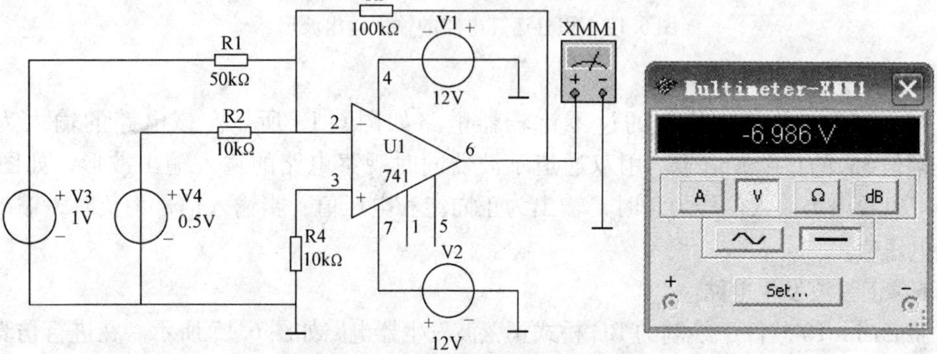

图 6.10　反相输入求和电路

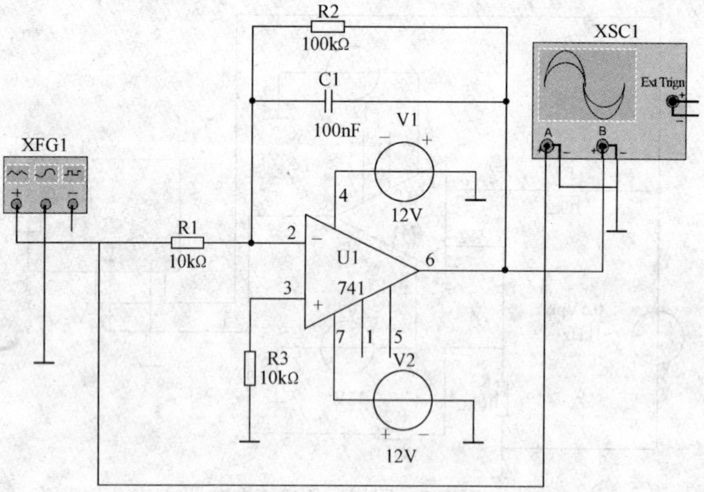

图 6.11　积分运算电路

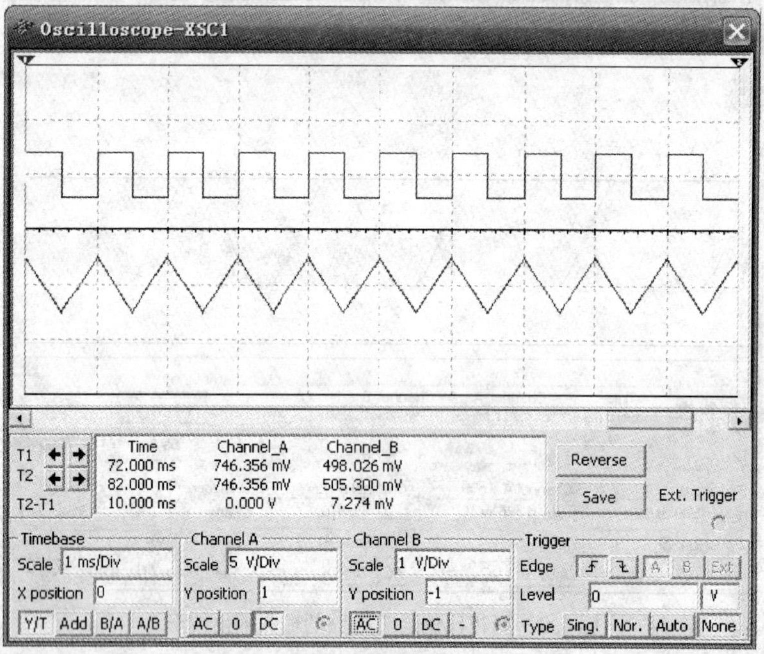

图 6.12　积分运算电路的输入输出波形

例 5：过零比较器电路。

在 Multisim 10 软件中绘制的过零比较器电路如图 6.13 所示。该电路的输入为频率 1kHz，幅值 3V 的正弦波信号。用双通道示波器同时观察电路的输入输出波形，如图 6.14 所示，可以看出当输入信号为正时，输出为正向饱和电压值，当输入信号为负时，输出为负向饱和电压值。

例 6：正弦波发生电路。

在 Multisim 10 软件中绘制的 RC 桥式正弦波发生器电路如图 6.15 所示。在进行仿真过程中，调节 R_5 的中心抽头位置，具体方法为：在键盘上按字母 A（该电位器的设置为Key = A，

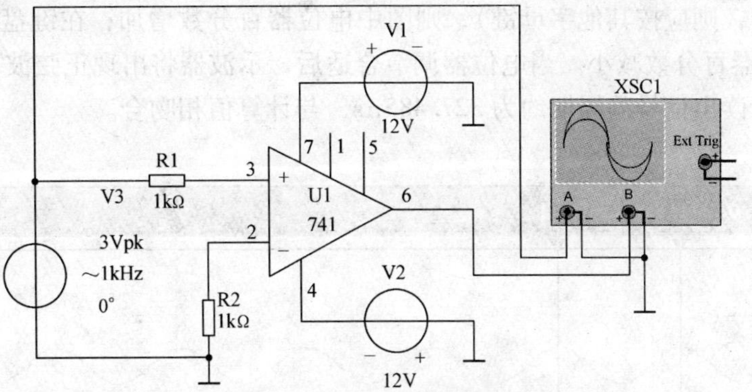

图 6.13　过零比较器电路

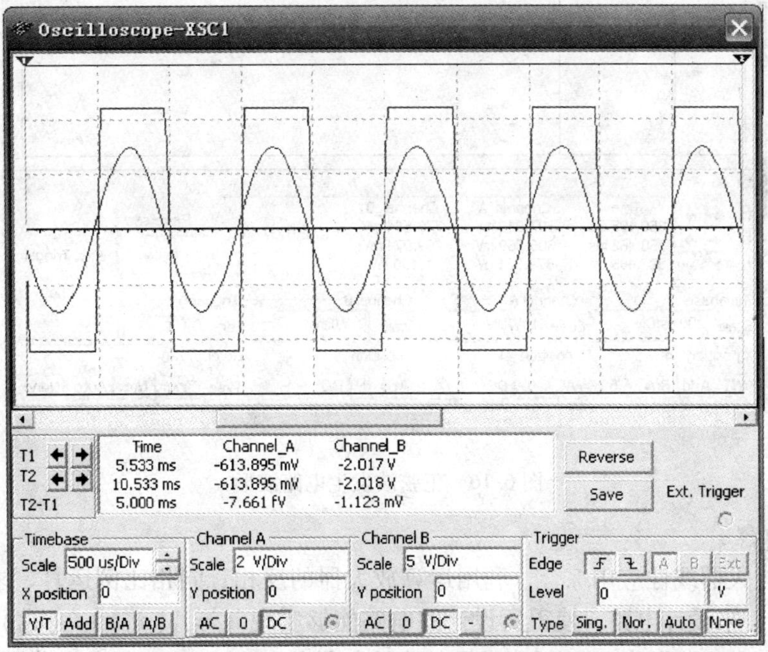

图 6.14　过零比较器电路的输入输出波形

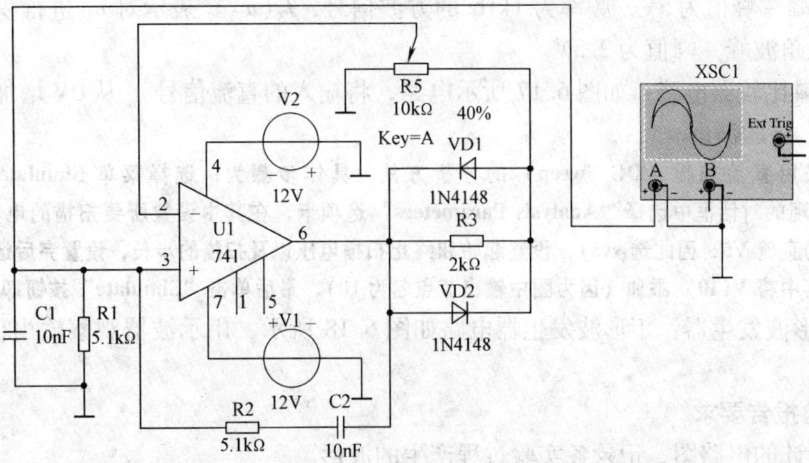

图 6.15　*RC* 桥式正弦波发生器电路

如设置其他字母，则应按其他字母键），则图中电位器百分数增加；在键盘上按字母 Shift + A，则图中电位器百分数减小。当电位器调节合适后，示波器将出现正弦波信号，如图 6.16 所示，由该图可读出信号的周期约为 327.485μs，与计算值相吻合。

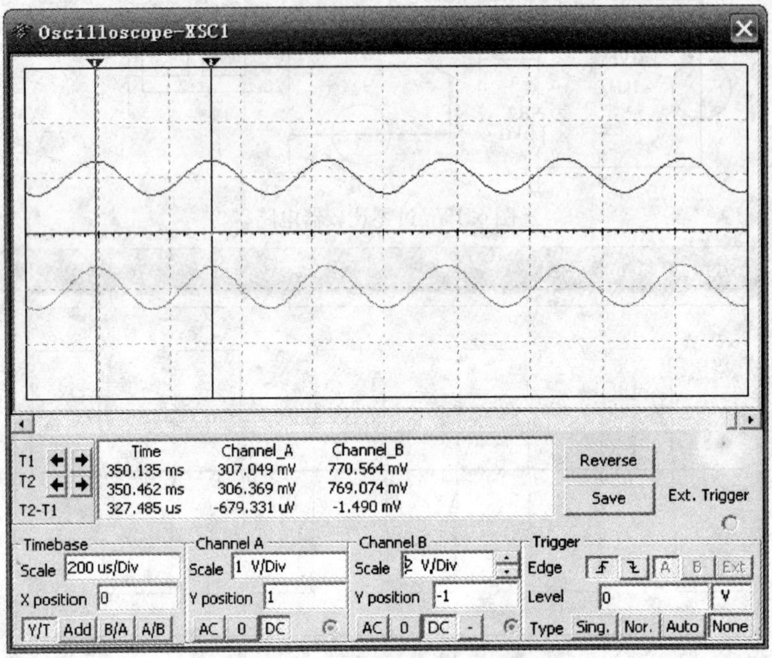

图 6.16　正弦波发生电路波形

4. 实验内容

1）运算放大器线性应用综合　利用运算放大器的反相、同相比例运算、求和运算和积分运算等方法，来设计电路，使得所设计的电路能够实现 $u_o = f_1(u_{i1}) + f_2(u_{i2}) + f_3(u_{i3})$ 的运算。其中 u_{i1}、u_{i2} 分别为 0.5V 和 1.2V 的直流信号，$f_1(u_{i1})$ 和 $f_2(u_{i2})$ 分别表示 $-5u_{i1}$ 和 $3u_{i2}$；u_{i3} 为峰 - 峰值为 5V，频率为 1kHz 的方波信号，$f_3(u_{i3})$ 表示对 u_{i3} 进行积分运算，使得输出的三角波峰 - 峰值为 2.5V。

2）窗口比较器电路：如图 6.17 所示电路，将输入的直流信号 u_i 从 0V 增加至 12V，观察输出电压 u_o 的波形。

提示：采用直流扫描（DC Sweep）的分析方法。具体步骤为：选择菜单 Simulate/Analyses/DC Sweep，在出现的对话框中选择"Analysis Parameters"选项卡，在其中设置所要扫描的电源（本题扫描的是输入侧的直流 V5，因此选 vv5），设置起始和终止扫描电压以及扫描的步长，设置完后选择"Output"选项卡，在其中将 V(10) 添加（因为图中输出节点名为 10），最后单击"Simulate"按钮即可开始分析。

3）矩形波发生器：矩形波发生器电路如图 6.18 所示，用示波器观察输出信号的波形，并记录。

5. 实验报告要求

绘制设计的电路图，记录各实验过程产生的波形。

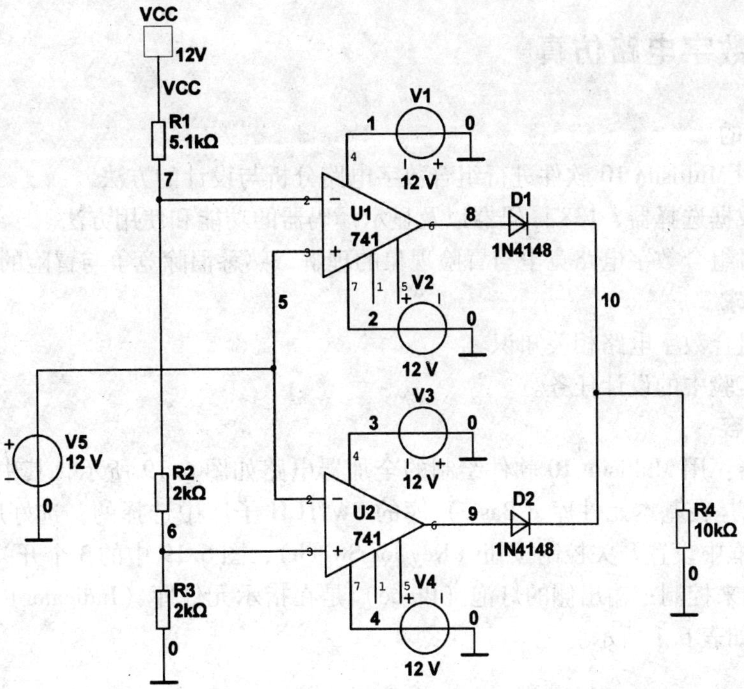

图 6.17　窗口比较电路

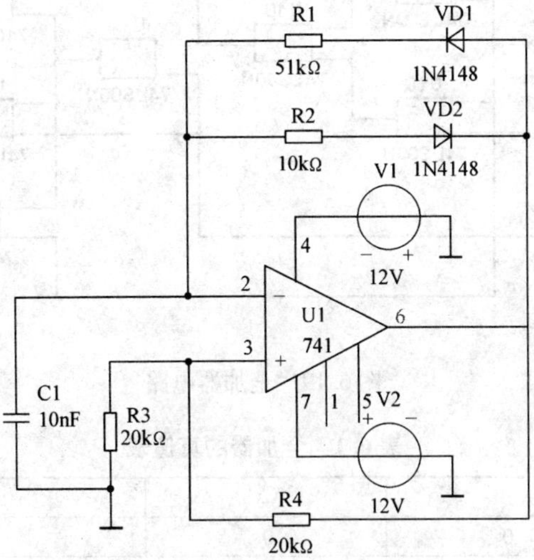

图 6.18　矩形波发生器电路

6.4 组合数字电路仿真

1. 实验目的

1）掌握用 Multisim 10 软件进行组合数字电路分析与设计的方法。

2）掌握数据选择器、138 译码器以及显示译码器的功能和使用方法。

3）加深对组合数字电路竞争与冒险现象的理解，熟悉消除竞争与冒险的方法。

2. 预习要求

1）复习组合数字电路相关知识。

2）完成实验中的设计任务。

3. 实验内容

1）全加器：用 Multisim 10 软件绘制的全加器电路如图 6.19 所示，其中输入侧使用的开关（SPDT）是在基本元件库（Basic）库的 SWITCH 子库中选择的，选好后双击该开关，在弹出的对话框中设置开关控制按钮（Key for Switch），图 6.19 中的 3 个开关分别用键盘上的 A、B、C 键来控制；输出侧的灯泡（Probe）是在指示元件库（Indicator）中选取的。全加器的真值表如表 6.1 所示。

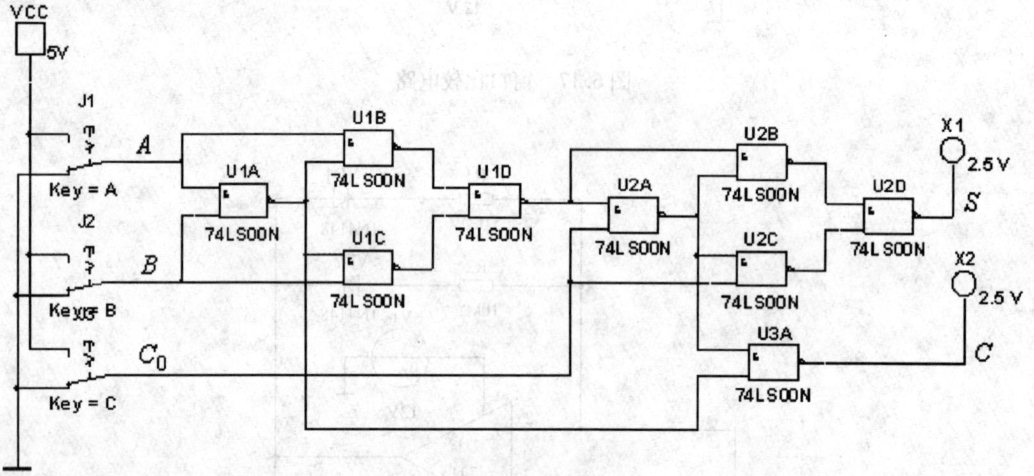

图 6.19 全加器电路

表 6.1 全加器的真值表

A	B	C_0	S	C
0	0	0		
0	0	1		
0	1	0		
0	1	1		
1	0	0		
1	0	1		
1	1	0		
1	1	1		

2）用 138 译码器和数据选择器实现全加器：在 Multisim 10 软件中绘制的用 138 译码器

(74LS138) 和相关门电路构成的全加器电路如图 6.20 所示。在完成该电路的基础上，自行尝试用数据选择器（如 74LS253）和相关门电路来构成全加器。

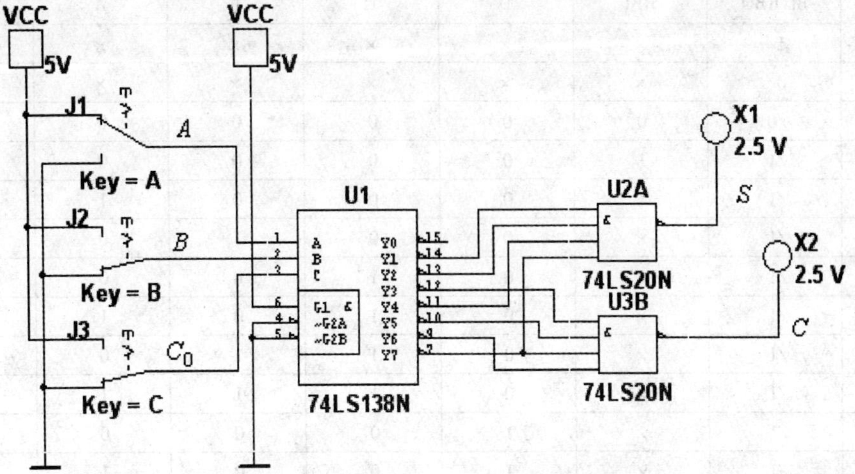

图 6.20　用 74LS138 来实现的全加器电路

3）显示译码器功能仿真：在 Multisim 10 软件中绘制的基于 74LS47 的显示译码器电路如图 6.21 所示。74LS47 功能测试表如表 6.2 所示。图中数码管选择指示元件库（Indicator）

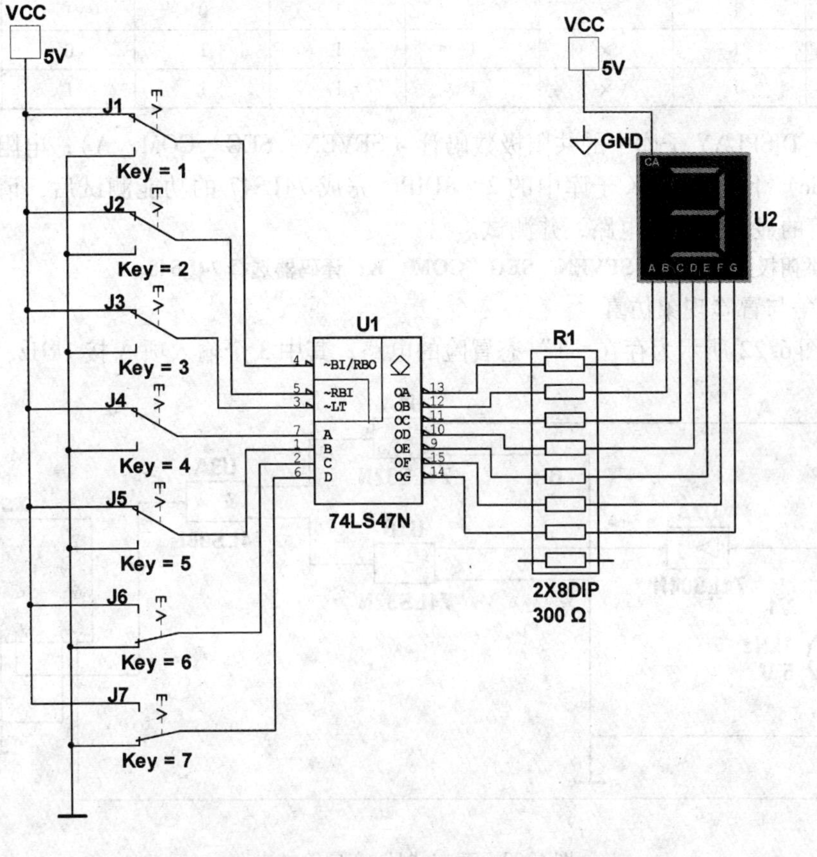

图 6.21　基于 74LS47 的显示译码器电路

表 6.2 74LS47 功能测试表

控 制 端			数 据 输 入				显示字形
LT	BI/RBO	RBI	D	C	B	A	
0	1/	×	×	×	×	×	
1	0/	×	×	×	×	×	
1	/0	0	0	0	0	0	
1	/1	1	0	0	0	0	
1	/1	×	0	0	0	1	
1	/1	×	0	0	1	0	
1	/1	×	0	1	0	0	
1	/1	×	0	1	0	1	
1	/1	×	0	1	1	0	
1	/1	×	0	1	1	1	
1	/1	×	1	0	0	0	
1	/1	×	1	0	0	1	
1	/1	×	1	0	1	0	
1	/1	×	1	0	1	1	
1	/1	×	1	1	0	0	
1	/1	×	1	1	0	1	
1	/1	×	1	1	1	0	
1	/1	×	1	1	1	1	

中的 HEX _ DISPLAY 子库中的共阳极数码管（SEVEN _ SEG _ COM _ A)；电阻选择基本元件库（Basic）下的 RPACK 子库中的 2 ×8DIP。完成 74LS47 的功能测试后，请自行设计共阴极数码管的显示译码器电路，并测试。

提示：共阴极数码管选择 SEVEN _ SEG _ COM _ K，译码器选择 74LS48。

4）竞争与冒险现象仿真

① 如图 6.22 所示为存在“1”态冒险的电路，其中 3 个输入项 A 接 1kHz、5V 的时钟

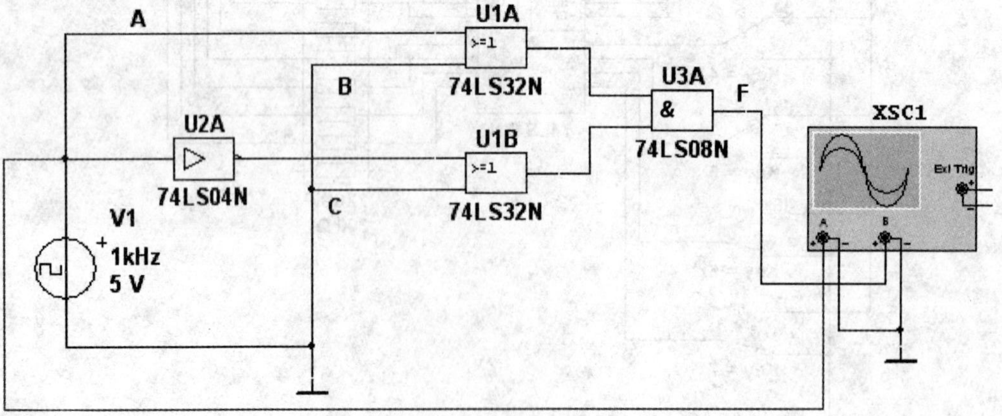

图 6.22 存在“1”态冒险的电路

信号，B、C 均直接接零。仿真该电路，用示波器观察输入与输出的波形，说明产生“1”态冒险的原因。

② 如图 6.23 所示，为消除了“1”态冒险的电路，仿真该电路，并观察波形。

③ 自行设计并仿真具有“0”态冒险现象的电路，设计并仿真消除“0”态冒险现象的电路。

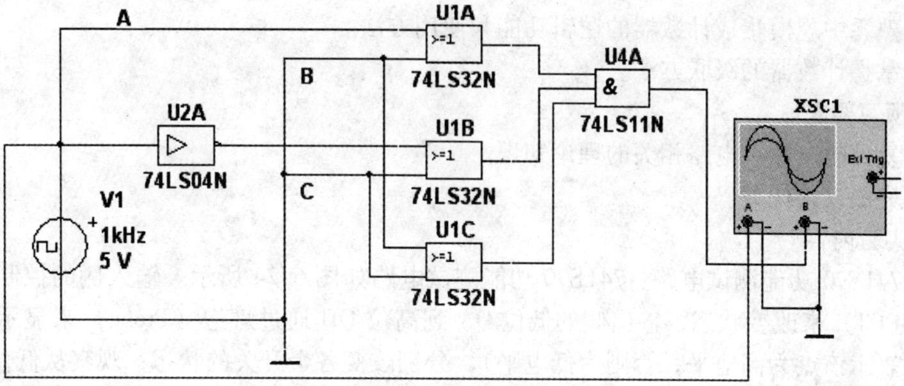

图 6.23　消除了“1”态冒险的电路

4. 实验报告要求

绘制设计的电路图，详细记录各过程产生的数据和波形。

6.5　多位计数器仿真

1. 实验目的

1）学会使用 Multisim 10 软件进行计数器的设计。

2）熟悉中规模集成计数器的逻辑功能和使用方法。

3）掌握计数器的级联方法。

2. 预习要求

1）复习时序数字电路相关的理论知识。

2）完成设计任务。

3. 实验内容

1）74LS90 功能测试电路：74LS90 功能测试电路如图 6.24 所示。输入侧的控制端通过开关（SPDT）来改变状态，输出侧的低位 QA 到高位 QD 通过灯泡（Probe）来显示其状态（灯泡亮表示该点为高电平，否则为低电平）。分别改变各个开关的状态，观察从低位 QA 至高位 QD 输出端的功能并记录于表 6.3 中，同时验证所完成的功能。

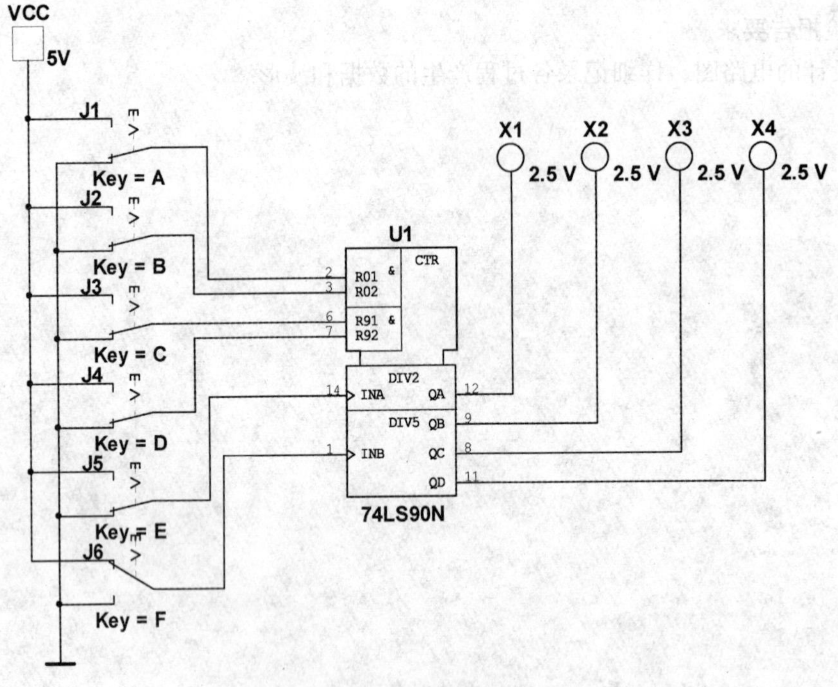

图 6.24　74LS90 功能测试电路

表 6.3　74LS90 功能表

R01	R02	R91	R92	INA	INB	QD	QC	QB	QA	功　能
×	×	1	1	×	×					置 9
1	1	×	0	×	×					置 0
1	1	0	×	×	×					置 0

（续）

R01	R02	R91	R92	INA	INB	QD	QC	QB	QA	功　能
0	0	0	0	↓	×	二进制				计数
0	0	0	0	×	↓	五进制				
0	0	0	0	↓	QA	十进制（8421BCD 码）				
0	0	0	0	QD	↓	十进制（5421BCD 码）				

2）十进制计数器（8421 码）：将 QA 与 INB 输入相连，计数脉冲由 INA 输入，QA、QB、QC、QD 作输出端，可做成一个 8421 码十进制计数器。十进制计数器（8421 码）如图 6.25 所示，用四通道示波器或逻辑分析仪观察输出波形。

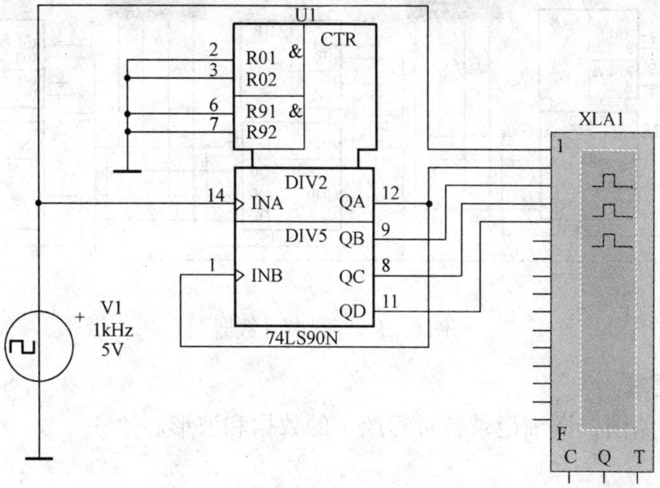

图 6.25　十进制计数器（8421 码）

3）七进制计数器：采用反馈归零法的七进制计数器（见图 6.26）给出了采用反馈归零

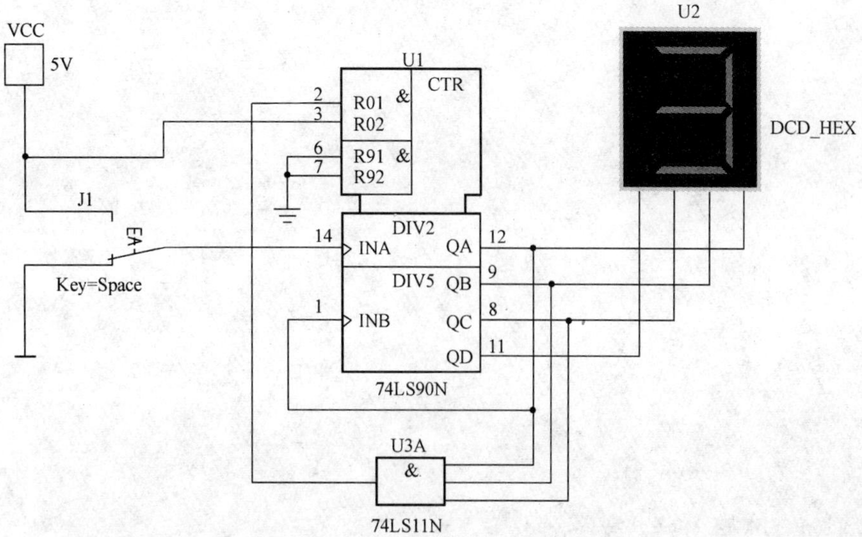

图 6.26　采用反馈归零法的七进制计数器

法构成的七进制计数器的仿真电路。该电路的显示结果采用数码管（DCD _ HEX）。除采用反馈归零法构成的七进制计数器外，还有其他方法，由于实验时间的限制，不做过多介绍，感兴趣的同学可在课后自行设计仿真电路。

4）千以内进制计数器的设计：如用多个计数器级联，通过反馈归零或预置数法可以实现任意进制的较大计数范围的计数器。如图 6. 27 所示为采用 3 片 74LS90 级联，计数范围为 0 ~ 999，即千进制的计数器。参照该计数器的设计方法，自行设计并绘制千以内任意进制计数器的仿真电路图，并进行仿真。

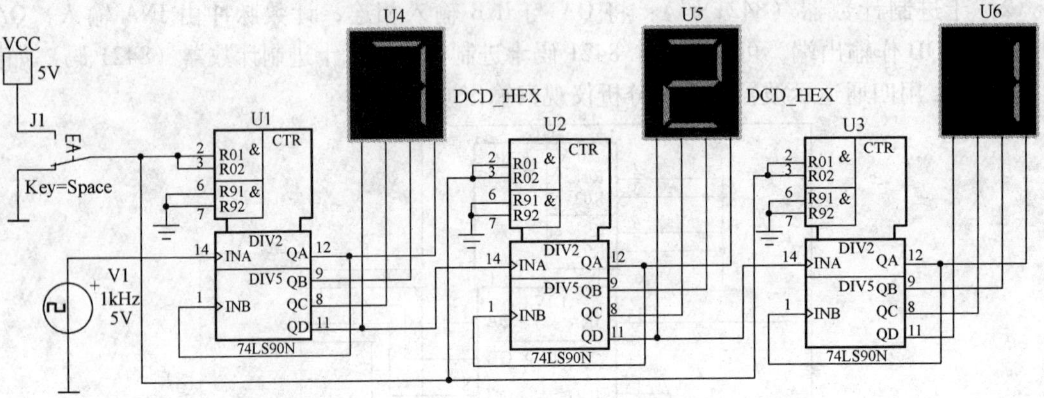

图 6. 27 千进制计数器

4. 实验报告要求

绘制设计的电路图，详细记录各过程产生的数据和波形。

第7章　基于可编程逻辑器件的数字电子技术实验

7.1　基于原理图输入方式的组合数字电路

1. 实验目的

1）熟悉 B—ICE—EDA/SOPC IEELS 实验平台。

2）熟悉 Quartus Ⅱ开发软件。

3）掌握基于原理图输入方式的组合数字电路的设计方法。

2. 预习要求

1）认真阅读本书第3章，了解 Quartus Ⅱ的使用方法。

2）认真阅读本书附录 A、B 内容，了解 B—ICE—EDA/SOPC IEELS 实验平台及其各硬件资源与 FPGA 核心板的匹配关系。

3）复习组合数字电路设计的相关理论知识。

3. 实例解析

例1：双全加器电路。

1）建立工程项目：启动 Quartus Ⅱ10.1 软件，进入 Quartus Ⅱ 10.1 软件界面。在软件

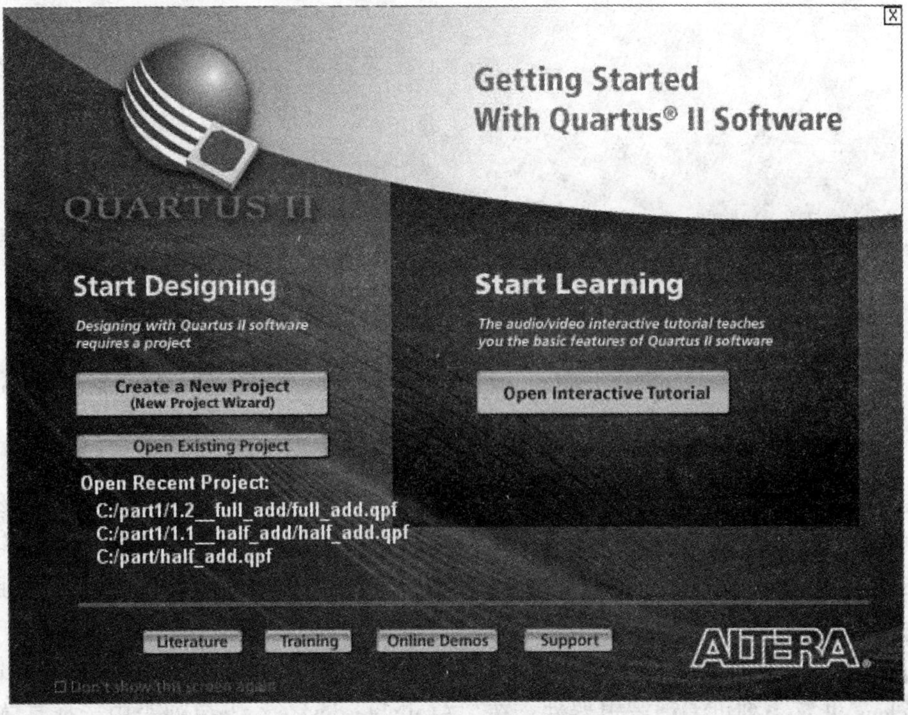

图7.1　Quartus Ⅱ 10.1 软件界面的“Getting Started With Quartus Ⅱ Software”区域

界面的"Getting Started With Quartus Ⅱ Software"区域（见图 7.1）中选择"Create a New Project（New Project Wizard）"，进入新工程向导界面（New Project Wizard）。如果不慎将该区域关闭，可在软件界面选择菜单 File/New Project Wizard，也可进入新工程向导界面。

在新工程向导中单击"Next"按钮，打开 New Project Wizard 对话框，如图 7.2 所示。其中，在第一个文本行中输入工程文件将被存储的文件夹名称，或者使用其右侧的浏览按钮找到这个文件夹，这里选择在 E 盘下建立的"2full _ add"文件夹；在第二个文本行中，输入此项工程的名称"2full _ add"；第三个文本行是当前工程顶层文件的实体名，这里即为"2full _ add"。这里建议文件夹和顶层文件选择相同的名称。

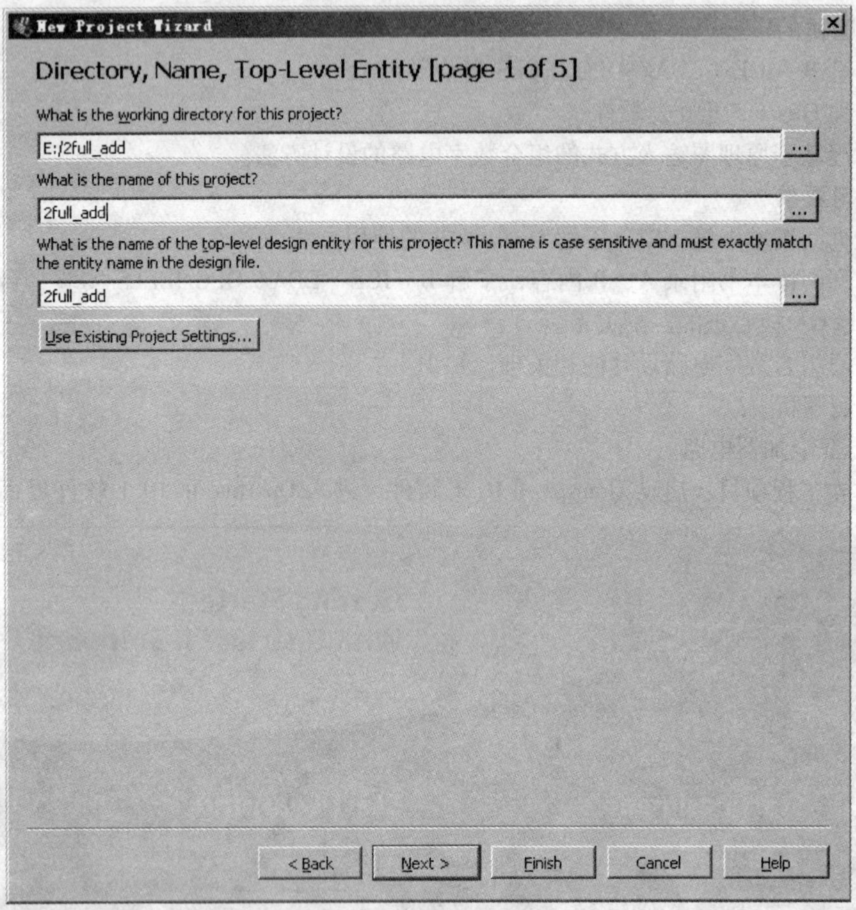

图 7.2　New Project Wizard 对话框

在 New Project Wizard 对话框中单击"Next"按钮，打开 Add Files 对话框。在该对话框中可以单击"Add"按钮添加设计输入文件，如果工程中用到用户自定义的库，则需要单击"User Libraries"按钮，添加相应的库文件。这里，直接单击"Next"按钮进入目标芯片选择对话框。

在目标芯片选择对话框的"Family"下拉框中选择"Cyclone Ⅱ"，表示选择 Altera 公司的"Cyclone Ⅱ"系列可编程逻辑器件。在"Available device"下拉列表中选择具体目标芯片型号，这里选择“EP2C35F484C8”。完成目标芯片选择对话框如图 7.3 所示。

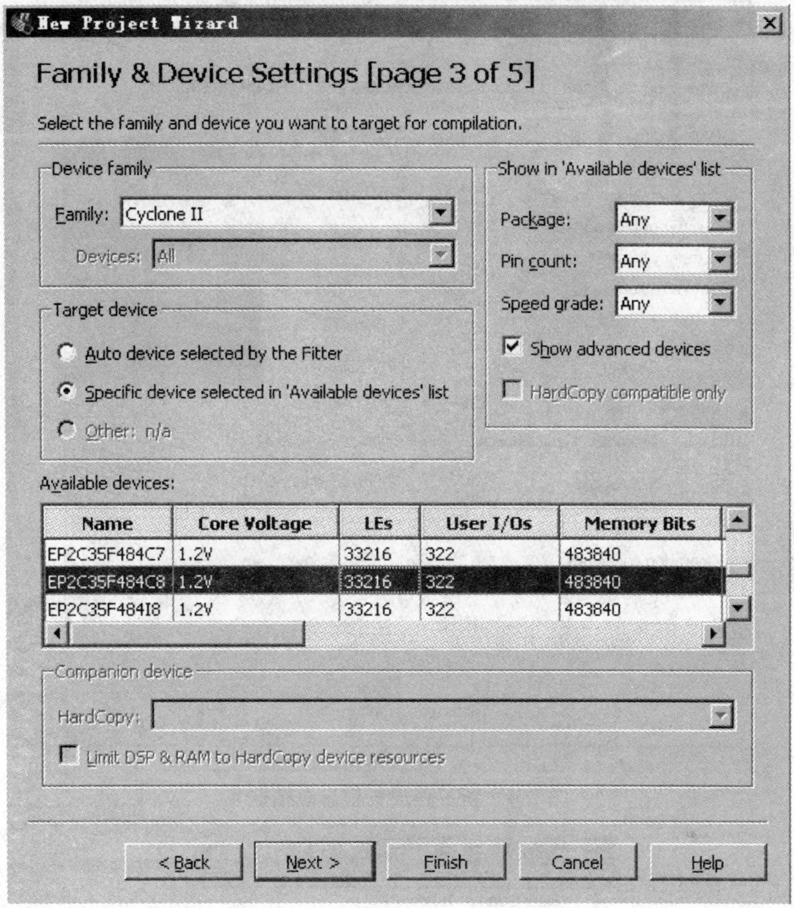

图 7.3　完成目标芯片选择对话框

完成目标芯片选择后，单击“Next”按钮进入 EDA 工具选择对话框。这里采用默认的选择“None”，对该对话框不做变更，直接单击“Next”按钮，则出现新工程设置信息总结框，如图 7.4 所示。检查参数设置无误后，单击“Finish”按钮完成工程的创建，若有误，可以单击“Back”按钮返回，并重新设置。

2）建立输入设计文件：在 Quartus Ⅱ软件界面中选择菜单 File/New，打开如图 7.5 所示的新建文件对话框。选择其中的原理图编辑模式 Block Diagram/Schematic File，单击“OK”按钮后打开原理图编辑窗口。

3）绘制电路原理图：在原理图编辑窗口中双击鼠标或者单击鼠标右键，选择 Insert/Symbol 打开出现 Symbol 对话框，如图 7.6 所示。其中，双击 Libraries 选择框中的 C：/altera/10.1/quartus/labraries 即可显示 Quartus Ⅱ软件提供的 3 种类型模块库“megafunctions”、“others”和“primitives”。

在 Others/maxplus2 元件库中选择 74183 双全加器，在 primitives/pin 元件库中选择输入端口 input、输出端口 output。在输入、输出端口上双击 PIN _ NAME，将输入端口名分别改为：A1、B1、C01 和 A2、B2、C02，将输出端口名分别改为：S1、C1 和 S2、C2。最后将鼠标移动到器件的端上，拖动鼠标进行连线，绘制好的原理图如图 7.7 所示。

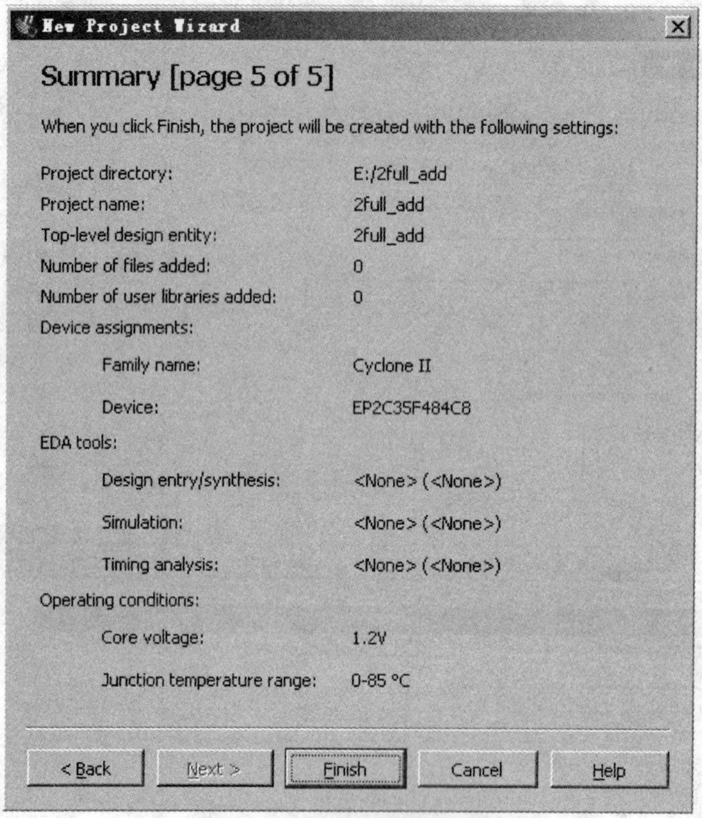

图 7.4　新工程设置信息总结框

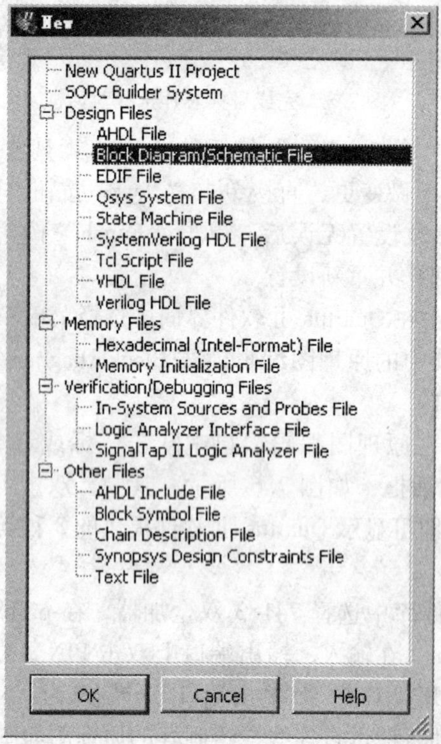

图 7.5　新建输入文件对话框

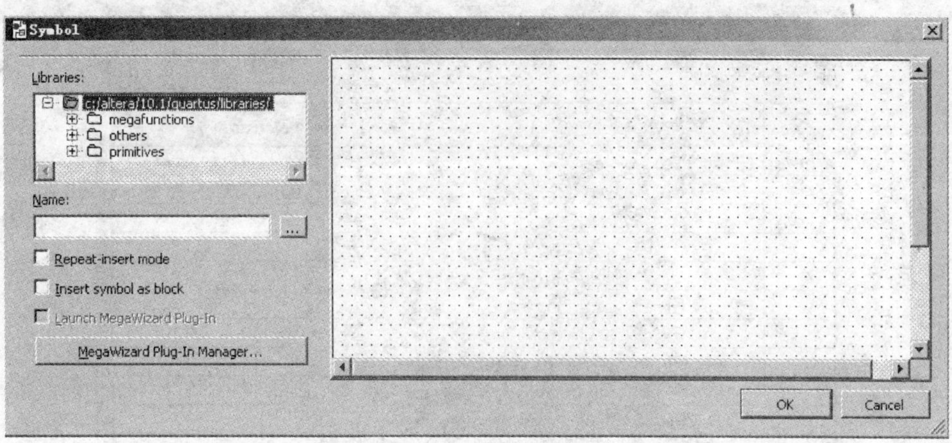

图 7.6　Symbol 对话框

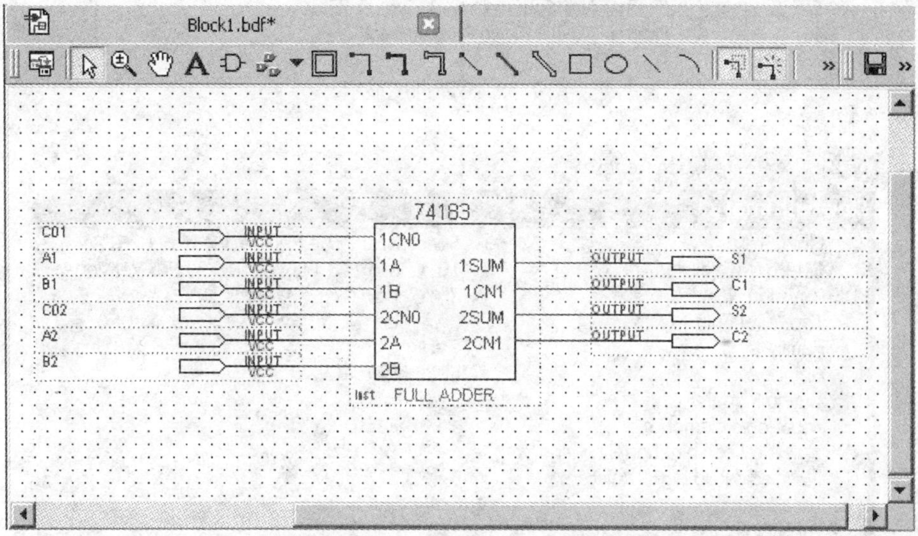

图 7.7　绘制好的原理图

绘制好原理图后，选择菜单 File/Save As，可以完成第一次存储，输入的文件命名为"2full _ add"，其中原理图文件的扩展名为". bdf"，注意输入文件仍然要保存在 E 盘下的"2full _ add"文件夹中。

4）编译源文件：选择菜单 Processing/Start Compilation，或者直接单击工具栏上的▶图标，启动全编辑过程。全编译启动后，Quartus Ⅱ软件工作窗口左边的窗口将显示编译的进度，如图 7.8 所示。软件界面下边的信息窗口在编译的过程中将不断显示编译信息。编译结束后，窗口将显示编译是否成功，是否有错误信息，是否有警告信息。如果有错误，编译将不会成功，对于初学者，警告信息目前可不用关注，它对后面过程的影响不大。

如图 7.9 所示，编译报告显示了系统占用所使用器件的资源情况，如逻辑单元数目，引脚及其存储器资源等。注意，在进行引脚分配之前要完成设计的编译，这样引脚的名称已经在引脚对话框中存在，从而可以方便引脚的分配。

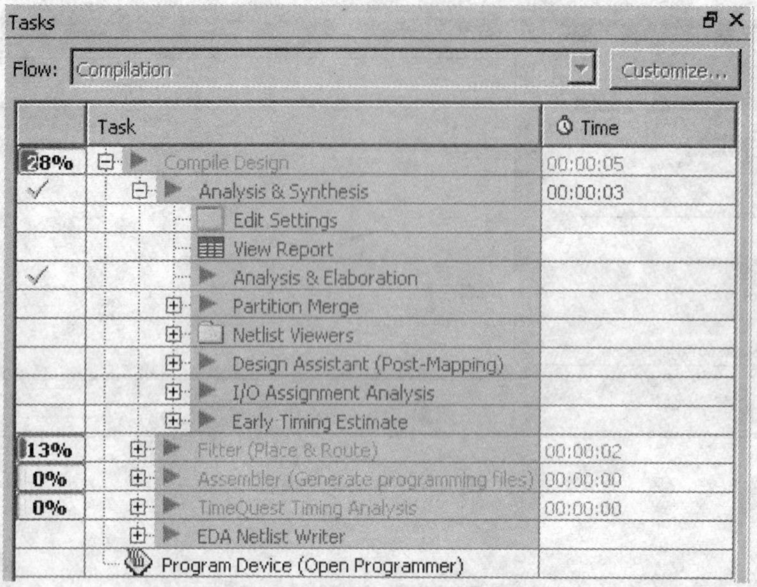

图 7.8　编译进度显示

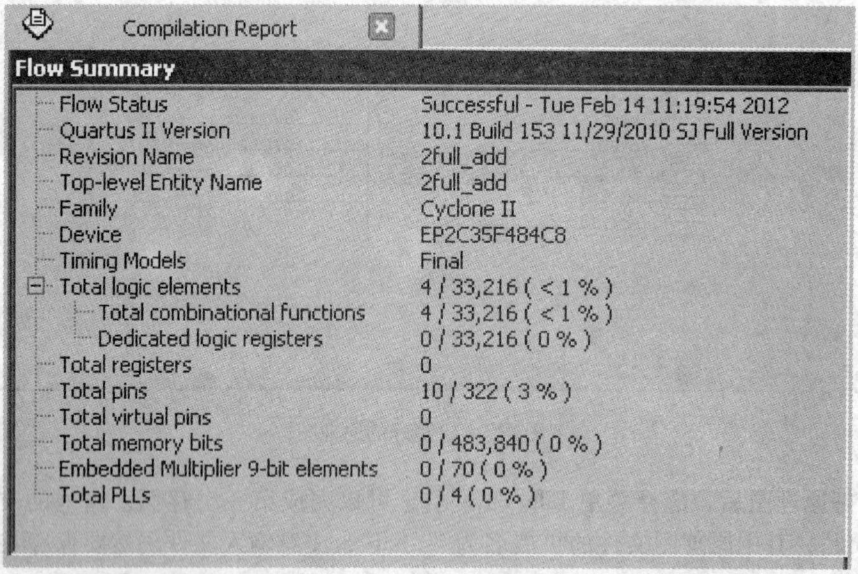

图 7.9　编译报告窗口

5）引脚分配：选择菜单 Assignments/Pin Planner，或单击图标，打开引脚分配窗口。在引脚分配窗口中的“Location”列中双击鼠标左键，选择需要的引脚号码，即可完成引脚的配置。

本设计各引脚对应关系如下（详细的引脚对应关系参见附录 B）：

A1 - SW1（PIN _ F10）	A2 - SW4（PIN _ B16）
B1 - SW2（PIN _ D11）	B2 - SW5（PIN _ E14）
C01 - SW3（PIN _ B15）	C02 - SW6（PIN _ A6）

S1 – LED1（PIN _ AA12）　　　　S2 – LED3（PIN _ AA14）

C1 – LED2（PIN _ AB13）　　　　C2 – LED4（PIN _ W16）

注意，本设计输入引脚所分配的 SW1 ~ SW6 均为扩展板的拨码开关，使用扩展板应在 B—ICE—EDA/SOPC IEELS 实验平台上将控制拨码开关模块 CTRL _ SW 中的 SEL1、SEL2、TLEN 拨置于上，逻辑电平为 11，数码管 DP9 显示“4”，将控制拨码开关模块 LCD _ ALONE _ CTRL _ SW 中的 TLAE、TLAS 拨置于上，其他拨置于下（如果使用 B—ICE—EDA/SOPC IEELS 实验平台自身的拨码开关，则只需将控制拨码开关模块 LCD _ ALONE _ CTRL _ SW 中的 VLPO 拨置于下，将控制拨码开关模块 CTRL _ SW 中的 SEL1、SEL2 拨置于下，逻辑电平为 00，数码管 DP9 显示“1”）。

配置完成的引脚分配窗口如图 7.10 所示。

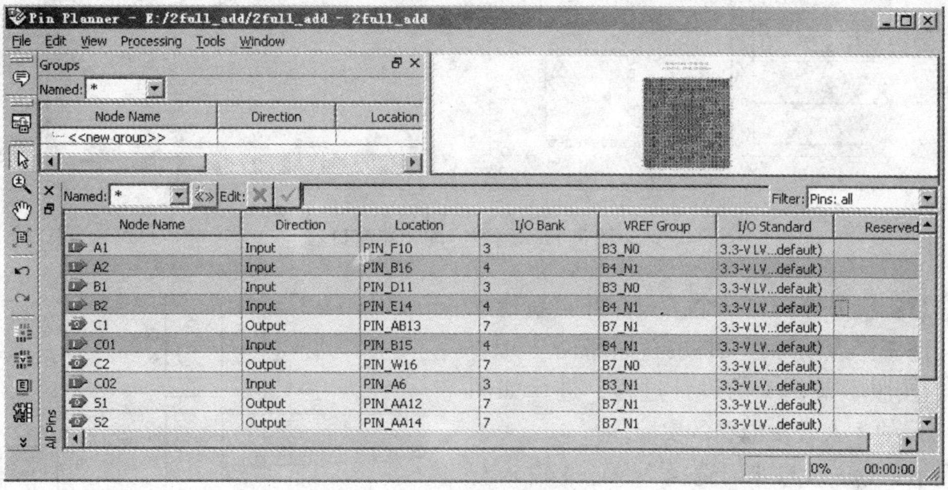

图 7.10　引脚分配窗口

在完成引脚分配后，退出引脚分配窗口，接着选择菜单 Processing/Start Compilation，或者直接单击工具栏上的▶图标，再一次对设计进行编译。

6）程序下载：在 Quartus Ⅱ软件窗口中，选择菜单 Tool/Programmer 或单击图标，打开编程、配置器窗口，如图 7.11 所示。

在编程、配置器窗口中单击“Hardware Setup”按钮打开 Hardware Setup 对话框，并在该对话框的“Currently selected hardware”中选择 USB – Blaster，完成后关闭该窗口。

在原来的编程、配置窗口中，在“Mode”下拉列表中选择 JTAG 模式，之后将“Program/Configure”复选框选中。上述工作完成以后，单击“Start”按钮可以开始编程与配置工作。在编程、配置过程中，Progress 显示栏将显示工作进度。

7）逻辑功能验证：程序下载完成后，依次拨动扩展板的开关 SW1 ~ SW6，观察发光管 LED1 ~ LED4 的发光情况，并记录实验结果。

4. 实验内容

1）完成本节例 1 的内容，并尝试在 Quartus Ⅱ的原理图编辑窗口中采用与非门器件设计一个全加器，并参照例 1 的设计过程完成电路实验。

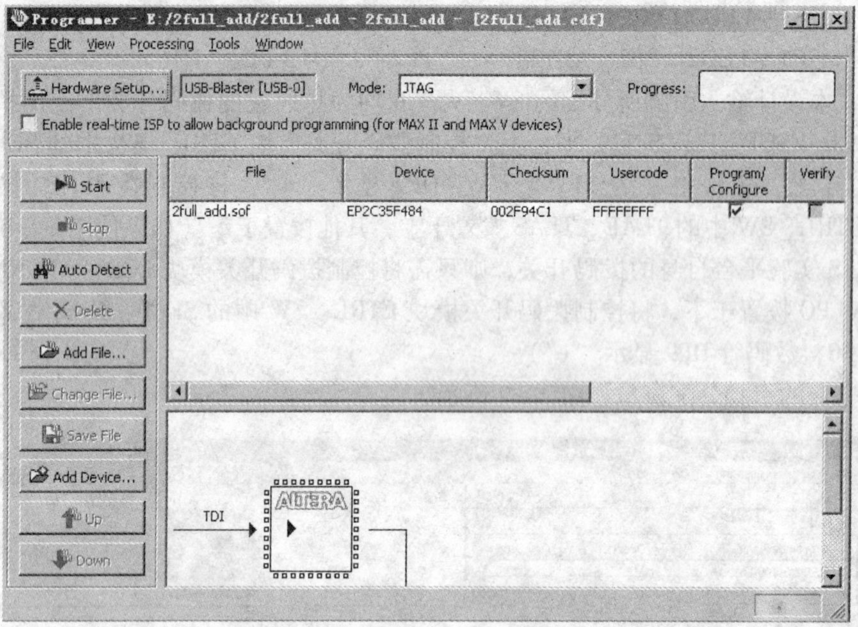

图 7.11　编程、配置器窗口

注意：应另外新建一个工程，并重新建立一个文件夹作为该工程文件的存储路径。

2）按照本节例 1 的设计过程，进行如图 7.12 所示的 4 人表决电路的实验。

提示：2 输入与非门选择 7400，4 输入与非门选择 7420。

3）自行设计全减器电路，并完成实验。

5. 实验报告要求

记录实验内容中的电路原理图、可编程逻辑器件芯片的引脚分配关系并记录各电路的真值表。

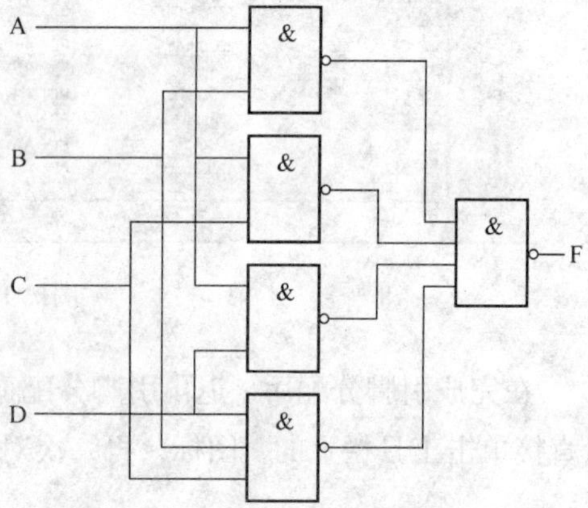

图 7.12　4 人表决电路

7.2　基于 Verilog HDL 语言输入方式的组合数字电路

1. 实验目的

1）熟悉 B—ICE—EDA/SOPC IEELS 实验平台。

2）熟悉 Quartus Ⅱ开发软件。

3）熟悉基于 Verilog HDL 语言输入方式的组合数字电路的设计方法。

2. 预习要求

1）认真阅读本书第 3 章，了解 Quartus Ⅱ的使用方法。

2）认真阅读本书附录 A、B 内容，了解 B—ICE—EDA/SOPC IEELS 实验平台及其各硬件资源与 FPGA 核心板的匹配关系。

3）预习 Verilog HDL 语言的相关知识。

3. 实例解析

例：全加器电路。

1）建立工程项目：本设计建立工程项目的操作与 7.1 节例 1 的操作过程相同，可以参照该例完成，这里不再重复。

唯一的区别是，在打开如图 7.2 所示的 New Project Wizard 对话框后，在其第一个文本行中选择在 E 盘下建立的“full _ add”文件夹；在第二个文本行中，输入工程名称“full _ add”；第三个文本中也是“full _ add”。完成操作后的 New Project Wizard 对话框如图 7.13 所示。

2）建立输入设计文件：在 Quartus Ⅱ软件界面中选择菜单 File/New，打开如图 7.14 所示的新建文件对话框。选择其中的 Verilog HDL 语言编辑模式 Verilog HDL File，单击“OK”按钮后打开 Verilog HDL 语言编辑窗口。

3）Verilog HDL 程序输入：在文本编辑窗口中键入全加器的 Verilog HDL 程序，源程序如下：

```
module full_add(Si,CO,Ai,Bi,Ci);
output Si,CO;
input Ai,Bi,Ci;
assign Si = ~(Ai ^ Bi ^ Ci);
assign CO = ~(Ai * Bi + Ci * (Ai ^ Bi));
endmodule
```

输入 Verilog HDL 程序后的编辑窗口如图 7.15 所示。

程序完成后，选择菜单 File/Save As，可以完成第一次存储，输入的文件命名为“full _ add”，其中 Verilog HDL 语言文件的扩展名为“.v”，注意此处的文件名应与程序中提到的文件名称保持一致，另外，输入文件仍然要保存在 E 盘下的“full _ add”文件夹中。

4）编译源文件：选择菜单 Processing/Start Compilation，或者直接单击工具栏上的▶图标，启动全编辑过程。全编译启动后，Quartus Ⅱ软件工作窗口左边的窗口将显示编译的进度，如图 7.16 所示。软件界面下边的信息窗口在编译的过程中将不断显示编译信息。编译结束后，窗口将显示编译是否成功，是否有错误信息，是否有警告信息。如果有错误，编译

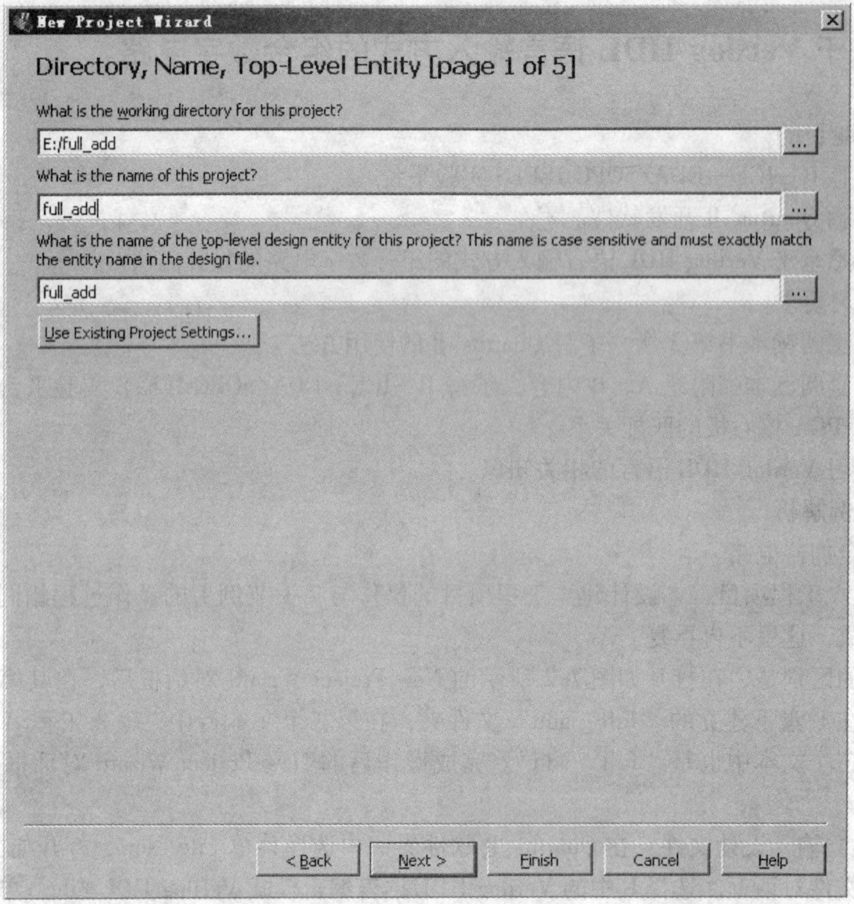

图 7.13　New Project Wizard 对话框

将不会成功，对于初学者，警告信息目前可不用关注，它对后面过程的影响不大。

如图 7.17 所示，编译报告显示了系统占用所使用器件的资源情况，如逻辑单元数目，引脚及其存储器资源等。注意，在进行引脚分配之前要完成设计的编译，这样引脚的名称已经在引脚对话框中存在，从而可以方便引脚的分配。

5）引脚分配：选择菜单 Assignments/Pin Planner，或单击图标，打开引脚分配窗口。在引脚分配窗口中的“Location”列中双击鼠标左键，选择需要的引脚号码，即可完成引脚的配置。

本设计各引脚对应关系为：Ai－SW1（PIN _ F10）、Bi－SW2（PIN _ D11）、Ci－SW3（PIN _ B15）、Si－LED1（PIN _ AA12）、CO－LED2（PIN _ AB13）。

注意，本设计输入引脚所分配的 SW1～SW6 均为扩展板的拨码开关，使用扩展板应在 B—ICE—EDA/SOPC IEELS 实验平台上将控制拨码开关模块 CTRL _ SW 中的 SEL1、SEL2、TLEN 拨置于上，逻辑电平为 11，数码管 DP9 显示“4”，将控制拨码开关模块 LCD _ ALONE _ CTRL _ SW 中的 TLAE、TLAS 拨置于上，其他拨置于下（如果使用 B—ICE—EDA/SOPC IEELS 实验平台自身的拨码开关，则只需将控制拨码开关模块 LCD _ ALONE _ CTRL _ SW 中的 VLPO 拨置于下，将控制拨码开关模块 CTRL _ SW 中的 SEL1、SEL2 拨置于下，逻

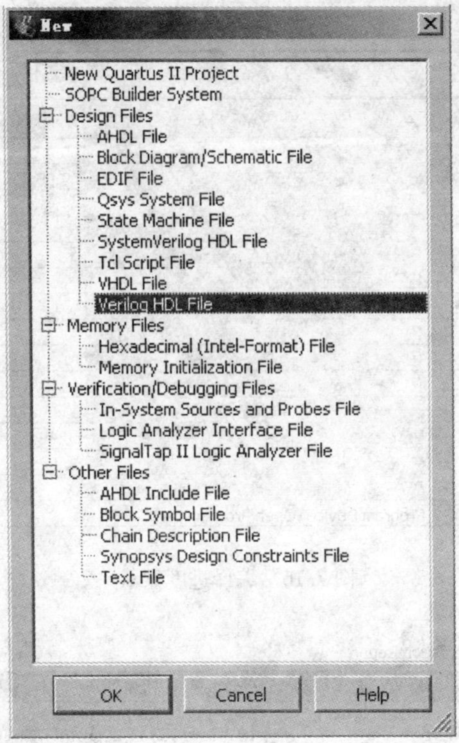

图 7.14 新建输入文件对话框

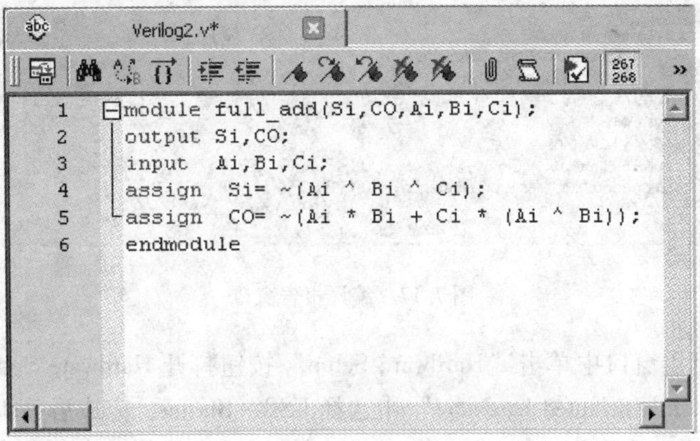

图 7.15 输入 Verilog HDL 程序后的编辑窗口

辑电平为 00，数码管 DP9 显示“1”）。

配置完成的引脚分配窗口如图 7.18 所示。

在完成引脚分配后，退出引脚分配窗口，接着选择菜单 Processing/Start Compilation，或者直接单击工具栏上的▶图标，再一次对设计进行编译。

6）程序下载：在 Quartus Ⅱ软件窗口中，选择菜单 Tool/Programmer 或单击图标，打开编程、配置器窗口，如图 7.19 所示。

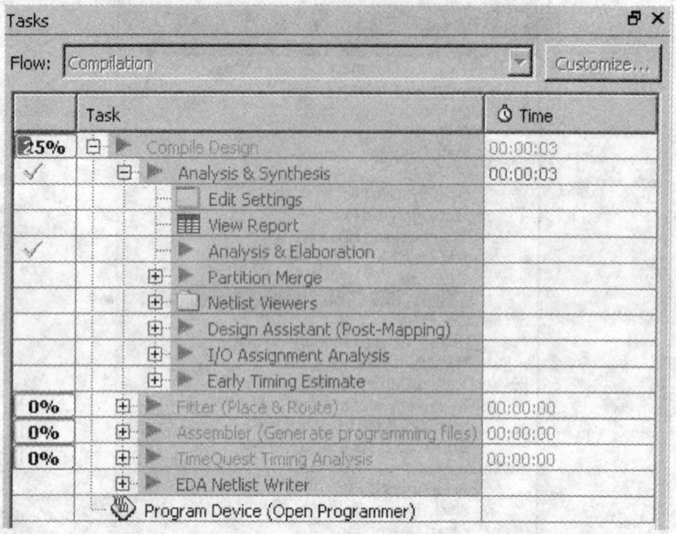

图 7.16　编译进度显示

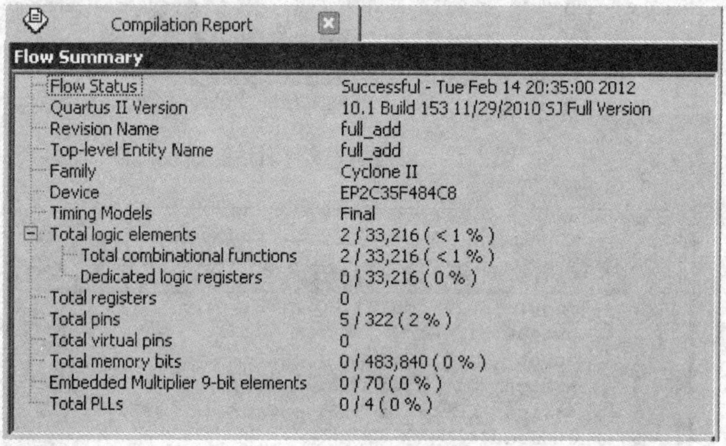

图 7.17　编译报告窗口

在编程、配置器窗口中单击“Hardware Setup”按钮打开 Hardware Setup 对话框，并在该对话框的“Currently selected hardware”中选择 USB - Blaster，完成后关闭该窗口。

在原来的编程、配置窗口中，在“Mode”下拉列表中选择 JTAG 模式，之后将“Program/Configure”复选框选中。上述工作完成以后，单击“Start”按钮可以开始编程与配置工作。在编程、配置过程中，Progress 显示栏将显示工作进度。

7）逻辑功能验证：程序下载完成后，依次拨动扩展板的开关 SW1 ~ SW3，观察发光管 LED1 与 LED2 的发光情况，并记录实验结果。

4. 实验内容

1）完成本节例 1 的内容。

2）设计并完成奇偶校验器电路，源程序参考如下，其中文件名称为 parity：

```
module parity(flag_even,flag_odd,A);
```

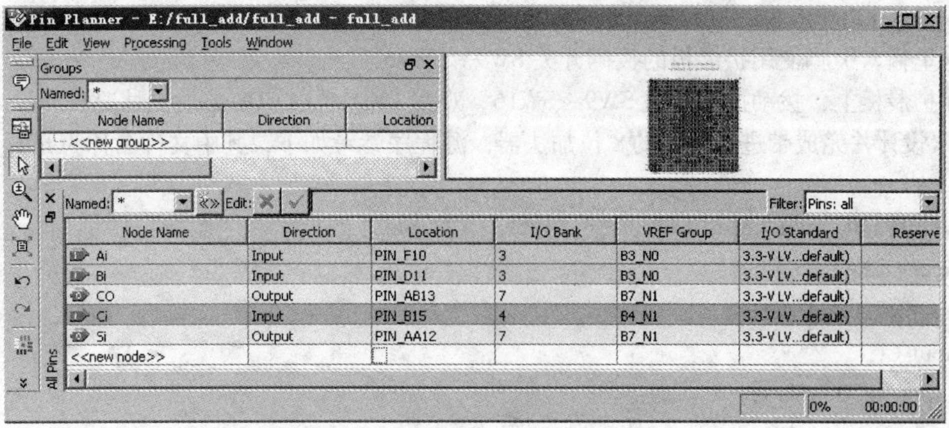

图 7.18　配置完成的引脚分配窗口

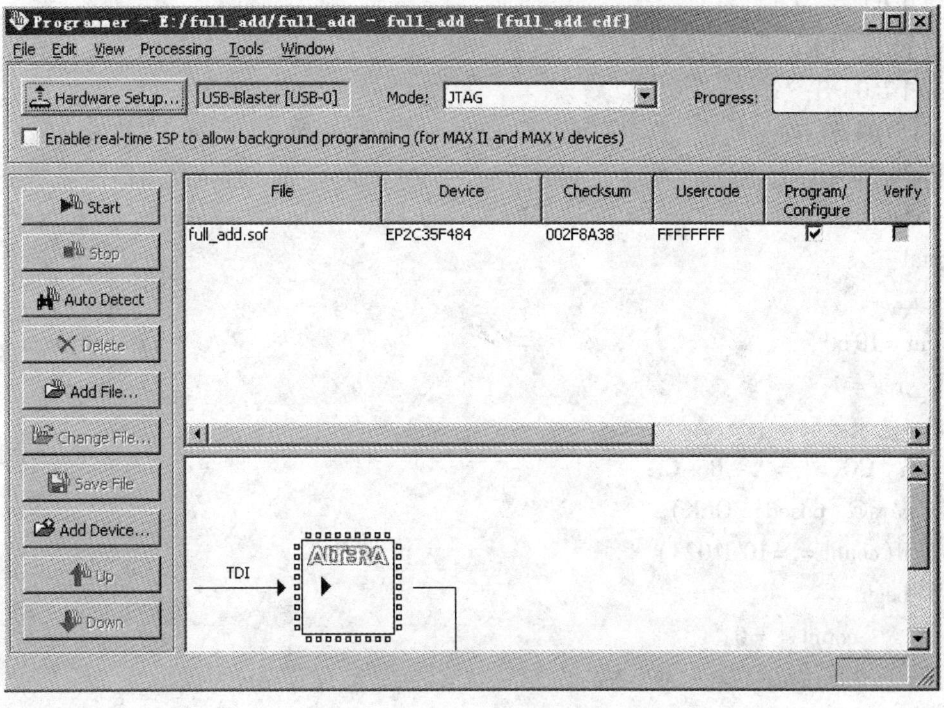

图 7.19　编程、配置器窗口

```
output flag_even,flag_odd;
input[7:0] A;
assign flag_odd = ~(^A);
assign flag_even = ~flag_odd;
endmodule
```

推荐的引脚锁定关系如下：A [7] -SW9 (PIN_B11)、A [6] -SW10 (PIN_E11)、A [5] -SW11 (PIN_F12)、A [4] -SW12 (PIN_B13)、A [3] -SW13 (PIN_C13)、A [2] -SW14 (PIN_B14)、A [1] -SW15 (PIN_B12)、A [0] -SW16 (PIN_D12)、 flag _ even – LED1（AA12）、flag _ odd – LED8（U14）。

这里输入引脚使用扩展板的拨码开关 SW9 ~ SW16。

在扩展板上，拨动拨码开关 SW9 ~ SW16，观察 LED1 与 LED8 的发光情况。

3）设计并完成带进位输入的 8 位加法器，源程序参考如下，其中文件名称为 full _ add _ 8bit：

```
module full _ add _ 8bit(CLK,A,B,Ci,SEG,CO,SEL);
input CLK;
input [7:0] A,B;
input Ci;
output [6:0] SEG;
output CO;
output [1:0] SEL;
reg[9:0] count;
reg[1:0] SEL;
wire [7:0] S;
reg [6:0] SEG;
reg clk _ reg;
reg state;
initial
begin
count = 10'b0;
clk _ reg = 0;
end
assign {CO,S} = A + B + Ci;
   always@ (posedge CLK)
     if(count = = 10'd1023)
     begin
          count < = 0;
          clk _ reg < = ~ clk _ reg;
     end
     else
        count < = count + 10'b1;
     always@ (posedge clk _ reg)
        case(state)
     1'b0: begin
           SEL[1] < = 1;
           SEL[0] < = 0;
           state < = 1'b1;
           end
```

```
        1'b1: begin
            SEL[1] < =0;
            SEL[0] < =1;
            state < =1'b0;
            end
        default:state =1'b0;
            endcase
        always@ (posedge CLK)
        begin
        if(SEL[1])
        SEG < =seg7(S[7:4]);
        if(SEL[0])
        SEG < =seg7(S[3:0]);
          end
    function reg [6:0] seg7;
        input [3:0] in;
        case(in)
          4'b0000    :seg7 =7'b1111110;
          4'b0001    :seg7 =7'b0110000;
          4'b0010    :seg7 =7'b1101101;
          4'b0011    :seg7 =7'b1111001;
          4'b0100    :seg7 =7'b0110011;
          4'b0101    :seg7 =7'b1011011;
          4'b0110    :seg7 =7'b1011111;
          4'b0111    :seg7 =7'b1110000;
          4'b1000    :seg7 =7'b1111111;
          4'b1001    :seg7 =7'b1111011;
          4'b1010    :seg7 =7'b1110111;
          4'b1011    :seg7 =7'b0011111;
          4'b1100    :seg7 =7'b1001110;
          4'b1101    :seg7 =7'b0111101;
          4'b1110    :seg7 =7'b1001111;
          4'b1111    :seg7 =7'b1000111;
          default :seg7 =7'bx;
        endcase
endfunction
endmodule
```

推荐的引脚锁定关系如下：A [7] - SW1 (PIN _ F10)、A [6] - SW2 (PIN _ D11)、A [5] - SW3 (PIN _ B15)、A [4] - SW4 (PIN _ B16)、A [3] - SW5 (PIN _ E14)、A

[2] - SW6 (PIN _ A6)、A [1] - SW7 (PIN _ A7)、A [0] - SW8 (PIN _ F11)、B [7] - SW9 (PIN _ B11)、B [6] - SW10 (PIN _ E11)、B [5] - SW11 (PIN _ F12)、B [4] - SW12 (PIN _ B13)、B [3] - SW13 (PIN _ C13)、B [2] - SW14 (PIN _ B14)、B [1] - SW15 (PIN _ B12)、B [0] - SW16 (PIN _ D12)、SEG [6] - 8 × SEG LA (PIN _ P18)、SEG [5] - 8 × SEG LB (PIN _ V22)、SEG [4] - 8 × SEG LC (PIN _ W21)、SEG [3] - 8 × SEG LD (PIN _ W22)、SEG [2] - 8 × SEG LE (PIN _ Y22)、SEG [1] - 8 × SEG LF (PIN _ Y21)、SEG [0] - 8 × SEG LG (PIN _ Y20)、CLK - PIN _ M1、Ci - F1 (PIN _AA10)、CO - LED1 (PIN _ AA12)、SEL [0] - 8 × SEG DS2 (PIN _ U15)、SEL [1] - 8 × SEG DS1 (PIN _ Y17)。

其中，A、B 为加数和被加数，Ci 为上位的进位，SEG 为数码管显示数据，CO 为进位，SEL 为数码管的片选信号。这里输入引脚均使用扩展板的硬件模块。

在扩展板上，按下“F1”按键表示上位没有进位，松开“F1”按键表示上位有进位，分别拨动拨码开关 SW1 ~ SW8、SW9 ~ SW16 输入加数与被加数，观察数码管 DP1 与 DP2 的显示结果是否正确。

5. 实验报告要求

记录实验编写的程序、可编程逻辑器件芯片的引脚分配关系并记录各电路的真值表。

7.3 基于 Verilog HDL 语言输入方式的时序数字电路

1. 实验目的

1）熟悉 B—ICE—EDA/SOPC IEELS 实验平台。

2）熟悉 Quartus Ⅱ开发软件。

3）熟悉基于 Verilog HDL 语言输入方式的时序数字电路的设计方法。

2. 预习要求

1）认真阅读本书第3章，了解 Quartus Ⅱ的使用方法。

2）认真阅读本书附录 A、B 内容，了解 B—ICE—EDA/SOPC IEELS 实验平台及其各硬件资源与 FPGA 核心板的匹配关系。

3）预习 Verilog HDL 语言的相关知识。

3. 实例解析

例：D 触发寄存器。

1）建立工程项目：本设计建立工程项目的操作与 7.1 节例 1 的操作过程相同，可以参照该例完成，这里不再重复。唯一的区别是，在打开如图 7.2 所示的 New Project Wizard 对话框后，在其第一个文本行中选择在 E 盘下建立的“DEF0”文件夹；在第二个文本行中，输入工程名称“DEF0”；第三个文本中也是“DEF0”。完成操作后的 New Project Wizard 对话框如图 7.20 所示。

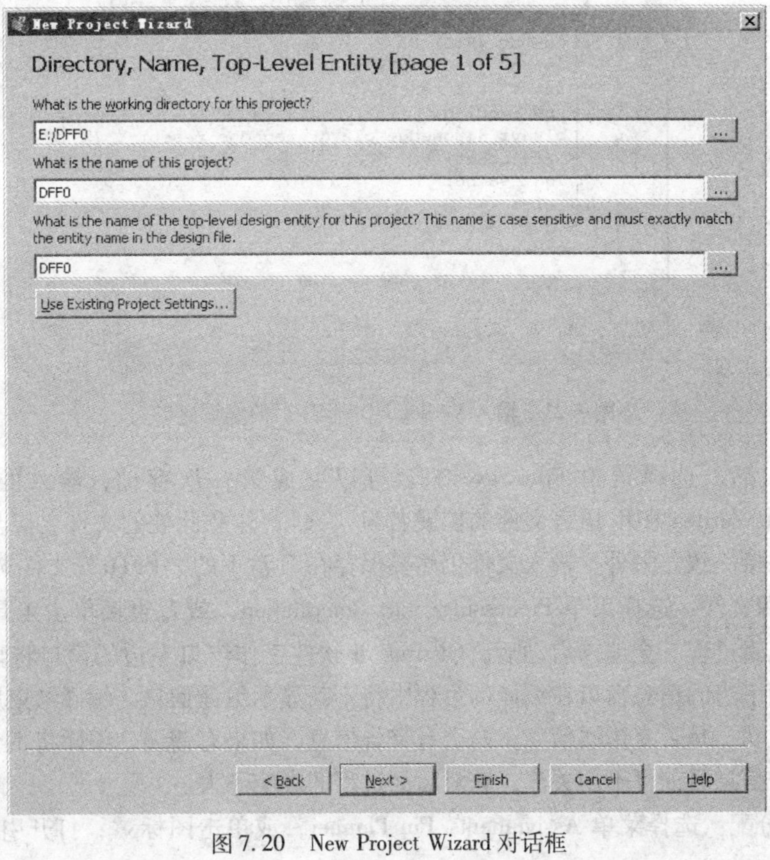

图 7.20 New Project Wizard 对话框

2）建立输入设计文件：在 Quartus Ⅱ软件界面中选择菜单 File/New，打开新建文件对话框。选择其中的 Verilog HDL 语言编辑模式 Verilog HDL File，单击“OK”按钮后打开 Verilog HDL 语言编辑窗口。

3）Verilog HDL 程序输入：在文本编辑窗口中键入 D 触发寄存器的 Verilog HDL 程序，源程序如下：

```
module DFF0(q,datain,clk,reset);
output [7:0] q;
input [7:0] datain;
input clk,reset;
reg [7:0] q;
always @(posedge clk or negedge reset)
  if(! reset)
  q <= ~8'b0;
  else
  q <= ~datain;
endmodule
```

输入 Verilog HDL 程序后的编辑窗口如图 7.21 所示。

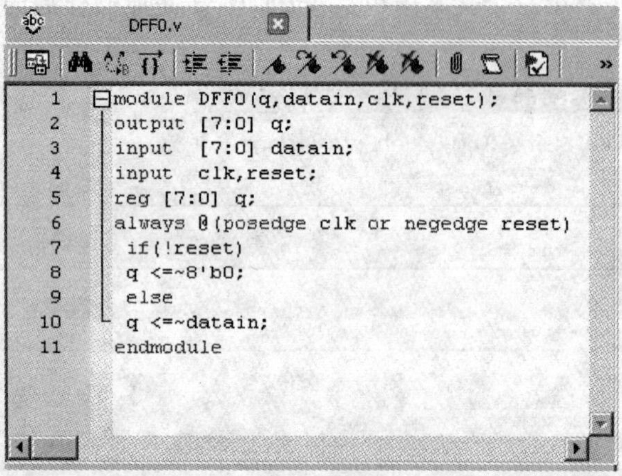

图 7.21 输入 Verilog HDL 程序后的编辑窗口

程序完成后，选择菜单 File/Save As，可以完成第一次存储，输入的文件命名为“EFF0”，其中 Verilog HDL 语言文件的扩展名为“.v”，注意此处的文件名应与程序中提到的文件名称保持一致，另外，输入文件仍然要保存在 E 盘下的“EFF0”文件夹中。

4）编译源文件：选择菜单 Processing/Start Compilation，或者直接单击工具栏上的▶图标，启动全编辑过程。全编译启动后，Quartus Ⅱ软件工作窗口左边的窗口将显示编译的进度。软件界面下边的信息窗口在编译的过程中将不断显示编译信息。编译结束后，窗口将显示编译是否成功，是否有错误信息，是否有警告信息。如果有错误，编译将不会成功，对于初学者，警告信息目前可不用关注，它对后面过程的影响不大。

5）引脚分配：选择菜单 Assignments/Pin Planner，或单击图标，打开引脚分配窗口。

在引脚分配窗口中的“Location”列中双击鼠标左键，选择需要的引脚号码，即可完成引脚的配置。

本设计各引脚对应关系为：reset - F1（PIN _ AA10）、clk - F2（PIN _ AA11）、datain [7] - SW9（PIN _ B11）、datain [6] - SW10（PIN _ E11）、datain [5] - SW11（PIN _ F12）、datain [4] - SW12（PIN _ B13）、datain [3] - SW13（PIN _ C13）、datain [2] - SW14（PIN _ B14）、datain [1] - SW15（PIN _ B12）、datain [0] - SW16（PIN _ D12）、q [7] - LED1（PIN _ AA12）、q [6] - LED2（PIN _ AB13）、q [5] - LED3（PIN _ AA14）、q [4] - LED4（PIN _ W16）、q [3] - LED5（PIN _ V14）、q [2] - LED6（PIN _ Y13）、q [1] - LED7（PIN _ AA16）、q [0] - LED8（PIN _ U14）。

注意，本设计输入引脚所分配的 SW1 ~ SW6 均为扩展板的拨码开关，使用扩展板应在 B—ICE—EDA/SOPC IEELS 实验平台上将控制拨码开关模块 CTRL _ SW 中的 SEL1、SEL2、TLEN 拨置于上，逻辑电平为 11，数码管 DP9 显示“4”，将控制拨码开关模块 LCD _ ALONE _ CTRL _ SW 中的 TLAE、TLAS 拨置于上，其他拨置于下（如果使用 B—ICE—EDA/SOPC IEELS 实验平台自身的拨码开关，则只需将控制拨码开关模块 LCD _ ALONE _ CTRL _ SW 中的 VLPO 拨置于下，将控制拨码开关模块 CTRL _ SW 中的 SEL1、SEL2 拨置于下，逻辑电平为 00，数码管 DP9 显示“1”）。

配置完成的引脚分配窗口如图 7.22 所示。

图 7.22　配置完成的引脚分配窗口

在完成引脚分配后，退出引脚分配窗口，接着选择菜单 Processing/Start Compilation，或者直接单击工具栏上的▶图标，再一次对设计进行编译。

6）程序下载：在 Quartus Ⅱ 软件窗口中，选择菜单 Tool/Programmer 或单击图标，打开编程、配置器窗口。在编程、配置器窗口中单击“Hardware Setup”按钮打开 Hardware Setup 对话框，并在该对话框的“Currently selected hardware”中选择 USB - Blaster，完成后关闭该窗口。在原来的编程、配置窗口中，在“Mode”下拉列表中选择 JTAG 模式，之后将“Program/Configure”复选框选中。上述工作完成以后，单击“Start”按钮可以开始编程与配置工作。在编程、配置过程中，Progress 显示栏将显示工作进度。

7）逻辑功能验证：程序下载完成后，拨动扩展板的开关 SW9 ~ SW16，按动“F2”按钮用来模拟时钟的跳变沿，观察 LED1 ~ LED8 的显示结果，看输入的数据是否在按钮按动时才显示在 LED 上。

4. 实验内容

1）完成本节例 1 的内容。

2）设计并完成 4 位二进制加减计数器，源程序参考如下，其中文件名称为 counter_b：

```
module counter_b(clk,reset,mode,DS1,a,b,c,d,e,f,g,h);
output a,b,c,d,e,f,g,h;
output DS1;
input clk,reset;
input mode;
wire DS1;
wire a,b,c,d,e,f,g,h;
reg [3:0] count;
reg clk_reg;
reg [31:0] count_reg1;
initial
begin
count_reg1 =0;
end
  assign DS1 = 1'b0;
  always@ (posedge clk)
      if(count_reg1 = =32'd25000000)
        begin
        clk_reg < = ~clk_reg;
        count_reg1 < =32'd0;
        end
        else
        begin
        count_reg1 < =count_reg1 +32'd1;
        end
always@ (posedge clk_reg or negedge reset)
    if(! reset)
      count < =4'd0;
```

```
    else
      begin
      if(mode)
      count < = count +4'b1;
      else
      count < = count -4'b1;
      end
  assign {a,b,c,d,e,f,g,h} =(DS1)? 8'bx:{seg7(count),1'b0};
    function reg [6:0] seg7;
      input [3:0] in;
      case(in)
        4'b0000   :seg7 =7'b1111110;
        4'b0001   :seg7 =7'b0110000;
        4'b0010   :seg7 =7'b1101101;
        4'b0011   :seg7 =7'b1111001;
        4'b0100   :seg7 =7'b0110011;
        4'b0101   :seg7 =7'b1011011;
        4'b0110   :seg7 =7'b1011111;
        4'b0111   :seg7 =7'b1110000;
        4'b1000   :seg7 =7'b1111111;
        4'b1001   :seg7 =7'b1111011;
        4'b1010   :seg7 =7'b1110111;
        4'b1011   :seg7 =7'b0011111;
        4'b1100   :seg7 =7'b1001110;
        4'b1101   :seg7 =7'b0111101;
        4'b1110   :seg7 =7'b1001111;
        4'b1111   :seg7 =7'b1000111;
        default   :seg7 =7'bx;
      endcase
    endfunction
  endmodule
```

推荐的引脚锁定关系如下：clk－（PIN_M1）、reset－F1（PIN_AA10）、mode－SW1（PIN_F10）、a－8×SEG LA（PIN_P18）、b－8×SEG LB（PIN_V22）、c－8×SEG LC（PIN_W21）、d－8×SEG LD（PIN_W22）、e－8×SEG LE（PIN_Y22）、f－8×SEG LF（PIN_Y21）、g－8×SEG LG（PIN_Y20）、h－8×SEG LH（PIN_T21）、DS1－8×SEG DS1（PIN_Y17）。

在扩展板上，拨动拨码开关 SW1 选择增计数或者减计数，观察计数效果，按动按键 F1 观察清零效果。

3）设计并完成双向移位寄存器，源程序参考如下，其中文件名称为 shift_regsp：

```
module shift _ regsp(in,sclk,en,rst,sel,dataout);
parameter n = 8;
input sclk,rst;
input in;
input en;
input sel;
output [n-1:0] dataout;
reg [n-1:0] dataout;
reg [31:0] count _ reg;
reg clk;
  initial
        begin
        count _ reg = 32'd0;
        clk = 1'b0;
        end
   always@ (posedge sclk)
   if(count _ reg = = 32'd50000000)
        begin
        clk < = ~clk;
        count _ reg = 31'd0;
        end
   else
        count _ reg < = count _ reg + 11'd1;
always@ (posedge clk or negedge rst)
   begin
   if(! rst)
        begin
        dataout < = ~0;
        end
   else if(en)
     begin
        if(sel)
          begin
          dataout < = dataout << 1;
          dataout[0] < = ~in;
          end
        else
          begin
          dataout < = dataout >> 1;
```

```
                dataout[7] < = ~in;
            end
        end
    else
        dataout < = dataout;
end
endmodule
```

推荐的引脚锁定关系如下：sclk -（PIN _ M1）、in - SW1（PIN _ F10）、en - SW2（PIN _D11）、rst - F1（PIN _ AA10）、sel - SW4（PIN _ B16）、dataout ［7］ - LED1（PIN _ AA12）、dataout ［6］ - LED2（PIN _ AB13）、dataout ［5］ - LED3（PIN _ AA14）、dataout ［4］ - LED4（PIN _ W16）、dataout ［3］ - LED5（PIN _ V14）、dataout ［2］ - LED6（PIN _ Y13）、dataout ［1］ - LED7（PIN _ AA16）、dataout ［0］ - LED8（PIN _ U14）。

在扩展板上，首先将 SW1、SW2 拨上置 1，依次将 SW4 拨上、拨下，按下 F1 复位，观察 LED1 ~ LED8 的依次点亮顺序。

5. 实验报告要求

记录实验编写的程序、可编程逻辑器件芯片的引脚分配关系并记录各电路的真值表。

7.4 数字电路设计综合

1. 实验目的

1）掌握基于 FPGA/CPLD 的设计流程。

2）掌握数字电路的设计方法。

2. 预习要求

1）认真阅读本书第 3 章，掌握 Quartus Ⅱ的使用方法。

2）认真阅读本书附录 A、B 内容，了解 B—ICE—EDA/SOPC IEELS 实验平台及其各硬件资源与 FPGA 核心板的匹配关系。

3）从实验内容中任选一项，完成电路原理图或程序设计。

3. 实验内容

1）交通灯控制器：交通灯是城市交通监管系统的重要组成部分，对于保证机动车辆的安全运行，维持城市道路的顺畅起到了重要作用。本实验在 EDA 技术的基础上，利用 FPGA 的相关知识设计交通灯控制系统。

所设计的交通信号灯控制电路，主要适用于在两条干道汇合点形成的十字交叉路口，路口设计两组红绿灯分别对两个方向上的交通运行状态进行管理。当 B 方向的红灯亮时，A 方向对应绿灯亮，由绿灯转换成红灯的过渡阶段黄灯亮，即 B 方向红灯亮的时间等于 A 方向绿灯和黄灯亮的时间之和。同理，当 A 方向的红灯变亮时，B 方向的交通灯也遵循此规则。各干道上安装有数码管，以倒计时的形式显示本道各信号灯闪亮的时间。

整个系统主要由分频模块、计数模块、显示模块组成。其中分频模块主要将系统输入的基准时钟信号转换为 1Hz 的激励信号和相应的扫描显示驱动时钟、驱动计数模块和显示模块工作。主干道绿灯和支干道红灯同时亮 44s，黄灯闪 6s；支干道绿灯和主干道红灯同时亮 14s，黄灯闪 6s。

Verilog HDL 程序基本框架如下：

```
module traffic_light(
            input   clk,
                    rst_n,
                    EMER,
            output [6:0] DP,
            output [1:0] sel,
            output [5:0] ledout,
            output [3:0] data1,data2,data_indec,
            output  segh
            );
wire clk_1hz, clk_5000hz;
assign segh = 1'b0;
traffic_state_machine tsm(
            .clk(clk_1hz),
```

```
                .rst_n(rst_n),
                .EMER(EMER),
                .dataout1(data1),
                .dataout2(data2),
                .ledout(ledout)
                );
dynamic_display dydi(
                .clk(clk_5000hz),
                .datain1(data1),
                .datain2(data2),
                .sel(sel),
                .data(data_indec)
                );
decode decode0(
                .indec(data_indec),
                .decodeout(DP)
                );
clk_div clock_division(
                .clk(clk),
                .clk_1hz(clk_1hz),
                .clk_5000hz(clk_5000hz)
                );
endmodule
```

2）4 人抢答器：本次实验主要设计了一个 4 人抢答器，拨码开关 SW1 ~ SW4 依次代表参赛选手 A、B、C、D。主持人通过系统复位按键“F10”、清除按键“F2”、开始使能 SW8 以及加分按键“F3”来控制抢答的进行。具体的游戏规则如下：

① 选手在 30s 的时间内抢答，答对一题加一分，答错不扣分；

② 在 30s 内，若已抢答的选手没有回答正确时，其他的选手仍然有抢答机会；

③ 在主持人没有“开始”命令时，抢答无效，不扣分；

④ 选手的打分情况由七段数码管进行显示，该设计中抢答游戏的得分范围在 100 以内；

⑤ 由 LED1 ~ LED4 依次显示选手 A、B、C、D 是否抢答成功，LED13 ~ LED16 来显示“开始”命令前抢答的选手，LED8 为 30s 时限的指示信号，当 LED8 亮起时，说明 30s 的时间到；

⑥ 得分结果由七段数码管进行显示，最左边的两个数码管显示 A 选手得分的十位和个位数字，依次向右为 B、C、D 选手的得分。

Verilog HDL 程序基本框架如下：

```
module Reading_Test(clk,rst,start,add_en,clr,A,B,C,D,seg7,sel,F_out,T_out,time_out);
   input clk;
   input rst;
```

```
input start;
input add _ en;
input clr;
input A,B,C,D;
output [6:0] seg7;
output [7:0] sel;
output [3:0] F _ out,T _ out;
output time _ out;
wire [3:0] A1,A0,B1,B0,C1,C0,D1,D0;
wire [3:0] T _ out,chose;
wire add;
  JB          u _ JB(start,clr,A,B,C,D,T _ out,F _ out,chose,clk);
  key _ check u _ key _ check(clk,add _ en,add,clr);
  JF          u _ JF(clk,rst,chose,A1,A0,B1,B0,C1,C0,D1,D0,add);
  YM          u _ YM(clk,rst,A1,A0,B1,B0,C1,C0,D1,D0,seg7,sel);
  JS          u _ JS(clk,clr,start,time _ out);
  endmodule
```

4. 实验报告要求

详细记录电路的设计过程、电路框图，给出电路原理图或源程序，记录实验结果。

附　录

附录 A　B—ICE—EDA/SOPC IEELS 实验平台

A.1　基本结构

B—ICE—EDA/SOPC IEELS 实验平台如图 A.1 所示。该平台专为电子系统级设计、EDA 基础教学、嵌入式软硬件设计、IP CORE 开发与验证（包括 8 位、16 位、32 位 CPU 处理器设计）、DSP 图像通信创新等开发设计，适用于计算机和电类等专业的本科生、研究生、博士生及相关科研院所，如计算机科学、微电子、音视频与多媒体教学、现代系统及组成原理、通信、信息技术与仪器仪表、电子工程、机电一体化、自动化等相关专业。

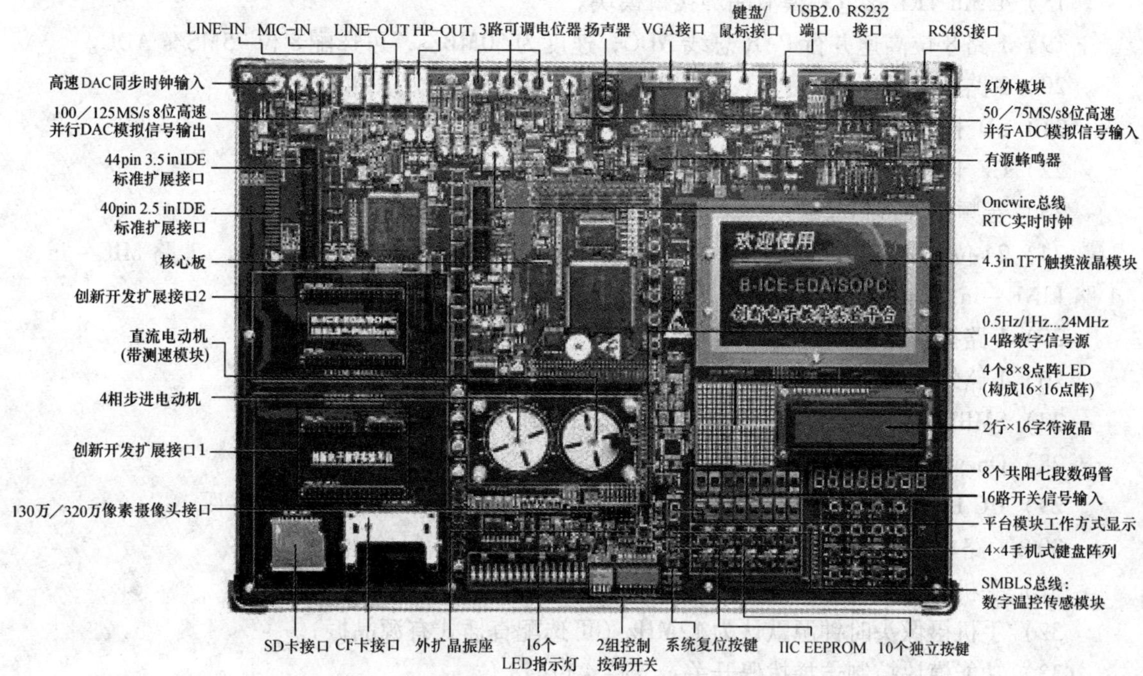

图 A.1　B—ICE—EDA/SOPC IEELS 实验平台照片

B—ICE—EDA/SOPC IEELS 实验平台的硬件资源如下：

1）主板采用 6 层板工业级标准精心设计，经过严格的 EMI 及信号完整性系统测试，确保主板高可靠、高速度。

2）4×64pin 核心模块扩展接口：可实现 SOPC、多核 MPSOC、8 位、16 位、32 位单片机等核心板叠加扩展。

3）2×8 共 16 个 LED 指示灯接口模块。

4）10 个独立按键输入接口模块。

5）2×8 共 16 路开关信号输入接口模块。

6）8 个带动态扫描的共阳极七段数码管接口模块。

7）直流电动机接口模块。

8）4 相步进电动机接口模块。

9）PS 键盘、鼠标接口模块。

10）RS－232 接口模块。

11）IRDA 红外通信接口模块。

12）USB2.0/UART 接口模块。

13）RS－485 接口模块。

14）VGA 接口模块。

15）4×4 手机式键盘阵列接口模块。

16）4 个 8×8 点阵，构成 16×16 点阵动态扫描接口模块。

17）2 行×16 字符 LCD 液晶屏接口模块。

18）4.3in TFT 彩色触摸液晶屏接口模块。

19）1 路 8 位高速并行 PAR 总线 ADC，速度为 50MB/s，可选配 8 位 75MS/s ADC。

20）2 路 8 位高速并行 PAR 总线 DAC，速度为 125MS/s。

21）SD 卡接口模块。

22）CF 卡接口模块。

23）音频功放接口模块。

24）24 位立体声 Audio codec 接口模块：1 路 LINE－out、1 路 HP－out、1 路 MIC－in、1 路 LINE－in。

25）1 路扬声器接口模块。

26）1 路蜂鸣器接口模块。

27）SMBUS 总线：数字温控传感电路接口模块。

28）Onewire 总线：RTC 实时时钟接口模块。

29）IIC EEPROM/复位电路接口模块：支持 3.3V、5V、高电平、低电平。

30）1 路单脉冲正极性信号输出，1 路单脉冲负极性信号输出。

31）手机摄像头接口模块：选配支持 130 万像素/320 万像素。

32）手机摄像头时钟源默认为 12MHz（可选配直插式有源晶振）。

33）功能模块控制选择拨码开关：支持 4 位、8 位。

34）锁相环时钟输出接口模块：支持 PLL 嵌入式逻辑分析仪。

35）8 路信号发生器输出接口模块（IO 复用）。

36）8 路信号输入测试电路接口模块（IO 复用）。

37）5in IDE 标准扩展接口模块。

38）3in/2.5in IDE 标准扩展接口模块。

39）14 路时钟源；0.5Hz～24MHz 接口模块。

40）8/16 位数字存储器扩展接口模块：支持数据总线 D0～D15，地址总线 A0～A22，控制总线 BnOE、BnWE、LOWER_ BYTE、UPPER_ BYTED、复位信号等，另加 11 个 IO 用户自定义扩展电路。

41）独立 50 个 IO 用户自定义扩展板电路：支持 3.3V/5V（TTL/CMOS 电平），扩展板电源支持 12V，5V，3.3V。

A.2　常用硬件资源简介

1. LED 指示灯

如图 A.2 所示，开发平台上有 2×8 共 16 个 LED 指示灯。该指示灯的作用主要是对用户的操作给出提示，使用户得到相应的反馈信息，也可用于验证设计的正确性。

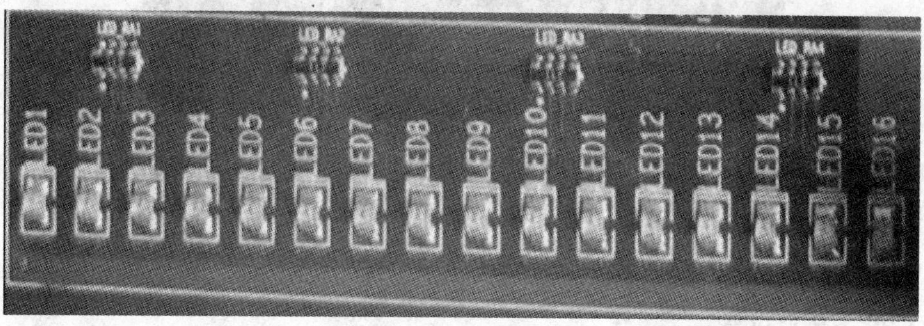

图 A.2　LED 指示灯

第一组：LED1 ~ LED8

如果使用该模块，请把控制拨码开关模块 LCD_ ALONE_ CTRL_ SW 中的开关 VLPO 拨置于下为低电平来确定。

第二组：LED9 ~ LED16

如果使用该模块，请把控制拨码开关 CTRL1_ SW 中的开关 SEL1 拨置于上，SEL2 拨置于下，逻辑电平为 10，使 DP9 数码管显示“2”。

2. 按键

如图 A.3 所示，开发平台上有 10 个按键，每个按键按下时输出高电平，其对应的 LED 点亮，否则输出低电平，其对应的 LED 灭。其中 F1 ~ F6 已经固定连接到实验平台中的 FPGA_ CON1 处，F7 ~ F10 是复用的 IO。当实验平台上控制拨码开关模块 LCD_ ALONE_ CTRL_ SW 中的开关 KSI 拨置于下，可以使用按键模块中的 F7 ~ F10。

图 A.3　按键

3. 拨码开关输出

如图 A. 4 所示，开发平台上有两组共 16 只拨码开关，其中，开关拨置为上时输出高电平，开关拨置为下时输出低电平。

第一组：SW1 ~ SW8

该组拨码开关已经固定连接到实验平台中的 FPGA_ CON1 和 FPGA_ CON2 处。

第二组：SW9 ~ SW16

如果使用该组开关，请把控制拨码开关模块 CTRL_ SW 中开关 SEL1、SEL2 拨置于下逻辑电平为 00，使 DP9 数码管显示“1”。

图 A. 4　拨码开关

4. LED 七段数码管

开发平台上有两组数码管：一组是用户可控制的 8 个共阳极七段数码管；另一组是 1 个独立的七段数码管，用来显示 FPGA 核心板中部分 IO 与实验平台上硬件模块的工作模式。

第一组：8 个共阳极七段数码管 DP1 ~ DP8（见图 A. 5）

8 个共阳极七段数码管的 8 个段码，共用 FPGA IO，已经固定连接到实验平台中的 FPGA_ CON1 处，8 个共阳极七段数码管的 8 个位选也已经固定连接到实验平台中的 FPGA_ CON1 处。

图 A. 5　8 个共阳极七段数码管

第二组：1 个独立七段数码管 DP9

由控制拨码开关模块 CTRL_ SW 来确定，这个数码管是用来显示模块工作方式的，共有以下 4 种方式：

方式 1，当开关 SEL1、SEL2 拨置于下，逻辑电平为 00，数码管 DP9 显示“1”，可以使用 SW9 ~ SW16 以及 8 × 8 LED 点阵。

方式 2，当开关 SEL1 拨置于上，SEL2 拨置于下，逻辑电平为 10，数码管 DP9 显示“2”，可以使用步进电动机，Audio 音频模块，4 × 4 键盘模块，8 个发光二极管（LED9 ~ LED16）。

方式3，当开关SEL1拨置于下，SEL2拨置于上，逻辑电平为01，TLEN拨置于下，TLS拨置于上，并且拨码开关模块LCD_ ALONE_ CTRL_ SW中开关TLAS拨置于上，TLAE拨置于下，数码管DP9显示“3”，可以使用2×16 LCD，并行AD模块，并行DA模块；当开关SEL1拨置于下，SEL2拨置于上，逻辑电平为01，并且拨码开关模块LCD_ ALONE_ CTRL_ SW中开关TLAE、TLAS拨置于下，数码管DP9显示“3”，可以使用4.3in TFT彩色触摸液晶。

方式4，当开关SEL1拨置于上，SEL2拨置于上，逻辑电平为11，拨码开关模块LCD_ ALONE_ CTRL_ SW中开关TOS拨置于上，数码管DP9显示“4”，可以使用CF卡接口和其他扩展接口模块。

5. 直流电动机模块

开发平台的直流电动机模块及其原理图如图A.6所示。该模块采用了6位施密特触发器

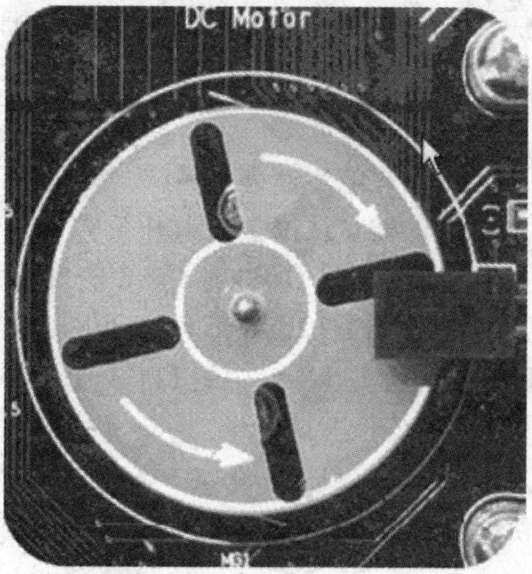

a)

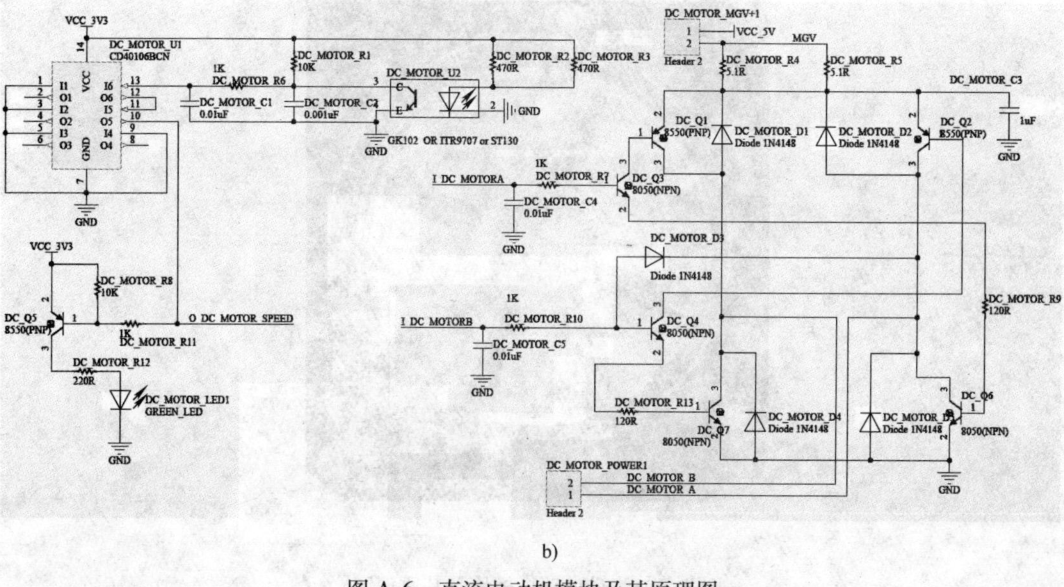

b)

图A.6　直流电动机模块及其原理图

a）照片　b）原理图

CD40106BCN 和光电耦合管 ITR9707，直流电动机控制使用了 H 桥驱动电路，当 DC_ MOTOR_ A 输出高电平时，则 Q1、Q2 导通，因此 Q5 导通，可得 DC_ MOTOR_ B 点为 DC_ MOTOR_ MGV +，又因 Q2 导通，因此 DC_ MOTOR_ A 点为 GND，此时直流电动机将会正转。由于 Q2 的集电极通过一个二极管 DC_ MOTOR_ D3 连接到 H 桥的另一个控制端 DC_ MOTOR_ B，将 DC_ MOTOR_ B 控制端电压钳位在 1V 以下，所以不管DC_ MOTOR_ B输出是高电平还是低电平，Q3、Q4 都会截止，不会造成 H 桥短路故障。

当 DC_ MOTOR_ A 输出低电平时，则 Q1、Q5 截止，因此 Q2 导通，DC_ MOTOR_ B 的输出电平可以控制电动机反转或停机。若 DC_ MOTOR_ B 输出高电平，则 Q3、Q4 导通，并可知 Q7 导通，DC_ MOTOR_ A 点为 DC_ MOTOR_ MGV +，Q4 导通，可知DC_ MOTOR_ B点为 GND，此时直流电动机将会反转。当 DC_ MOTOR_ B 输出低电平时，Q3、Q4 都会截止，Q7 截止，电动机停机。

二极管 DC_ MOTOR_ D1、DC_ MOTOR_ D2、DC_ MOTOR_ D4、DC_ MOTOR_ D5 为续流二极管，用于释放电动机线圈上产生的反电动势。电阻 DC_ MOTOR_ R1 和DC_ MOTOR_ R2 为限流保护电阻。

主板上还有测速模块，可对电动机的转速进行测试。测试电路使用槽型光电开关，当电动机转动时，安装在电动机转轴上的转盘从槽型光电开关转过，转盘上均匀分布有 4 个孔，电动机转动一周，光电开关工作 4 次，在 DC Motor Speed 输入引脚上出现 4 个低脉冲。检测 1s 钟内 DC Motor Speed 上低脉冲的个数并除以 4 即可得到电动机每秒的转动周数。

直流电动机的 IO 已经固定连接到实验平台中的 FPGA_ CON1 处。

6. 步进电动机模块

开发平台的步进电动机模块及其原理图如图 A. 7 所示。本平台采用达林顿管驱动芯片 ULN2003A 来驱动步进电动机，ULN2003A 芯片由高电压、高电流的达林顿晶体管阵列组成。

a)

图 A. 7　步进电动机模块及其原理图

a）照片

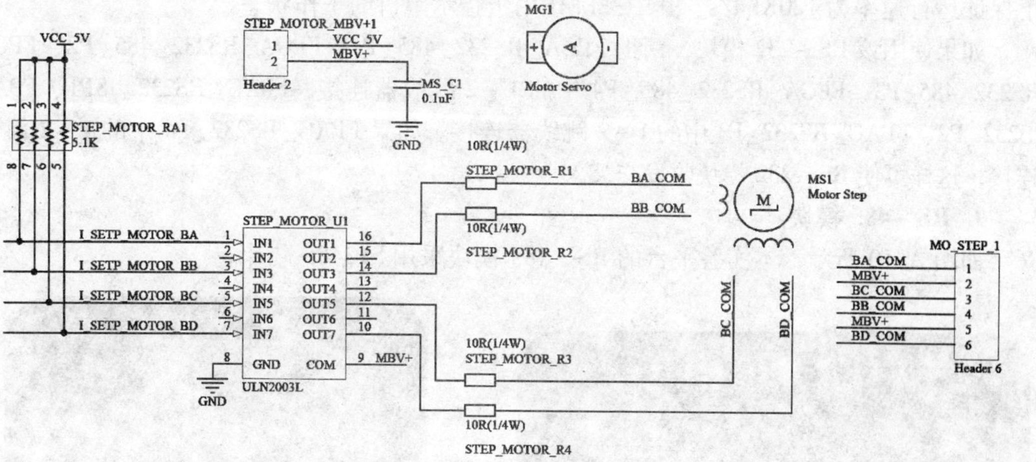

b)

图 A.7　步进电动机模块及其原理图（续）

b）原理图

每个 ULN2003A 芯片内部含有 7 对 NPN 达林顿管，每个单元驱动电流额定为 500mA，最高可达 600mA。

电阻 STEP_ MOTOR_ R1、STEP_ MOTOR_ R2、STEP_ MOTOR_ R3、STEP_ MOTOR_ R4 为电动机线圈上的限流保护电阻。

如果使用该模块，请把控制拨码开关模块 CTRL_ SW 中的开关 SEL1 拨置于上，SEL2 拨置于下，逻辑电平为 10，数码管 DP9 显示“2”。

7. PS 键盘、鼠标接口

如图 A. 8 所示，开发平台上的 PS2 键盘和鼠标接口模块由两个 N 沟道增强型场效应晶体管以及 PS2 接口组成。场效应晶体管器件使用 BSS138 芯片，它是高密度单元，提供可靠、快速的开关性能，非常适合于低电压、低电流的应用。

这个 PS 接口为复用接口，当需要使用鼠标时，就接入鼠标，当需要使用键盘时，就接入键盘，只能使用一种外设。根据 PS2 协议要求，PS2 键盘、鼠标使用 5V 电源供电，接口的数据线和时钟线均要接上拉电阻。由于 FPGA 的 IO 可以承受 5V 的电压，所以 PS2 接口的数据线和时钟线可与 FPGA 直接连接，但最好在中间串接一个小阻值的电阻。

图 A. 8　PS 键盘、鼠标接口

当有键盘、鼠标事件产生时，接口上的时钟线会被拉低，如果将时钟线连接到 FPGA 中 NiosII 系统的中断输入引脚，则可以使用中断方式读取键盘、鼠标。

如果要使用该模块，请把控制拨码开关模块 LCD_ ALONE_ CTRL_ SW 中的开关 VLPO 拨置于下。

8. RS－232 模块

如图 A. 9 所示，开发平台上有 1 个 RS－232 接口电路，由于系统是 3. 3V 系统，所以使用了 MAX3232 CSE 进行电平转换，MAX3232 有两个接收器和驱动器，在 RS－232 输出模式下保证运行速率为 120Kbit/s。其中，LED 用于指示串口的工作状态。

如果使用该 RS－232 模块，请把 FPGA_ RS232_ 485_ P1、FPGA_ RS232_ 485_ P2、FPGA_ RS232_ 485_ P3、FPGA_ RS232_ 485_ P4 中的 1－2 跳线器连接，FPAG_ RS232_ 8P1、FPAG_ RS232_ P2、FPAG_ RS232_ P3 中的 1－2 跳线器连接。如果 FPAG_ RS232_ P4 中的 1－2 跳线器连接，这样可使 RS－232 模块收发交叉。

9. RS－485 模块

如图 A. 10 所示，本实验平台的 RS－485 模块采用 SP3485 芯片。

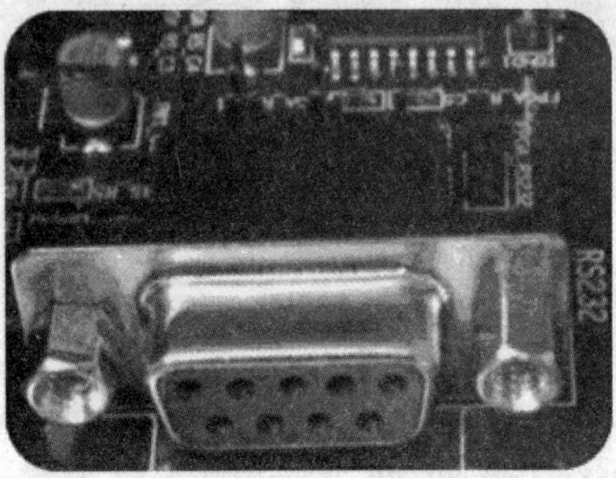

图 A. 9　RS－232 模块

图 A. 10　RS－485 模块

SP3485 是 +3. 3V 低功耗半双工收发器，它完全满足 RS485 和 RS422 串行协议的要求。同时兼容工业标准规范。SP3485 符合 RS485 和 RS422 串行协议的电气规范，其数据的传输速率可高达 10Mbit/s（带负载）。

SP3485 的驱动器输出是差分输出，满足 RS485 和 RS422 标准。空载时输出电压的大小为 0 ~ +3. 3V。即使在差分输出连接了 54Ω 负载的条件下，驱动器仍可保证输出电压大于 1. 5V。SP3485 有一根使能控制线（高电平有效）。DE（pin3）上的逻辑高电平将使能驱动器的差分输出。如果 DE 为低，则驱动器输出呈现三态。

SP3485 收发器的数据传输速率可高达 10Mbit/s。驱动器输出最大 250mA ISC 的限制使 SP3481 和 SP3485 可以承受 －7. 0 ~ +12. 0V 共模范围内的任何短路情况，保护 IC 不受到损坏。

SP3485 接收器的输入是差分输入，输入灵敏度可低至 ±200mV。接收器的输入电阻通常为 15kΩ（最小为 12kΩ）。－7 ~ +12V 的宽共模方式范围允许系统之间存在大的零电位偏差。SP3485 的接收器有一个三态使能控制脚。如果 RE（pin2）为低，接收器使能，反之接收器禁止。

SP3485 接收器的数据传输速率可高达 10Mbit/s。接收器有故障自动保护（fail－safe）特性，该特性可以使得输出在输入悬空时为高电平状态。

如果要使用该模块，请把 FPGA_ RS232_ 484_ P1、FPGA_ RS232_ 484_ P2 以及 FPGA_ RS232_ 484_ P3 中的 2－3 跳线器连接。

10. VGA 模块

VGA 模块及其原理图如图 A. 11 所示，开发平台电路采用电阻网络的方法来产生 VGA 所需要的不同电压信号，输入端用 8 根信号线，因此能产生 256 色。VGA_ HS 是行同步信号，VGA_ VS 是场同步信号，电路中的二极管起过电压保护作用。

如果使用该模块，请把控制拨码开关模块 LCD_ ALONE_ CTL_ SW 中开关 VLPO 拨置于下。

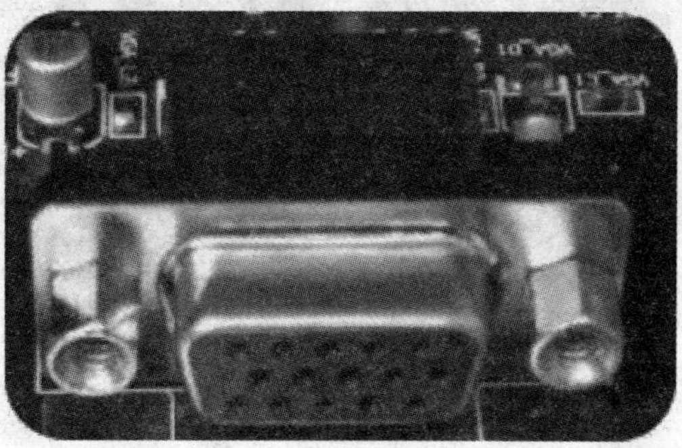

a)

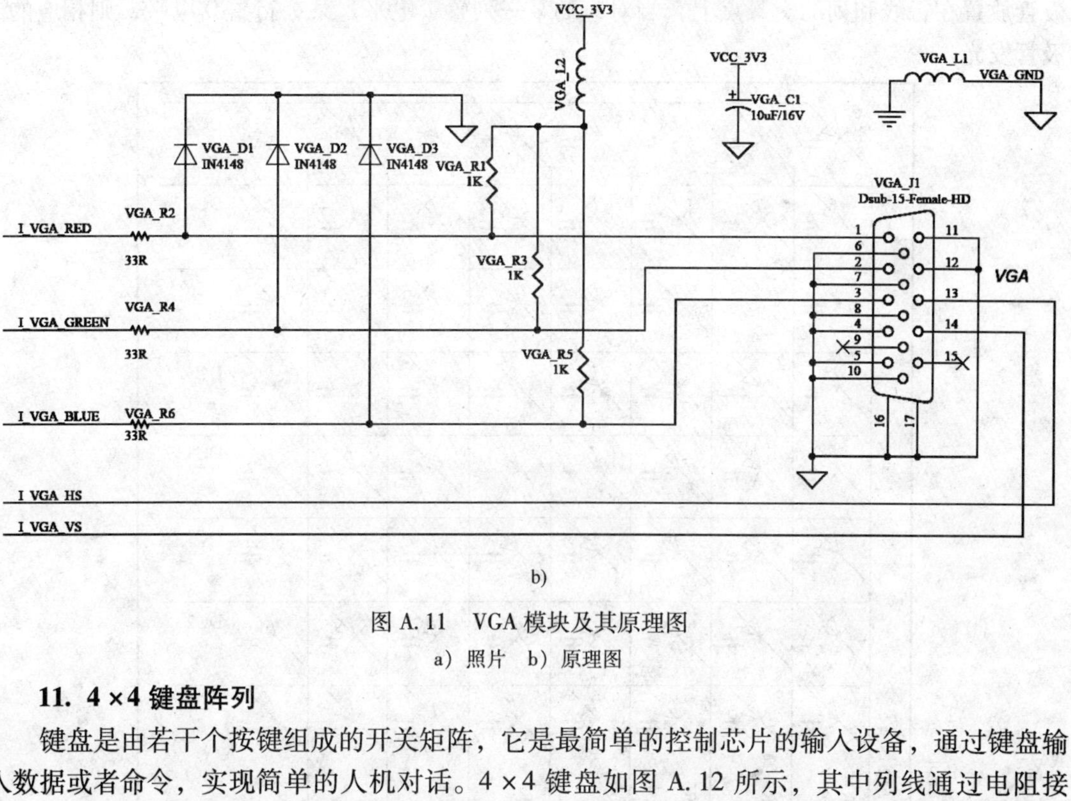

b)

图 A. 11　VGA 模块及其原理图

a）照片　b）原理图

11. 4 ×4 键盘阵列

键盘是由若干个按键组成的开关矩阵，它是最简单的控制芯片的输入设备，通过键盘输入数据或者命令，实现简单的人机对话。4 ×4 键盘如图 A. 12 所示，其中列线通过电阻接 3. 3V，当键盘没有闭合时，所有的行线和列线断开，列线呈高电平。当键盘上某一个键闭合时，该键所对应的行线和列线短路。

如果要使用该模块，请把控制拨码开关模块 CTRL_ SW 中的开关 SEL1 拨置于上，SEL2 拨置于下，逻辑电平为 10，数码管 DP9 显示“2”。

图 A. 12　4×4 键盘阵列

12. LED 点阵

8×8 点阵 LED 结构及照片如图 A. 13 所示。8×8 点阵共需要 64 个发光二极管，每个二极管放置在行线和列的交叉点上，当对应的某一列置 1 电平，某一行置 0 电平，则相应的二极管发光。

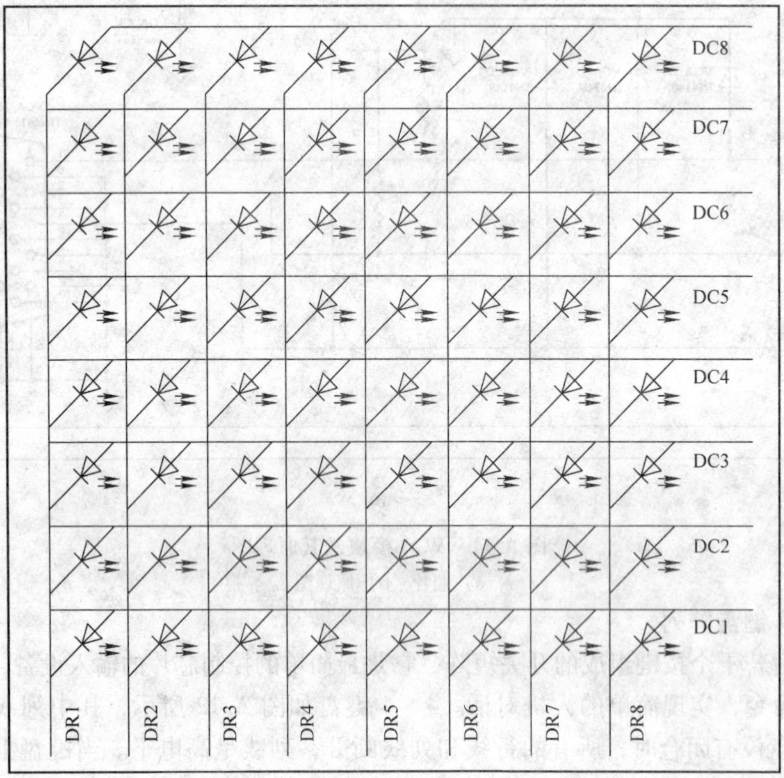

a)

图 A. 13　8×8 点阵 LED 结构及照片

a）结构

b)

图 A. 13　8×8 点阵 LED 结构及照片（续）
b）照片

如果要使用该模块，请把控制拨码开关模块 CTRL_SW 中的开关 SEL1、SEL2 拨置于下，逻辑电平为 00，数码管 DP9 显示“1”。

13. 2×16 点阵字符 LCD 模块

2×16 点阵字符 LCD 模块如图 A. 14 所示，开发平台采用 HD44780U 点阵液晶控制器来驱动该模块。HD44780U 是目前最常用的字符型液晶显示驱动控制器，能驱动液晶显示文字、数字、符号、日语假名字符。与 HD44780S 引脚兼容，通过配置，可以连接 8 位或 4 位的 MCU。单片 HD44780U 可驱动 1 行 8 字符或 2 行 16 字符显示。HD44780U 的字形发生 ROM 可产生 208 个 5×8 点阵的字体样式和 32 个 5×10 的字体样式，共 240 种不同的字体样式。低电源提供（2. 7 ~5. 5V）可适应于多种应用。更加具体的介绍和参数说明请参见器件手册。

图 A. 14　2×16 点阵字符 LCD 模块

如果要使用该模块，请把控制拨码开关模块 CTRL_SW 中的开关 SEL1 拨置于下，SEL2

拨置于上，逻辑电平为 01，并且开关 TLEN 拨置于下，TLS 拨置于上，数码管 DP9 显示“3”。

14. TFT 彩色液晶模块

本实验平台上的 4.3in TFT 彩色触摸液晶模块，是夏普厂家的 LQ043T3DX04 4.3in TFT LCD，LCD 的驱动控制器由 ICE9863，4 线电阻触摸屏和一片专用触摸屏控制芯片 ADS7843 等组成。实验平台预留电容式触摸屏接口，可以选配公司开发的电容式触摸屏。更加具体的介绍和参数说明请参见器件手册。

如果使用该模块，请把控制拨码开关 CTRL_SW 中的开关 SEL1 拨置于下，SEL2 拨置于上，逻辑电平为 01，并且开关 TLEN 拨置于下，TLS 拨置于下，数码管 DP9 显示“3”。控制开关 LCD_ALONE_CTRL_SW 中的开关 TLAS、TLAE 拨置于上，TIS、TIE、TOS 拨置于下。这种方式是 8 位数据总线和 16×2 字符液晶共用数据总线和控制总线。

如果 FPGA 的核心板 IO 为 484 以上，IO 可以直接分配给 4.3in TFT 彩色触摸液晶，但必须把控制 LCD_ALONE_CTRL_SW 中的开关 TLAS、TLAE、TIS、TIE、TOS 拨置于下。这种方式是 9 位数据总线。

15. Audio 功放模块

Audio 功放模块如图 A.15 所示，开发平台采用 LM386 功率放大器。它的内部增益为 20，通过 pin 1 和 pin 8 引脚间电容的搭配，增益最高可达 200。LM386 可使用电池为电源，输入电压范围可达 4～12V，无动作时仅消耗 4mA 电流，且失真低。

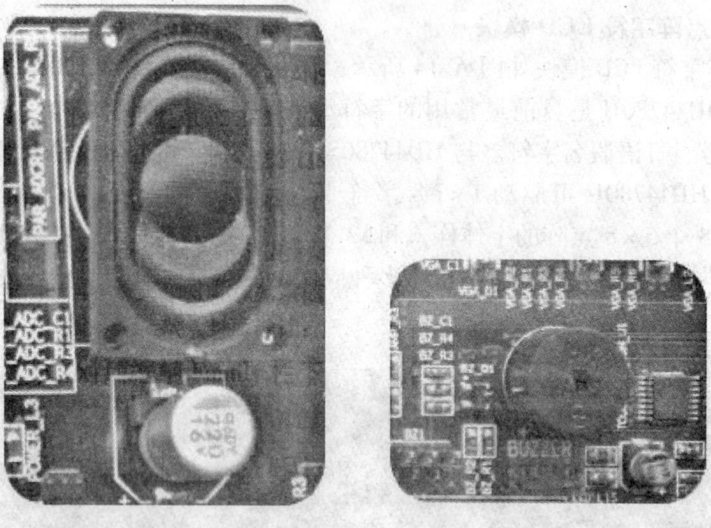

图 A.15　Audio 功放模块

选择方式：如果把 BZ1 中的跳线器连接在 1－2 的方式，那么可以使用 LS_BUZ1 有源蜂鸣器；如果把 BZ1 中的跳线器连接在 2－3 的方式，那么可以使用 2W 的扬声器。

16. Audio 音频模块

Audio 音频模块如图 A.16 所示，开发平台采用 TLV320AIC23B 作为音频编解码器。TLV320AIC23B 是 TI 公司推出的一款高性能立体声音频编解码器，它片内集成了模/数转换（ADC）通道和数/模转换（DAC）通道，可以对语音进行 A/D 和 D/A 转换。可在 8～

b)

图 A. 13　8 × 8 点阵 LED 结构及照片（续）
b）照片

如果要使用该模块，请把控制拨码开关模块 CTRL_ SW 中的开关 SEL1、SEL2 拨置于下，逻辑电平为 00，数码管 DP9 显示“1”。

13. 2 × 16 点阵字符 LCD 模块

2 × 16 点阵字符 LCD 模块如图 A. 14 所示，开发平台采用 HD44780U 点阵液晶控制器来驱动该模块。HD44780U 是目前最常用的字符型液晶显示驱动控制器，能驱动液晶显示文字、数字、符号、日语假名字符。与 HD44780S 引脚兼容，通过配置，可以连接 8 位或 4 位的 MCU。单片 HD44780U 可驱动 1 行 8 字符或 2 行 16 字符显示。HD44780U 的字形发生 ROM 可产生 208 个 5 × 8 点阵的字体样式和 32 个 5 × 10 的字体样式，共 240 种不同的字体样式。低电源提供（2. 7 ~ 5. 5V）可适应于多种应用。更加具体的介绍和参数说明请参见器件手册。

图 A. 14　2 × 16 点阵字符 LCD 模块

如果要使用该模块，请把控制拨码开关模块 CTRL_ SW 中的开关 SEL1 拨置于下，SEL2

拨置于上，逻辑电平为 01，并且开关 TLEN 拨置于下，TLS 拨置于上，数码管 DP9 显示“3”。

14. TFT 彩色液晶模块

本实验平台上的 4.3in TFT 彩色触摸液晶模块，是夏普厂家的 LQ043T3DX04 4.3in TFT LCD，LCD 的驱动控制器由 ICE9863，4 线电阻触摸屏和一片专用触摸屏控制芯片 ADS7843 等组成。实验平台预留电容式触摸屏接口，可以选配公司开发的电容式触摸屏。更加具体的介绍和参数说明请参见器件手册。

如果使用该模块，请把控制拨码开关 CTRL_SW 中的开关 SEL1 拨置于下，SEL2 拨置于上，逻辑电平为 01，并且开关 TLEN 拨置于下，TLS 拨置于下，数码管 DP9 显示“3”。控制开关 LCD_ALONE_CTRL_SW 中的开关 TLAS、TLAE 拨置于上，TIS、TIE、TOS 拨置于下。这种方式是 8 位数据总线和 16×2 字符液晶共用数据总线和控制总线。

如果 FPGA 的核心板 IO 为 484 以上，IO 可以直接分配给 4.3in TFT 彩色触摸液晶，但必须把控制 LCD_ALONE_CTRL_SW 中的开关 TLAS、TLAE、TIS、TIE、TOS 拨置于下。这种方式是 9 位数据总线。

15. Audio 功放模块

Audio 功放模块如图 A.15 所示，开发平台采用 LM386 功率放大器。它的内部增益为 20，通过 pin 1 和 pin 8 引脚间电容的搭配，增益最高可达 200。LM386 可使用电池为电源，输入电压范围可达 4～12V，无动作时仅消耗 4mA 电流，且失真低。

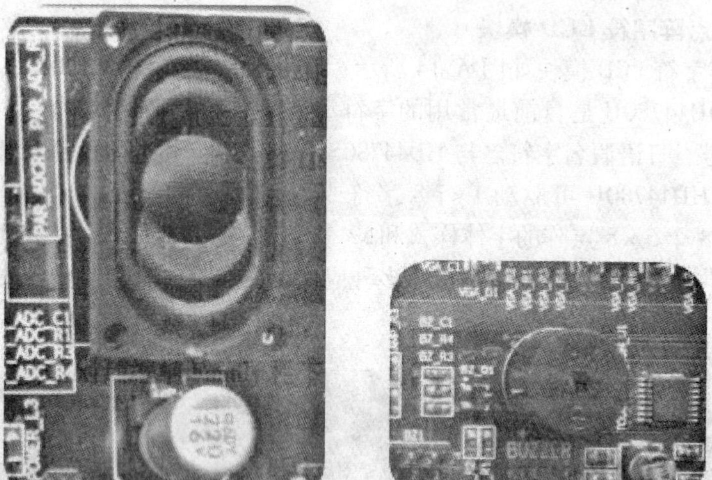

图 A.15　Audio 功放模块

选择方式：如果把 BZ1 中的跳线器连接在 1－2 的方式，那么可以使用 LS_BUZ1 有源蜂鸣器；如果把 BZ1 中的跳线器连接在 2－3 的方式，那么可以使用 2W 的扬声器。

16. Audio 音频模块

Audio 音频模块如图 A.16 所示，开发平台采用 TLV320AIC23B 作为音频编解码器。TLV320AIC23B 是 TI 公司推出的一款高性能立体声音频编解码器，它片内集成了模/数转换（ADC）通道和数/模转换（DAC）通道，可以对语音进行 A/D 和 D/A 转换。可在 8～

96kHz 的频率范围内提供 16 位、20 位、24 位、32 位的采样。在音频采样率达到 96kHz 时，ADC 的输出信噪比可达到 90dB，提供高保真的录音效果；在音频采样率达到 96kHz 时，DAC 的输出信噪比可达到 100dB，提供高质量的数字声音回放功能。更加具体的介绍和参数说明请参见器件手册。

图 A.16　Audio 音频模块

17. 数字温度传感器模块

数字温度传感器模块如图 A.17 所示，该模块采用 MAXIN 公司的 DS75 作为数字温度传感器芯片，此芯片是一种比较流行的 SMBUS 总线的芯片。DS75 数字温度计和温控器在 -55 ~ +125℃范围内提供 9 位、10 位、11 位或 12 位的数字温度值，在 -25 ~ +100℃范围内精度达 ±2℃。上电时，DS75 默认为 9 位分辨率，保持与 LM75 的软件兼容性。通过一个简便的 2 线串行接口与 DS75 通信。3 个地址线引脚使最多 8 片 DS75 可在同一条 2 线总线上工作，大大简化了分布式温度测量应用。作为温控器使用时，DS75 有一个专用的开漏输出和可编程故障容限，允许用户规定一个激活开漏输出所需的连续故障状态数量。有两种温控器工作模式，可使温控器工作在由用户定义的触发点。

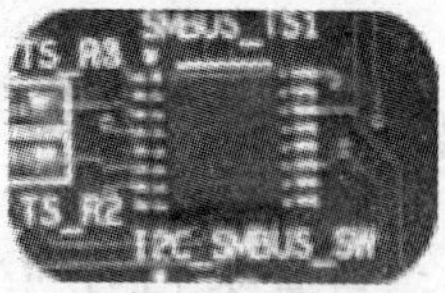

图 A.17　数字温度传感器模块

如果使用该模块，请把控制拨码开关模块 LCD_ALONE_CTL_SW 中的开关 KSI 拨置于上。

18. 控制拨码开关模块

开发平台上有两个拨码开关模块（CTRL_SW 和 LCD_ALONE_CTRL_SW），如图 A.18 所示。

CTRL_SW 是控制核心板 FPGA/CPLD 中 IO 到开发平台的控制开关模块。该开关模块共有以下 4 种模式：

1）当开关 SEL1、SEL2 拨置于下，逻辑电平为 00，数码管 DP9 显示“1”，可以使用 SW9 ~ SW16，8 ×8LED 点阵。

2）当开关 SEL1 拨置于上，SEL2 拨置于下，逻辑电平为 10，数码管 DP9 显示“2”，可以使用步进电动机、Audio 音频模块、4 ×4 键盘模块、8 个发光二极管（LED9 ~ LED16）。

3）当开关 SEL1 拨置于下，SEL2 拨置于上，逻辑电平为 01，并且开关 TLEN 拨置于

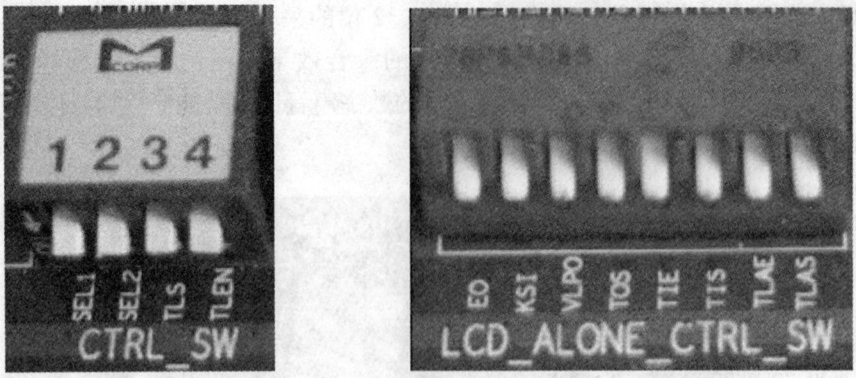

a)　　　　　　　　b)

图 A. 18　控制拨码开关模块

a）CTRL_ SW 开关模块　b）LCD_ ALONE_ CTRL_ SW 开关模块

下，TLS 拨置于上，数码管 DP9 显示“3”，可以使用 2 × 16 LCD，并行 AD 模块，并行 DA 模块。

当开关 SEL1 拨置于下，SEL2 拨置于上，逻辑电平为 01，并且开关 TLEN 拨置于下，TLS 拨置于下，数码管 DP9 显示 3in，可以使用 4. 3in TFT 彩色触摸液晶，如果 FPGA 核心板的 IO 为 484 以上，IO 可以直接分配给 4. 3in TFT 彩色触摸液晶，但开关 TLEN 必须拨置于上。

4）当开关 SEL1 拨置于上，SEL2 拨置于上，逻辑电平为 11，TLS、TLEN 拨置于下，数码管 DP9 显示“4”，可以使用 CF 卡接口和其他控制接口模块。

LCD_ ALONE_ CTRL_ SW 是控制核心板中 FPGA/CPLD 中 IO 到开发平台部分模块的切换端口选择。当开关 EO 拨置于上，可以使用 SD 卡；当开关 EO 拨置于下，可以使用 I2C RTC 实时时钟模块；当开关 KSI 拨置于上，可以使用数字温度传感器模块、I2C EEPROM 模块；当开关 KSI 拨置于下，可以使用 F7 ~ F10；当开关 VLPO、TOS 拨置于上，可以使用选配的摄像头，插在摄像头接口的端口上；当开关 VLPO 拨置于下，可以使用 LED1 ~ LED7，PS 方式键盘、鼠标接口，VGA 接口；当开关 TIE、TOS、TIS 拨置于下，可以使用电阻式触摸屏；当开关 TOS、TIS 拨置于下，可以使用平台上扩展 IO 模块组 FPGA_ EA2；当开关 TLAS 拨置于上，TLAE 拨置于下，可以使用 2 × 16 LCD；当开关 TLAE、TLAS 拨置于下，可以使用 TFT_ LCD 9 位方式数据口。

19. 电源分配电路

开发平台上提供了多个电源转换芯片以及相应的转换电路，可以给基于不同工作电压的芯片提供稳定的工作电压。其中 VCC5V 可为核心板的扩展口、CF 卡接口模块、10 个多功能按键、直流电动机、步进电动机、LCD、PS2 接口、并行 ADC 的放大器、开发平台上的板对板扩展口提供工作电压；VCC3. 3V 可为开发平台上的扩展口、触摸屏控制芯片、4 路开关输入、8 个 LED 显示灯、SD 卡接口模块、VGA 模块、RS − 232/RS − 485 接口模块、OneWire 总线、温度测试模块、Buzzer 蜂鸣器、8 个共阴数码显示管、8 个多功能按键、4 × 4 按键阵列、audio 模块、16 × 16 LED 点阵提供工作电压；VCC12V 为彩色液晶屏、并行 ADC 和 DAC、开发平台的扩展口提供工作电压；VCC（ −12V）为 LCD、开发平台扩展口提供工作电压。

A.3　FPGA 核心板

B—ICE—EDA/SOPC IEELS 实验平台采用 FPGA 核心板与主实验平台相互独立的结构，核心板与实验平台之间用 IO 脚连接。从理论上讲，这种结构可以无限扩展 FPGA 实验种类，只要在 FPGA 核心板上将正确的 IO 信号接到实验仪上，就可以对这种 FPGA 进行实验和设计。

B—ICE—EDA/SOPC IEELS 实验平台常用 3 种核心板：GX - SOPC - EP3C16/40/55/80 - FBGA484 核心板、GX - EDA/SOPC - EP3C16/EP3C25 - M240 核心板、GX - SOPC - EP2C35 - FBGA484 核心板。各核心板的简介如下。

1. GX - SOPC - EP3C16/40/55/80 - FBGA484 核心板

如图 A.19 所示，GX - SOPC - EP3C16/40/55/80 - FBGA484 核心板的主要器件参数如下：

1）ALTERA Cyclone III EP3C16、EP3C40、EP3C55、EP3C80 芯片，等效门数分别为 90 万门、200 万门、360 万门、580 万门。

2）4×64 引脚核心模块扩展接口可实现与其他 SOPC 板、ARM 板、DSP 板、单片机板以及主板的无缝结合，也可通过扩展口外扩存储器，既能实现数据的大容量存储，又能提高数据的存取速度。

3）核心板采用 8 层板精心设计。

4）2 片 ×16/32/64MB/s 16 位总线 FLASH 芯片。

5）2 片 ×64/128MB/s 16 位总线 SDRAM。

图 A.19　GX - SOPC - EP3C16/40/55/80 - FBGA484 核心板

6）IIC EEPROM + 专用复位芯片。

7）1 个 JTAG 接口，1 个 AS 接口，2 个 USB2.0 接口。

8）1 个配置电路：带串行 EPCS16 芯片或 EPCS64 芯片。

9）电源电路。

10）2 片 ×4/8MB/s 16 位总线 SRAM。

11）8 个 LED 用户指示灯。

12）1 个用于重新配置的配置按键，1 个用于产生系统复位信号的系统复位按键，4 个多功能按键。

13）核心板可独立使用，也可上下叠加使用。

2. GX - EDA/SOPC - EP3C16/EP3C25 - M240 核心板

如图 A.20 所示，GX - EDA/SOPC - EP3C16/EP3C25 - M240 核心板的主要器件参数如下：

1）ALTERA Cyclone III EP3C16、EP3C25 芯片，等效门数分别为 90 万门、130 万门。

图 A. 20　GX - EDA/SOPC - EP3C16/EP3C25 - M240 核心板

2）4×64 引脚核心模块扩展接口可实现与其他 SOPC 板、ARM 板、DSP 板、单片机板以及主板的无缝结合，也可通过扩展口外扩存储器，既能实现数据的大容量存储，又能提高数据的存取速度。

3）核心板采用 6 层板精心设计。

4）支持数据总线为 8 位，存储器板级芯片配置为：Flash ROM AM29LV160（16bit）/SRAM IS61LV5128（512Kbit×8）。

5）1 个用于重新配置的配置按键，1 个用于产生系统复位信号的系统复位按键，4 个多功能按键。

6）1 个配置电路：带串行 EPCS16 芯片。

7）8 个 LED 用户指示灯。

8）1 个 AS 接口，1 个 JTAG 接口。

9）IIC EEPROM + 专用复位芯片。

10）电源电路。

11）核心板可独立使用，也可上下叠加使用。

3. GX - SOPC - EP2C35 - FBGA484 核心板

如图 A. 21 所示，GX - SOPC - EP2C35 - FBGA484 核心板的主要器件参数如下：

1）ALTERA Cyclone II EP2C35 芯片，等效门数为 165 万门。

2）4×64 引脚核心模块扩展接口可实现与其他 SOPC 板、ARM 板、DSP 板、单片机板以及与主板的无缝结合，也可通过扩展口外扩存储器，既能实现数据的大容量存储，又能提高数据的存取速度。

3）核心板采用 8 层板精心设计。

4）2 片×16/32/64MB/s 16 位总线 FLASH 芯片。

5）2 片×4/8MB/s 16 位总线 SRAM。

6）2 片×64/128MB/s 16 位总线 SDRAM。

7）IIC EEPROM + 专用复位芯片。

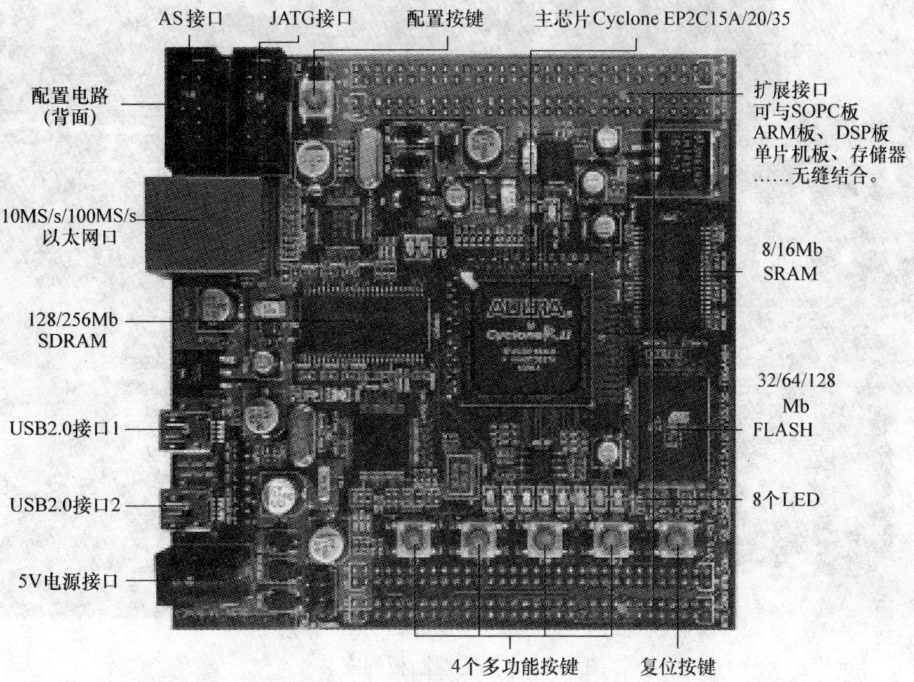

图 A. 21 GX - SOPC - EP2C35 - FBGA484 核心板

8）1 个用于重新配置的配置按键，1 个用于产生系统复位信号的系统复位按键，4 个多功能按键。

9）8 个 LED 用户指示灯。

10）1 个 10/100MB 以太网接口，1 个 JTAG 接口，1 个 AS 接口，2 个 USB2. 0 接口。

11）1 个配置电路，带串行 EPCS16 芯片。

12）电源电路。

13）核心板可独立使用，也可上下叠加使用。

A. 4 扩展控制板

B—ICE—EDA/SOPC IEELS 实验平台的扩展控制板提供了 16 个拨码开关（SW1 ~ SW16）和 8 个按键（F1 ~ F8）。其中，每个拨码开关拨置上为逻辑“1”电平，拨置下为逻辑“0”电平；每个按键按下时输出高电平，使其对应的 LED 点亮。使用时，将控制拨码开关 CTRL_SW 中的开关 SEL1 拨置于上，SEL2 拨置于上，逻辑电平为 11，TLEN 拨置于上，数码管 DP9 显示“4”。控制拨码开关模块 LCD_ ALONE_ CTRL_ SW 中的开关 TLAE 拨置于上，TLAS 置于上，其他拨置于下。

如图 A. 22 所示，安装时，应对准扩展板与实验平台的方向，将扩展板正确的插在实验平台上的扩展 IO 模块处。其中，将扩展板的 FPGA_ EA4 端口插入实验平台的 FPGA_ MEM_ EA4 端口；将扩展板的 FPGA_ EA3 端口插入实验平台的 FPGA_ EA3 端口；将扩展板的 FPGA_ EA2 端口插入实验平台的 FPGA_ EA2 端口；将扩展板的 FPGA_ EA1 端口插入实验平台的 FPGA_ EA1 端口。

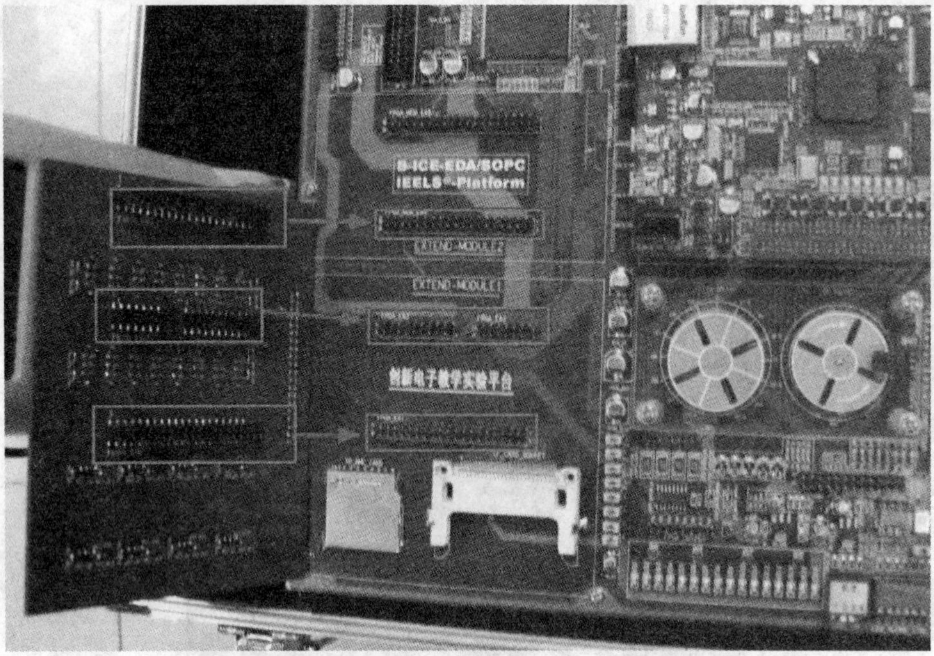

图 A.22 扩展控制板的安装

附录 B　GX-SOPC-EP2C35-FBGA484 核心板与 B-ICE-EDA/SOPC IEELS 实验平台的资源匹配表

表 B.1　B-ICE-EDA/SOPC IEELS 实验平台模块的 IO 分配

平台硬件模块			BTB _ CON _ PIN	FPGA _ PIN (EP2C15/20/35/50-FBGA484)	注释
固定连接 LCD _ ALONE _ CTRL _ SW 中各开关置于下	共享连接 LCD _ ALONE _ CTRL _ SW 中各开关置于上				
LED1	OV _ D5	由开关 VLPO 选择	CON1. 2	AA12	
LED2	OV _ D6	由开关 VLPO 选择	CON1. 3	AB13	
LED3	OV _ D7	由开关 VLPO 选择	CON1. 4	AA14	
LED4	OV _ D8	由开关 VLPO 选择	CON1. 5	W16	
LED5	OV _ D9	由开关 VLPO 选择	CON1. 6	V14	
LED6	VSYNC	由开关 VLPO 选择	CON1. 7	Y13	
LED7	PCLK	由开关 VLPO 选择	CON1. 8	AA16	
LED8	OV _ RES	由开关 VLPO 选择	CON1. 9	U14	
F1			CON1. 10	AA17	
F2			CON1. 11	W15	
F3			CON1. 12	AA18	
F4			CON1. 13	Y19	
F5			CON1. 14	V19	
F6			CON1. 15	U19	
F7	SMBUS _ SDA	由开关 KSI 选择	CON1. 16	T18	DS75
F8	SMBUS _ SCL	由开关 KSI 选择	CON1. 17	U18	DS75
F9	I2C _ SCL	由开关 KSI 选择	CON1. 18	AB17	
F10	I2C _ SDA	由开关 KSI 选择	CON1. 19	R18	
DC _ MOTORA			CON1. 20	N21	
DC _ MOTORA _ SPEED			CON1. 21	R22	
DC _ MOTORB			CON1. 22	T22	
KBDTAT	SIO _ C	由开关 VLPO 选择	CON1. 23	U21	
KBCLOCK	SIO _ D	由开关 VLPO 选择	CON1. 24	U22	
8 × SEG LA			CON1. 25	P18	
8 × SEG LB			CON1. 26	V22	
8 × SEG LC			CON1. 27	W21	
8 × SEG LD			CON1. 28	W22	
8 × SEG LE			CON1. 29	Y22	
8 × SEG LF			CON1. 30	Y21	

（续）

平台硬件模块			BTB _ CON _ PIN	FPGA _ PIN (EP2C15/20/35/50 - FBGA484)	注释
固定连接 LCD _ ALONE _ CTRL _ SW 中各开关置于下	共享连接 LCD _ ALONE _ CTRL _ SW 中各开关置于上				
8 × SEG LG			CON1. 31	Y20	
8 × SEG LH			CON1. 32	T21	
8 × SEG DS1			CON1. 51	Y17	
8 × SEG DS2			CON1. 50	U15	
8 × SEG DS3			CON1. 49	Y18	
8 × SEG DS4			CON1. 48	AA19	
8 × SEG DS5			CON1. 47	R17	
8 × SEG DS6			CON1. 46	AB18	
8 × SEG DS7			CON1. 45	AB19	
8 × SEG DS8			CON1. 44	V20	
VGA LS	OV _ D4	由开关 VLPO 选择	CON1. 35	M19	
VGA HS	OV _ D3	由开关 VLPO 选择	CON1. 36	M18	
VGA BLUE	OV _ D2	由开关 VLPO 选择	CON1. 37	P17	
VGA GREEN	OV _ D1	由开关 VLPO 选择	CON1. 38	R20	
VGA RED	OV _ D0	由开关 VLPO 选择	CON1. 39	AA20	
RS232 RTS			CON1. 40	R19	
RS232 RXD			CON1. 41	V21	
RS232 CTS			CON1. 42	AB20	
RS232 TXD			CON1. 43	U20	
SW1			CON1. 33	R21	
SW2			CON1. 34	N22	
SW3			CON1. 54	V15	
SW4			CON1. 61	AA13	
SW5			CON2. 62	B6	
SW6			CON2. 61	B7	
SW7			CON2. 60	B8	
SW8			CON2. 59	B9	
			CON1. 53	E19	PLL2 _ OUT
Touch _ csn			CON1. 58	W14	触摸屏控制线
Touch _ din			CON1. 59	AB14	触摸屏控制线
Touch _ irqn			CON1. 60	U13	触摸屏控制线
			CON1. 56	Y14	
			CON1. 57	Y16	

（续）

平台硬件模块		BTB _ CON _ PIN	FPGA _ PIN（EP2C15/20/35/50 - FBGA484）	注释
固定连接 LCD _ ALONE _ CTRL _ SW 中各开关置于下	共享连接 LCD _ ALONE _ CTRL _ SW 中各开关置于上			
		CON2. 1	E7	
		CON2. 3	D7	
		CON2. 4	C7	
		CON2. 5	D8	
		CON2. 6	E9	
		CON2. 8	A3	
		CON2. 9	A4	
		CON2. 10	D4	
		CON2. 11	A5	
		CON2. 13	F8	
		CON2. 14	C10	
		CON2. 15	A9	
		CON2. 16	D14	
		CON2. 18	F13	
		CON2. 19	F14	
		CON2. 20	E8	
		CON2. 21	D9	
		CON2. 23	F9	
		CON2. 24	B10	
		CON2. 25	A10	
		CON2. 26	A11	
		CON2. 28	A13	
		CON2. 29	A14	
		CON2. 30	A15	
		CON2. 31	A16	
		CON2. 64	B5	
TFT _ LCD _ RS		CON2. 34	B14	TFT _ LCD 控制线
TFT _ LCD _ NWR		CON2. 35	C13	
TFT _ LCD _ NRD		CON2. 36	B13	
TFT _ LCD _ DADA [0]		CON2. 37	F12	TFT _ LCD 9 位数据线
TFT _ LCD _ DADA [1]		CON2. 39	E11	
TFT _ LCD _ DADA [2]		CON2. 40	B11	
TFT _ LCD _ DADA [3]		CON2. 41	F11	

（续）

平台硬件模块			BTB _ CON _ PIN	FPGA _ PIN (EP2C15/20/35/50 - FBGA484)	注释
固定连接 LCD _ ALONE _ CTRL _ SW 中各开关置于下	共享连接 LCD _ ALONE _ CTRL _ SW 中各开关置于上				
TFT _ LCD _ DADA [4]			CON2. 42	A8	
TFT _ LCD _ DADA [5]			CON2. 44	A7	
TFT _ LCD _ DADA [6]			CON2. 45	A6	
TFT _ LCD _ DADA [7]			CON2. 46	E14	
TFT _ LCD _ DADA [8]			CON2. 47	B16	
			CON2. 49	B15	
			CON2. 50	D11	
			CON2. 51	F10	
			CON2. 52	C9	
			CON2. 54	D5	
			CON2. 55	D3	
			CON2. 56	B4	
			CON2. 57	B3	
			CON2. 59	B9	
			CON2. 60	B8	
			CON2. 61	B7	
			CON2. 62	B6	
			CON2. 63	B5	
SMBUS _ OS			CON3. 26	AB12	DS75 OS
TFT _ LCD _ RST			CON3. 27	AB11	TFT _ LCD 复位信号
ONEWIRE _ nCE			CON3. 30	K21	RTC 时钟
ONEWIRE _ SCLK			CON3. 35	L19	
ONEWIRE _ IO			CON3. 36	L18	
			CON3. 38	AA11	
			CON3. 39	AB15	
			CON3. 46	AB16	I2C _ SCL
			CON3. 47	AA15	I2C _ SDA
			CON3. 49	U11	
			CON3. 50	M21	
			CON3. 52	B12	
			CON3. 53	D12	
			CON3. 55	V12	

（续）

平台硬件模块			BTB _ CON _ PIN	FPGA _ PIN（EP2C15/20/35/50 - FBGA484）	注释
固定连接 LCD _ ALONE _ CTRL _ SW 中各开关置于下	共享连接 LCD _ ALONE _ CTRL _ SW 中各开关置于上				
			CON3. 56	L21	
			CON3. 58	U12	
			CON3. 59		
Touch _ dclk			CON3. 61	AA10	触摸屏控制线
			CON4. 2（D0）	E20	SRAM _ FLASH _ D0
			CON4. 4（D1）	B17	SRAM _ FLASH _ D1
			CON4. 6（D2）	F20	SRAM _ FLASH _ D2
			CON4. 8（D3）	A18	SRAM _ FLASH _ D3
			CON4. 10（D4）	A19	SRAM _ FLASH _ D4
			CON4. 12（D5）	A20	SRAM _ FLASH _ D5
			CON4. 14（D6）	C22	SRAM _ FLASH _ D6
			CON4. 16（D7）	D21	SRAM _ FLASH _ D7
			CON4. 18（D8）	D22	SRAM _ FLASH _ D8
			CON4. 20（D9）	C21	SRAM _ FLASH _ D9
			CON4. 22（D10）	G20	SRAM _ FLASH _ D10
			CON4. 24（D11）	B19	SRAM _ FLASH _ D11
			CON4. 26（D12）	G18	SRAM _ FLASH _ D12
			CON4. 28（D13）	B18	SRAM _ FLASH _ D13
			CON4. 30（D14）	A17	SRAM _ FLASH _ D14
			CON4. 32（D15）	G17	SRAM _ FLASH _ D15
			CON3. 2（A0）	J17	SRAM _ FLASH _ A0
			CON3. 3（A1）	D15	SRAM _ FLASH _ A1
			CON3. 4（A2）	C17	SRAM _ FLASH _ A2
			CON3. 5（A3）	C19	SRAM _ FLASH _ A3
			CON3. 6（A4）	F15	SRAM _ FLASH _ A4
			CON3. 7（A5）	D20	SRAM _ FLASH _ A5
			CON3. 8（A6）	H19	SRAM _ FLASH _ A6
			CON3. 9（A7）	F21	SRAM _ FLASH _ A7
			CON3. 10（A8）	H18	SRAM _ FLASH _ A8
			CON3. 11（A9）	H17	SRAM _ FLASH _ A9
			CON3. 12（A10）	J19	SRAM _ FLASH _ A10
			CON3. 13（A11）	J22	SRAM _ FLASH _ A11
			CON3. 14（A12）	K22	SRAM _ FLASH _ A12

（续）

平台硬件模块		BTB _ CON _ PIN	FPGA _ PIN (EP2C15/20/35/50 - FBGA484)	注释
固定连接 LCD _ ALONE _ CTRL _ SW 中各开关置于下	共享连接 LCD _ ALONE _ CTRL _ SW 中各开关置于上			
		CON3. 15（A13）	G21	SRAM _ FLASH _ A13
		CON3. 16（A14）	F22	SRAM _ FLASH _ A14
		CON3. 17（A15）	E22	SRAM _ FLASH _ A15
		CON3. 18（A16）	D16	SRAM _ FLASH _ A16
		CON3. 19（A17）	C18	SRAM _ FLASH _ A17
		CON3. 20（A18）	C16	SRAM _ FLASH _ A18
		CON3. 21（A19）	B20	FLASH _ A19
		CON3. 22（A20）	G22	FLASH _ A20
		CON3. 23（A21）	J21	FLASH _ A21
		CON3. 24（A22）	K20	FLASH _ A22
			J20	FLASH _ nCS1
			J18	FLASH _ nCS2
			M1	SYS _ CLK
			L2	SYS _ nRST
			L1	SYS _ CLK
			V4	SDRAM _ D0
			W5	SDRAM _ D1
			Y4	SDRAM _ D2
			Y3	SDRAM _ D3
			W4	SDRAM _ D4
			W3	SDRAM _ D5
			Y2	SDRAM _ D6
			Y1	SDRAM _ D7
			P1	SDRAM _ D8
			N2	SDRAM _ D9
			N1	SDRAM _ D10
			M6	SDRAM _ D11
			M5	SDRAM _ D12
			J2	SDRAM _ D13
			J1	SDRAM _ D14
			J4	SDRAM _ D15
			R5	SDRAM _ A0
			U2	SDRAM _ A1

（续）

平台硬件模块				
固定连接 LCD _ ALONE _ CTRL _ SW 中各开关置于下	共享连接 LCD _ ALONE _ CTRL _ SW 中各开关置于上	BTB _ CON _ PIN	FPGA _ PIN（EP2C15/20/35/50 - FBGA484）	注释
			U1	SDRAM _ A2
			T2	SDRAM _ A3
			T1	SDRAM _ A4
			R2	SDRAM _ A5
			R1	SDRAM _ A6
			P6	SDRAM _ A7
			P5	SDRAM _ A8
			P3	SDRAM _ A9
			R6	SDRAM _ A10
			N4	SDRAM _ A11
			N3	SDRAM _ A12
			V2	SDRAM _ BA0
			V1	SDRAM _ BA1
			P2	SDRAM _ DQMH
			W2	SDRAM _ DQML
			N6	SDRAM _ CKE
			T6	SDRAM _ nCS1
			T5	SDRAM _ nCS2
			T3	SDRAM _ nRAS
			U3	SDRAM _ nCAS
			W1	SDRAM _ nWE
			U4	SDRAM _ CLK
			G6	ETH _ GP1 _ SD8
			G5	ETH _ GP2 _ SD9
			F3	ETH _ GP3 _ SD10
			D1	ETH _ GP4 _ SD11
			D2	ETH _ GP5 _ SD12
			G3	ETH _ GP6 _ SD13
			H4	ETH _ LED3 _ SD14
			H5	ETH _ LED3 _ SD15
			H6	ETH _ SD0
			E1	ETH _ SD1
			E2	ETH _ SD2

（续）

平台硬件模块			BTB _ CON _ PIN	FPGA _ PIN (EP2C15/20/35/50 - FBGA484)	注释
固定连接 LCD _ ALONE _ CTRL _ SW 中各开关置于下	共享连接 LCD _ ALONE _ CTRL _ SW 中各开关置于上				
				F1	ETH _ SD3
				F2	ETH _ SD4
				H3	ETH _ SD5
				H1	ETH _ SD6
				H2	ETH _ SD7
				E3	ETH _ nCS
				E4	ETH _ nIOW
				C1	ETH _ nIOR
				C2	ETH _ INT
				F4	ETH _ CMD
				D6	ETH _ nPWRST
				C4	CFG _ ASDO
				C3	CFG _ nCSO
				AB9	OTG _ D0
				Y10	OTG _ D1
				AA8	OTG _ D2
				AB8	OTG _ D3
				U10	OTG _ D4
				U9	OTG _ D5
				W9	OTG _ D6
				Y9	OTG _ D7
				AA7	OTG _ D8
				AB7	OTG _ D9
				V9	OTG _ D10
				W8	OTG _ D11
				W7	OTG _ D12
				V8	OTG _ D13
				AA6	OTG _ D14
				AB6	OTG _ D15
				W11	OTG _ A0
				AA9	OTG _ A1
				AB5	OTG _ DREQ1
				Y6	OTG _ DREQ2

（续）

平台硬件模块		BTB _ CON _ PIN	FPGA _ PIN（EP2C15/20/35/50 - FBGA484）	注释
固定连接 LCD _ ALONE _ CTRL _ SW 中各开关置于下	共享连接 LCD _ ALONE _ CTRL _ SW 中各开关置于上			
			V11	OTG _ HSPEED
			AB10	OTG _ LSPEED
			AB4	OTG _ nINT1
			AB3	OTG _ nINT2
			Y5	OTG _ nDACK1
			AA4	OTG _ nDACK2
			Y7	OTG _ nCS
			AA3	OTG _ nRESET
			AA5	OTG _ nWE

其中，在 BTB _ CON _ PIN 中，CON1. 56 ~ CON2. 64 共 28 个 IO 是由拨码开关模块 CTRL _SW 来选择模式工作方式，共有 4 种方式；CON3. 26 ~ CON3. 61 可以直接连接到控制模块结构 FPGA _ EA2。

表 B. 2　模式 1 ~ 模式 4 中各模块的 IO 分配

BTB _ CON _ PIN	FPGA _ PIN	平台模块名称（模式 1）	平台模块名称（模式 2）	平台模块名称（模式 3）	平台模块名称（模式 4）
CON1. 57	Y16	SW9	SETP _ MOTOR _ A	LCD _ D0	CF _ data [7]
CON1. 56	Y14	SW10	SETP _ MOTOR _ B	LCD _ D1	CF _ data [8]
CON2. 1	E7	SW11	SETP _ MOTOR _ C	LCD _ D2	CF _ data [6]
CON2. 3	D7	SW12	SETP _ MOTOR _ D	LCD _ D3	CF _ data [9]
CON2. 4	C7	SW13	AIC _ SDIN	LCD _ D4	CF _ data [5]
CON2. 5	D8	SW14	AIC _ ACLK	LCD _ D5	CF _ data [10]
CON2. 6	E9	SW15	AIC _ DIN	LCD _ D6	CF _ data [4]
CON2. 8	A3	SW16	AIC _ LRCIN	LCD _ D7	CF _ data [11]
CON2. 9	A4	ROW1	AIC _ LRCOUT	LCD _ ES	CF _ data [3]
CON2. 10	D4	ROW2	AIC _ BCLK	LCD _ R _ nW	CF _ data [12]
CON2. 11	A5	ROW3	AIC _ DOUT	LCD _ R _ nS	CF _ data [2]
CON2. 13	F8	ROW4	BZSP	ADC _ D0	CF _ data [13]
CON2. 14	C10	ROW5	LED9	ADC _ D1	CF _ data [1]
CON2. 15	A9	ROW6	LED10	ADC _ D2	
CON2. 16	D14	ROW7	LED11	ADC _ D3	
CON2. 18	F13	ROW8	LED12	ADC _ D4	CF _ data [15]
CON2. 19	F14	ROW9	LED13	ADC _ D5	
CON2. 20	E8	ROW10	LED14	ADC _ D6	CF _ iowr

（续）

BTB _ CON _ PIN	FPGA _ PIN	平台模块名称（模式 1）	平台模块名称（模式 2）	平台模块名称（模式 3）	平台模块名称（模式 4）
CON2. 21	D9	ROW11	LED15	ADC _ D7	CF _ iord
CON2. 23	F9	ROW12	LED16	ADC _ Noe	CF _ iordy
CON2. 24	B10	ROW13	SWC0	DAC _ D0	
CON2. 25	A10	ROW14	SWC1	DAC _ D1	CF _ intrq
CON2. 26	A11	ROW15	SWC2	DAC _ D2	CF _ iocs16
CON2. 28	A13	ROW16	SWC3	DAC _ D3	CF _ addr [1]
CON2. 29	A14	COL1	SWR0	DAC _ D4	CF _ addr [10]
CON2. 30	A15	COL2	SWR1	DAC _ D5	CF _ addr [2]
CON2. 31	A16	COL3	SWR2	DAC _ D6	CF _ ce0
CON2. 64	B5	COL4	SWR3	DAC _ D7	

其中，模式 1，将控制拨码开关模块 CTRL _ SW 中的 SEL1、SEL2 拨置于下，逻辑电平为 00，数码管 DP9 显示“1”，使用模块为 SW9 ~ SW16、8 × 8 LED 点阵；模式 2，将控制拨码开关模块 CTRL _ SW 中的 SEL1 拨置于上、SEL2 拨置于下，逻辑电平为 10，数码管 DP9 显示“2”，使用模块为步进电动机、Audio 音频模块、4 × 4 键盘模块、LED9 ~ LED16；模式 3，将控制拨码开关模块 CTRL _ SW 中的 SEL1 拨置于下、SEL2 拨置于上，逻辑电平为 01，TLEN 拨置于下，TLS 拨置于上，数码管 DP9 显示“3”，使用模块为 2 × 16 LCD、并行 AD 模块、并行 DA 模块；模式 4，将控制拨码开关模块 CTRL _ SW 中的 SEL1、SEL2 拨置于上，逻辑电平为 11，TLEN 拨置于上，数码管 DP9 显示“4”，使用模块为 CF 卡接口。

表 B. 3　B - ICE - EDA/SOPC IEELS 实验平台扩展控制板模块的 IO 分配

扩展控制板模块名	引脚名	FPGA _ PIN（EP2C15/20/35/50 - FBGA484）
SW1	PRO _ IO43（FPGA _ EA3）	F10
SW2	PRO _ IO44（FPGA _ EA3）	D11
SW3	PRO _ IO45（FPGA _ EA3）	B15
SW4	PRO _ IO46（FPGA _ EA3）	B16
SW5	PRO _ IO47（FPGA _ EA3）	E14
SW6	PRO _ IO48（FPGA _ EA3）	A6
SW7	PRO _ IO49（FPGA _ EA3）	A7
SW8	FPGA _ EXT _ IO0（FPGA _ EA4）	F11
SW9	FPGA _ EXT _ IO1（FPGA _ EA4）	B11
SW10	FPGA _ EXT _ IO2（FPGA _ EA4）	E11
SW11	FPGA _ EXT _ IO3（FPGA _ EA4）	F12
SW12	FPGA _ EXT _ IO4（FPGA _ EA4）	B13
SW13	FPGA _ EXT _ IO5（FPGA _ EA4）	C13
SW14	FPGA _ EXT _ IO6（FPGA _ EA4）	B14
SW15	FPGA _ EXT _ IO9（FPGA _ EA4）	B12

（续）

扩展控制板模块名	引脚名	FPGA _ PIN（EP2C15/20/35/50 - FBGA484）
SW16	FPGA _ EXT _ IO10（FPGA _ EA4）	D12
F1	PRO _ IO35（FPGA _ EA2）	AA10
F2	PRO _ IO36（FPGA _ EA2）	AA11
F3	PRO _ IO37（FPGA _ EA2）	AB15
F4	PRO _ IO38（FPGA _ EA2）	B3
F5	PRO _ IO39（FPGA _ EA2）	B4
F6	PRO _ IO40（FPGA _ EA2）	D3
F7	PRO _ IO41（FPGA _ EA1）	D9
F8	PRO _ IO42（FPGA _ EA1）	C9

如使用扩展控制板模块，需将控制拨码开关 CTRL _ SW 中的开关 SEL1 拨置于上，SEL2 拨置于上，逻辑电平为 11，TLEN 拨置于上，数码管 DP9 显示“4”，控制拨码开关 LCD _ ALONE _ CTRL _ SW 中的开关 TLAE 拨置于上，TLAS 拨置于上，其他拨置于下。

参 考 文 献

[1] 陈希有. 电路理论基础 [M]. 3 版. 北京：高等教育出版社，2004.
[2] 王辅春，等. 从实例中学习 OrCAD [M]. 北京：机械工业出版社，2006.
[3] 黄培根，任清褒. Multisim 10 计算机虚拟仿真实验室 [M]. 北京：电子工业出版社. 2008.
[4] 王冠华. Multisim 10 电路设计及应用 [M]. 北京：国防工业出版社. 2008.
[5] 刘贵栋. 电子电路的 Multisim 仿真实践 [M]. 哈尔滨：哈尔滨工业大学出版社. 2007.
[6] 王立欣，杨春玲. 电子技术实验与课程设计 [M]. 3 版. 哈尔滨：哈尔滨工业大学出版社. 2007.
[7] 王行，熊寿葵，李衍. EDA 技术入门与提高 [M]. 3 版. 西安：西安电子科技大学出版社. 2009.
[8] 杨春玲，朱敏. EDA 技术与实验 [M]. 哈尔滨：哈尔滨工业大学出版社. 2009.
[9] 吴建强. 电工学新技术实践 [M]. 北京：机械工业出版社. 2004.
[10] 周阿群. 可编程逻辑器件 PLD 的原理及应用 [J]. 物探装备，2007，11：44－48.
[11] 潘锐捷，陈彪，刘西安. 可编程逻辑器件的历程与发展 [J]. 电子与封装，2008，8：44－48.
[12] 王晓峰. 可编程逻辑器件及硬件描述语言的 EDA 方法 [J]. 长春大学学报，2005，15（4）：14－16.